INTRODUCTION AUX AUTOMATISMES INDUSTRIELS
INDUSTRIELS
Grafcet et logique électronique
avec exercices et solutions

CHEZ LE MÊME ÉDITEUR

Collection
TECHNOLOGIES
de l'Université à l'Industrie

INTRODUCTION AUX AUTOMATISMES INDUSTRIELS
Grafcet et logique électronique avec exercices et solutions

Yves LECOURTIER

Agrégé, Ancien élève de l'E.N.S.E.T.
Maître-Assistant à l'I.U.T. de Saint-Denis

Bernard SAINT-JEAN

Ingénieur civil de l'Aéronautique
Enseignant à l'I.U.T. de Saint-Denis

MASSON
Paris New York Barcelone Milan
Mexico Sao Paulo
1985

ISBN : 2-225-80537-7
ISSN : 0223-5285

MASSON S.A.	120, bd Saint-Germain, 75280 Paris Cedex 06
MASSON PUBLISHING U.S.A. Inc.	211 East 43rd Street, New York, N.Y. 10017
MASSON S.A.	Balmes 151, Barcelona 8
MASSON ITALIA EDITORI S.p.A.	Via Giovanni Pascoli 55, 20133 Milano
MASSON EDITORES	Dakota 383, Colonia Napoles, 03810 Mexico D.F.
EDITORA MASSON DO BRASIL Ltda	Rua Borges Lagoa 1044, CEP/04039 Sao Paulo, S.P.

AVANT-PROPOS

Cet ouvrage résulte de notes de Cours et Travaux Dirigés d'Automatismes Industriels présentées par les auteurs aux étudiants de l'I.U.T. de Saint-Denis.

Les difficultés d'un enseignement moderne et efficace dans ce domaine sont multiples : abondance des sujets à traiter dans le cadre d'un emploi du temps souvent très restreint..., hétérogénéité des formations initiales..., « hiatus » entre les modes de pensée des « mécaniciens » et des « électriciens »..., évolution technologique très rapide..., etc.

L'enseignant doit-il alors considérer comme essentielle une étude théorique approfondie des circuits logiques, n'ayant souvent qu'un lointain rapport avec la réalité industrielle, ou tout au contraire considérer comme fondamentale la présentation détaillée des circuits proposés dans un catalogue de constructeur ?

Par ailleurs, on doit admettre que le futur technicien sera très vite confronté d'une part à des circuits de commande d'automatismes décrits par des « grafcets » et matérialisés en technologie électronique, et d'autre part à des « automates programmables » et des « microprocesseurs » autour desquels est articulée la conception même d'un automatisme : c'est ce qui explique notre choix des sujets traités. L'idée maîtresse est d'amener progressivement le lecteur au niveau des connaissances nécessaires pour comprendre les principes de base de la « microprogrammation », et donc les structures de tout automate programmable ou microprocesseur.

Nous avons essayé d'illustrer le texte par des exemples concrets « collants » à la réalité industrielle, mais sans sacrifier à « l'esprit de catalogue » : il nous semble que l'approche pédagogique d'un boîtier électronique standard doit passer par une étude préalable plus générale des fonctions qu'il réalise.

Le plan de l'ouvrage résulte des considérations précédentes : les cinq premiers chapitres constituent les « briques de base de l'édifice », ils sont pratiquement indépendants les uns des autres :

— Le chapitre 1 présente les méthodes élémentaires d'étude des fonctions logiques (algèbre de BOOLE, tableaux de KARNAUGH, logigrammes).

— Le chapitre 2 décrit les principaux organes avec lesquels on peut matérialiser une fonction logique (en technologie électromécanique, pneumatique ou électronique).

— Le chapitre 3 aborde le problème général de la structure d'un automatisme : on y montre les limites de la méthode des diagrammes temporels et on y introduit les notions importantes « d'étape » et « d'état ».

— Le chapitre 4 présente la méthode moderne de description du fonctionnement d'un automatisme par un « grafcet ».

— Le chapitre 5 présente les principes élémentaires de numération (binaire, octal, hexadécimal) et de codage (DCB, ASCII).

Les deux chapitres suivants sont consacrés à l'analyse des circuits électroniques fondamentaux que l'on rencontre dans un automate :

— Le chapitre 6 présente les circuits de base de nature combinatoire (décodeurs, multiplexeurs, mémoires mortes, comparateurs, additionneurs, « P.A.L. »).

— Le chapitre 7 présente les circuits de base de nature séquentielle (bascules, registres, compteurs, mémoires vives).

Les trois derniers chapitres présentent les méthodes générales de synthèse utilisées pour la matérialisation d'un circuit de commande d'automatisme en logique électronique :

— Le chapitre 8 est consacré à l'étude des « séquenceurs ».

· — Le chapitre 9 présente la méthode de matérialisation d'un grafcet par l'association du contenu d'un compteur à une étape.

— Le chapitre 10 constitue la borne à laquelle nous souhaitons amener le lecteur : la présentation des fondements de la microprogrammation. On y étudie sur un exemple simple les circuits associés à un pas de programme d'automate programmable.

Cet ouvrage étant essentiellement un ouvrage d'enseignement, nous y avons inclus de nombreux exercices dont, pour la plupart, les solutions sont fournies à la fin de l'ouvrage.

Nous espérons qu'il sera ainsi plus utile et plus vivant à la fois pour les étudiants de formation initiale ou de formation continue engagés dans la préparation d'un D.U.T. ou d'un B.T.S., et aussi pour un lecteur souhaitant simplement s'initier aux Automatismes Industriels.

Nous tenons à remercier ici, pour l'aide qu'ils nous ont apportée dans la réalisation matérielle de l'ouvrage, la D.B.M.I.S.T., le C.I.R.P., et les étudiants du Département G.M. de l'I.U.T. de Saint-Denis.

Y. LECOURTIER   B. SAINT-JEAN
Novembre 1984

TABLE DES MATIÈRES

Chapitre 1

FONCTIONS LOGIQUES

1.1 DEFINITIONS

Les fonctions logiques sont, d'une façon générale, les fonctions qui sont associées à l'étude des systèmes "binaires", c'est-à-dire des systèmes qui ne possèdent que deux états fondamentaux et distincts. De tels systèmes varient, par nature ou par convention, de façon discontinue entre leurs deux états, par opposition aux systèmes "analogiques" qui varient de façon continue entre une infinité d'états. Par exemple :

- En mathématiques, une proposition est soit vraie, soit fausse.

- En électricité, un interrupteur de commande d'un circuit est soit ouvert (et alors aucun courant ne circule dans ce circuit), soit fermé (et alors un courant circule dans ce circuit).

- En pneumatique, un distributeur d'air comprimé dans une canalisation est positionné soit vers la droite (et alors aucune surpression n'apparait dans cette canalisation), soit vers la gauche (et alors une surpression apparait dans cette canalisation).

Par convention, on représente par la valeur logique "0" l'un de ces états, et par la valeur logique "1" l'autre état (il faut évidemment préciser, dans la pratique, celui des deux états qui correspond à l'une ou l'autre valeur).

Une fonction logique f de plusieurs variables a,b,c (fig.1) est une "application" qui définit une variable de sortie binaire, c.à.d. prenant ses valeurs sur l'ensemble [0,1], à partir de variables d'entrée également binaires.

Les valeurs de f sont constituées par un ensemble fini de "0" ou de "1", correspondant chacun à une combinaison possible des valeurs "0" ou "1" de ses variables d'entrée.

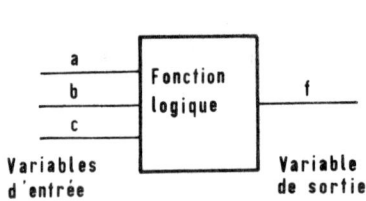

Fig.1 : Fonction logique

Ainsi, pour une fonction de 2 variables a et b, il y a 4 combinaisons possibles des valeurs binaires des variables : ab = 00, ab = 01, ab = 11, ab = 10. Pour une fonction de 3 variables a,b,c, il y a 8 combinaisons possibles : abc = 000, 001, 011, 010, 100, 101, 111, 110. Plus généralement, pour une fonction f de n variables, il y a 2^n combinaisons possibles des valeurs des variables : f est donc défini par un ensemble de 2^n "0" ou "1".

La représentation de cet ensemble de valeurs se fait au moyen de tables ou tableaux, qui prennent des configurations différentes selon l'ordre dans lequel on range les valeurs des combinaisons des variables d'entrée.

La représentation la plus utilisée est le tableau de KARNAUGH :

f \ c / a b	0	1
00	1	0
01	1	1
11	1	0
10	1	1

f \ c d / a b	0 0	0 1	1 1	1 0
0 0	0	0	1	1
0 1	1	1	0	0
1 1	1	1	0	0
1 0	1	0	1	1

Fig.2 : Tableau de Karnaugh d'une fonction de 3 variables   **Fig.3 : Tableau de Karnaugh d'une fonction de 4 variables**

La fig.2 montre un exemple de tableau de Karnaugh pour une fonction logique de 3 variables a,b,c, : il comprend 8 cases, la fonction est égale à "1" lorsque abc = 000 ou 010 ou 011 ou 110 ou 100 ou 101, et égale à "0" lorsque abc = 001 ou 111.

La fig.3 montre un exemple de tableau de Karnaugh pour une fonction logique de 4 variables a,b,c,d, : il comprend 16 cases, la fonction est égale à "1" pour 9 combinaisons de valeurs de abcd et égale à "0" pour les 7 autres combinaisons.

Les propriétés de ces tableaux seront étudiées plus en détail au paragraphe 1.6 ; nous allons voir d'abord qu'il est possible de définir une fonction logique par une expression purement algébrique basée sur l'algèbre de BOOLE (paragraphes 1.2, 1.3, 1.4) ; puis nous verrons qu'il existe une autre méthode de représentation graphique d'une fonction logique, le "logigramme" (paragraphe 1.7).

1.2. ALGEBRE DE BOOLE

L'algèbre de Boole est basée sur trois opérations fondamentales appelées "OU", "ET" et "NON", qui sont de même nature que celles que l'on rencontre dans la théorie générale des ensembles.

Opération "OU" (ou Fonction "OU", ou "Somme Logique")

L'opération "OU" entre plusieurs variables logiques est une opération qui a les mêmes propriétés que l'opération d'"union" entre plusieurs ensembles. Elle est notée "+" et s'énonce "OU".

Pour deux variables logiques a et b, a + b est égal à 1 si a est égal à 1 ou si b est égal à 1 ou si a et b sont tous les deux égaux à 1.

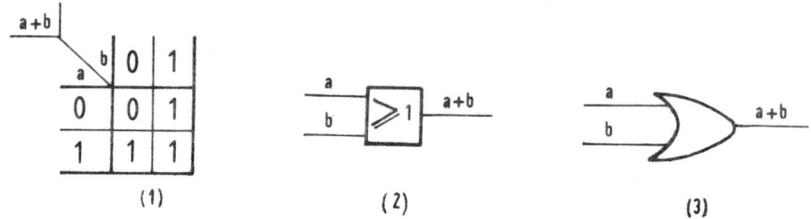

(1)   (2)   (3)

Fig.4 : Fonction "OU" de 2 variables :
(1)Tableau de Karnaugh(2)Symbole français(3)Symbole américain

La fig.4 montre le tableau de Karnaugh d'une telle fonction, ainsi que sa représentation symbolique, selon la norme française et selon la norme américaine.

Il résulte immédiatement de sa définition qu'une fonction "OU" de plusieurs variables ne sera égale à 0 que si toutes ses variables sont égales à 0.

Opération "ET" (ou Fonction "ET", ou "Produit logique").

L'opération "ET" entre plusieurs variables logiques est une opération qui a les mêmes propriétés que l'opération d'"intersection" entre plusieurs ensembles. Elle est notée "." et s'énonce "ET".

Pour deux variables logiques a et b, a.b est égal à 1 si a et b sont tous les deux égaux à 1, et égal à 0 dans les trois autres cas.

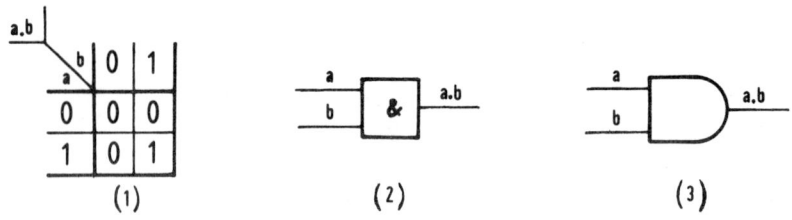

Fig.5 : Fonction "ET" ·de 2 variables :
(1)Tableau de Karnaugh(2)Symbole français(3)Symbole américain

La fig.5 montre le tableau de Karnaugh d'une telle fonction, ainsi que sa représentation symbolique, selon la norme française et selon la norme américaine.

Il résulte immédiatement de sa définition qu'une fonction "ET" de plusieurs variables ne sera égale à 1 que si toutes ses variables sont égales à 1.

Opération "NON" (ou Fonction "Complémentaire").

L'opération de "complémentation" d'une fonction logique f (ou d'une variable logique) est une opération identique à l'opération de complémentation d'un ensemble dans un référentiel donné.

Elle est notée "$\bar{f}$" et s'énonce "f barre". Si f=0, $\bar{f}$=1 et si f=1, $\bar{f}$=0.

La fig.6 montre la représentation symbolique d'une telle fonction, souvent appelée "inverseur". Il résulte immédiatement de la définition d'une fonction complémentaire que le complément de $\bar{f}$ est égal à f :

$$\bar{\bar{f}} = f$$

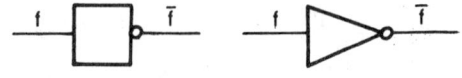

Fig.6 : Fonction "NON" :
Symboles d'un inverseur

Fonctions universelles :

En associant l'opération "NON" à chacune des deux autres opérations fondamentales, on obtient deux nouvelles opérations très utilisées dans la pratique : l'opération "NON - OU" appelée "NI", et l'opération "NON - ET" appelée "NAND". Ces deux fonctions sont dites "universelles" parce que n'importe quelle fonction logique, aussi compliquée soit-elle, peut être exprimée au moyen de "NAND" uniquement, ou encore de "NI" uniquement.

Fonction "NI" (ou "NOR")

C'est la fonction complémentaire de la fonction "OU". Pour deux variables a et b, son tableau de Karnaugh et sa représentation symbolique, selon la norme française et selon la norme américaine, sont donnés sur la fig.7.

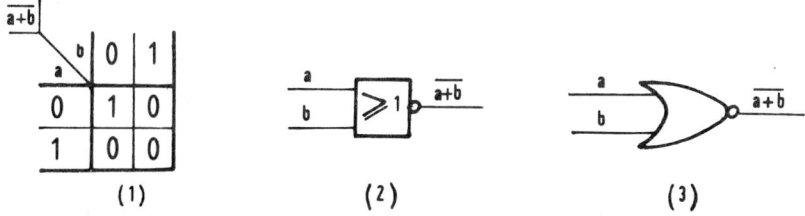

Fig.7 : Fonction "NI" de 2 variables :
(1)Tableau de Karnaugh(2)Symbole français(3)Symbole américain

Notons un résultat souvent utilisé dans les montages : une fonction "NI" de plusieurs variables n'est égale à "1" que si toutes ses variables sont égales à "0".

Fonction "NAND"

C'est la fonction complémentaire de la fonction "ET". Pour deux variables a et b, son tableau de Karnaugh et sa représentation symbolique, selon la norme française et selon la norme américaine, sont donnés sur la fig.8.

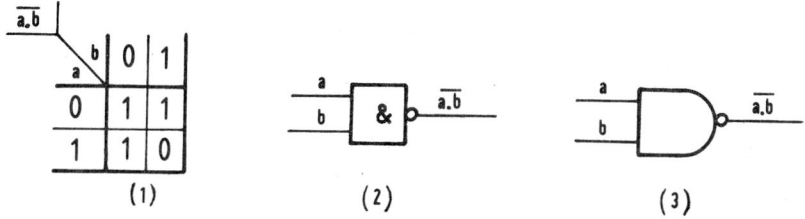

Fig.8 : Fonction "NAND" de 2 variables :
(1)Tableau de Karnaugh(2)Symbole français(3)Symbole américain

Notons un résultat souvent utilisé dans les montages : une fonction "NAND" de plusieurs variables n'est égale à "0" que si toutes Ses variables sont égales à "1".

Fonctions particulières :

Il existe en Algèbre de Boole deux fonctions particulières que l'on rencontre assez souvent et qu'il est utile de reconnaître (l'une est la complémentaire de l'autre) :

Fonction "OU exclusif" (ou "DILEMNE")

C'est la fonction qui a les mêmes propriétés que la "différence symétrique" de deux ensembles. Pour deux variables a et b, elle est égale à 1 si l'une ou l'autre des variables est égale à 1, mais pas les deux.

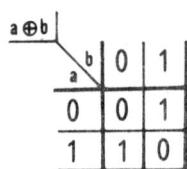

Cette fonction est notée $a \oplus b$. Ce n'est pas une fonction fondamentale puisqu'elle peut parfaitement s'exprimer au moyen des trois opérations fondamentales :

$$a \oplus b = a.\bar{b} + \bar{a}.b$$

Fig.9 :
Fonction "OU exclusif"

Son tableau de Karnaugh est représenté sur la fig.9.

Fonction "COINCIDENCE" (ou "DILEMNE COMPLEMENTAIRE")

C'est la fonction complémentaire de la fonction "OU Exclusif" Pour deux variables a et b, elle est égale à "1" si les deux variables ont la même valeur logique, soit des "0", soit des "1".

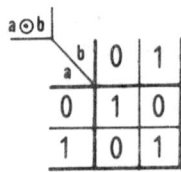

Cette fonction est notée $a \odot b$, et peut être exprimée par la relation suivante :

$$a \odot b = a.b + \bar{a}.\bar{b}$$

Fig.10 :
Fonction "COINCIDENCE"

Son tableau de Karnaugh est représenté sur la fig.10

1.3. REGLES DE CALCUL

La manipulation algébrique des expressions booléennes des fonctions logiques repose sur un certain nombre de règles dont la démonstration est souvent élémentaire et que nous nous bornerons à énoncer (Pour démontrer une égalité logique, on peut par exemple établir un tableau des valeurs logiques de chaque membre de l'égalité et les comparer).

Notons tout d'abord que la <u>soustraction n'existe pas</u> en algèbre binaire : on n'a jamais le droit de simplifier une égalité logique par soustraction d'un même terme dans les deux membres d'une égalité, comme le montre l'exemple suivant :

l'égalité $a + b = a + c$ n'entraine pas l'égalité $b = c$

En effet, dans le cas où $a = 1$, $b = 0$, $c = 1$, la première est <u>vraie</u> ($1 = 1$) alors que la seconde est <u>fausse</u> ($0 = 1$).

<u>Commutativité</u> :

       Une somme logique est commutative : $a + b = b + a$

       Un produit logique est commutatif : $a.b = b.a$

<u>Associativité</u> :

       Une somme logique est associative : $a+(b + c) = (a + b)+c$

       Un produit logique est associatif : $a.(b.c) = (a.b).c$

<u>Distributivité</u> :

       Le produit logique est distributif par rapport à la somme logique :
$$a.(b + c) = a.b + a.c$$

       La somme logique est distributive par rapport au produit logique :
$$a + b.c = (a + b).(a + c)$$

<u>Opérations logiques sur la même variable</u> :

       En Algèbre de Boole, une variable (ou une fonction) n'a ni "multiple", ni "puissance". Les égalités suivantes sont évidentes, par définition :

$$a + a + a + \ldots + a = a$$

$$a.a.a. \ldots\ldots\ldots a = a$$

Opérations logiques avec la variable complémentaire :

Somme logique d'une variable et de sa complémentaire :

$$a + \bar{a} = 1$$

Produit logique d'une variable par sa complémentaire :
$$a \cdot \bar{a} = 0$$

Complémentation : Théorèmes de MORGAN :

Il existe deux théorèmes importants relatifs au calcul du complément d'un produit ou d'une somme logique.

Théorème 1 : Le complément d'un produit logique est égal à la somme logique des compléments de chaque terme de ce produit :

$$\overline{a \cdot b \cdot c} = \bar{a} + \bar{b} + \bar{c}$$

Théorème 2 : Le complément d'une somme logique est égal au produit logique des compléments de chaque terme de cette somme :

$$\overline{a + b + c} = \bar{a} \cdot \bar{b} \cdot \bar{c}$$

Ces deux théorèmes permettent de déterminer le complément d'une expression logique quelconque faisant intervenir à la fois des sommes et des produits logiques.

Exemple : Calculer $\bar{f}$, sachant que $f = a + \bar{b} \cdot (c + \bar{d})$

– En appliquant d'abord le théorème 2, on obtient :

$$\overline{a + \bar{b} \cdot (c + \bar{d})} = \bar{a} \cdot \overline{\bar{b} \cdot (c + \bar{d})}$$

– Le théorème 1 permet alors de calculer :

$$\overline{\bar{b} \cdot (c + \bar{d})} = \bar{\bar{b}} + \overline{(c + \bar{d})} = b + \bar{c} \cdot \bar{\bar{d}} = b + \bar{c} \cdot d$$

On obtient finalement: $f = \bar{a} \cdot (b + \bar{c} \cdot d)$

1.4. FORMES CANONIQUES D'UNE FONCTION LOGIQUE

Ecrire l'expression booléenne d'une fonction logique revient à rechercher ses équivalents binaires pour chaque combinaison des valeurs de ses variables. Cela peut être fait de deux façons, soit à partir de ses valeurs "1", soit à partir de ses valeurs "0". Reprenons par exemple la fonction de 3 variables a,b,c, définie par le tableau de Karnaugh de la fig.2

a) Considérons d'abord les cas pour lesquels f est égale à "1".

f est égale à "1" dans 6 cas :

- lorsque a=0, b=0, c=0, c'est-à-dire lorsque $\bar{a}$=1, $\bar{b}$=1, $\bar{c}$=1, ou encore lorsque $\bar{a}.\bar{b}.\bar{c}$ = 1 (puisqu'une fonction ET n'est égale à 1 que lorsque toutes ses variables sont égales à 1)

- OU lorsque a=0 b=1 c=0 (c'est-à-dire lorsque $\bar{a}.b.\bar{c}$ = 1)

- OU lorsque a=0 b=1 c=1 (c'est à dire $\bar{a}.b.c$ = 1)

- OU .....

On obtient finalement 6 termes équivalents binaires des valeurs "1" de la fonction, qu'on peut donc représenter par l'équation suivante :

$$f = \bar{a}.\bar{b}.\bar{c} + \bar{a}.b.\bar{c} + \bar{a}.b.c + a.b.\bar{c} + a.\bar{b}.\bar{c} + a.\bar{b}.c$$

Ce type d'expression, où la fonction est mise sous la forme d'une somme logique de plusieurs produits logiques dans lesquels toutes les variables interviennent, s'appelle la "1ère forme canonique de f".

b) Considérons maintenant les cas pour lesquels f est égale à "0".

f est égale à "0" dans 2 cas :

- lorsque a=0 b=0 c=1, c'est-à-dire lorsque $\bar{a}.\bar{b}.c$ = 1

- ou lorsque a=1 b=1 c=1, c'est à dire lorsque a.b.c. = 1

Comme les cas pour lesquels f=0 correspondent aux cas pour lesquels $\bar{f}$=1, on peut écrire :
$$\bar{f} = \bar{a}.\bar{b}.c + a.b.c$$

Appliquons alors le 2ème théorème de MORGAN sur la complémentation d'une somme de produits, nous obtiendrons l'expression de f :

$$\bar{\bar{f}} = f = \overline{\bar{a}.\bar{b}.c + a.b.c} = \overline{(\bar{a}.\bar{b}.c)}.\overline{(a.b.c)}$$

soit $\qquad f = (a + b + \bar{c}).(\bar{a} + \bar{b} + \bar{c})$

Ce 2ème type d'expression, où la fonction est mise sous la forme d'un produit logique de plusieurs sommes logiques dans lesquelles toutes les variables interviennent, s'appelle la "2ème forme canonique de f".

Ces deux formes canoniques de f sont équivalentes (comme on pourrait le vérifier en développant la 2ème forme, par exemple), mais ce ne sont pas, en général, les expressions les plus simples de la fonction.

1.5. SIMPLIFICATION D'UNE EXPRESSION LOGIQUE

D'une façon générale, la matérialisation d'une fonction logique par
un circuit logique pose deux problèmes qu'il est nécessaire de bien
distinguer : le premier est celui de la simplification de l'expression
de la fonction, le second est celui de l'adaptation de l'expression de
la fonction aux types de composants envisagés pour sa matérialisation.
Ces deux problèmes ont des approches différentes, et il n'est pas évident que la résolution du premier facilite celle du second, en
d'autres termes, l'expression logique la plus simple d'une fonction
n'est pas forcément la plus simple à implanter. (Nous reprendrons ce
problème d'implantation à la fin du chapître 6).

Nous abordons seulement ici le premier problème, celui de la mini-
malisation du nombre de termes d'une expression logique : il peut être
résolu soit par une méthode <u>graphique</u>, que nous présenterons au paragraphe 1.6, soit par une méthode <u>algébrique</u>, dont nous donnons un
exemple ci-dessous.

Considérons la 1ère forme canonique de la fonction de 3 variables
déjà étudiée au paragraphe 1.4 (tableau de Karnaugh de la fig.2)

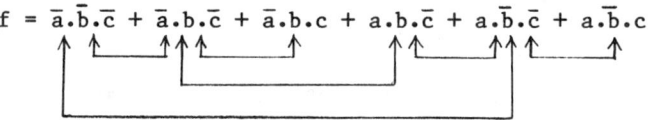

$$f = \bar{a}.\bar{b}.\bar{c} + \bar{a}.b.\bar{c} + \bar{a}.b.c + a.b.\bar{c} + a.\bar{b}.\bar{c} + a.\bar{b}.c$$

Nous allons chercher à utiliser la propriété de la distributivité
d'un produit par rapport à une somme de deux variables complémentaires, de la forme :

$$a.b + a.\bar{b} = a.(b + \bar{b}) = a.1 = a$$

Pour cela, nous rechercherons systématiquement les fusionnements 2
à 2 des termes dans lesquels une seule variable change, en apparaissant sous forme directe dans l'un et sous forme complémentaire dans
l'autre. Ainsi, dans l'expression précédente, on peut fusionner :

le 1er terme avec le 2ème, (ce qui correspond au nouveau terme $\bar{a}.\bar{c}$),
le 1er terme avec le 5ème, (ce qui correspond au nouveau terme $\bar{b}.\bar{c}$),
le 2ème terme avec le 3ème, (ce qui correspond au nouveau terme $\bar{a}.b$),
le 2ème terme avec le 4ème, (ce qui correspond au nouveau terme $b.\bar{c}$),
le 4ème terme avec le 5ème, (ce qui correspond au nouveau terme $a.\bar{c}$),
et finalement le 5ème avec le 6ème, (qui correspond au terme $a.\bar{b}$).

Une expression équivalente de f est donc la suivante :

$$f = \bar{a}.\bar{c} + \bar{b}.\bar{c} + \bar{a}.b + b.\bar{c} + a.\bar{c} + a.\bar{b}$$

En procédant systématiquement de la même façon que précédemment, on
voit qu'on peut fusionner maintenant le 1er terme avec le 5ème (ce qui

correspond au nouveau terme $\bar{c}$) et le 2ème avec le 4ème (ce qui correspond au nouveau terme $\bar{c}$), les 3ème et 6ème termes étant irréductibles. Une nouvelle expression équivalente de f est donc :

$$f = \bar{c} + \bar{c} + \bar{a}.b + a.\bar{b}$$

qu'on peut écrire :

$$f = \bar{c} + a \oplus b$$

Cette technique est en fait l'application d'une méthode plus générale, que nous ne développerons pas ici (méthode de Quine-Mac Cluskey).

1.6 METHODE DE KARNAUGH

La méthode de Karnaugh est une méthode graphique de simplification de l'expression d'une fonction logique, basée sur le regroupement des valeurs binaires "1" situées dans des cases adjacentes de son tableau.

Mentionnons d'abord que, dans un tableau de Karnaugh, la disposition des valeurs des variables doit être telle que, lorsque l'on passe d'une case à une case voisine (horizontalement ou verticalement), une seule variable doit changer de valeur. Cela se produira si l'on range les valeurs des variables conformément au code binaire réfléchi (voir chap. 5).

Considérons par exemple le tableau à 4 variables a,b,c,d de la fig. 11 : lorque l'on passe de la case α (abcd = 0101) à la case β (abcd = 0001), seule la variable b change de valeur. De même, lorsque l'on passe de α à γ (abcd = 1101), seule la variable a change de valeur ; lorsque l'on passe de α à δ (abcd = 0111) seule la variable c change de valeur et lorsque l'on passe de α à ε (abcd = 0100) seule la variable d change de valeur. Cette propriété, qui est vraie pour n'importe quelle case du tableau, résulte de la disposition adoptée pour les valeurs des variables.

a b \ c d	0 0	0 1	1 1	1 0
0 0		β		
0 1	ε	α	δ	
1 1		γ		
1 0				

Fig.11 : Disposition des valeurs des variables dans un tableau de Karnaugh

Envisageons maintenant les valeurs de la fonction : la méthode de Karnaugh consiste à regrouper les "1" adjacents par ensembles corres-

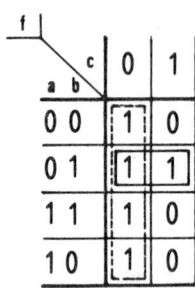

**Fig.12 : Regroupement des "1"
d'une fonction de 3 variables**

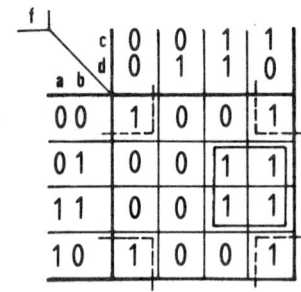

**Fig.13 : Regroupement des "1"
d'une fonction de 4 variables**

pondant à des puissances de 2 les plus grands possibles (par 2, par 4, par 8, ...). Les termes inclus dans ces ensembles seront deux à deux de la forme générale $A.B$ et $A.\overline{B}$ (puisqu'une seule variable aura changé) et se simplifieront en vertu de la relation $A.B + A.\overline{B} = A$

Par exemple, pour la fonction de 3 variables définie par les valeurs du tableau de la fig. 12, le regroupement des deux "1" adjacents entourés d'un rectangle en trait plein ($\overline{a}.b.\overline{c} + \overline{a}.b.c$) correspondra au terme simplifié $\overline{a}.b$. Le regroupement des quatre "1" adjacents entourés d'un rectangle en pointillé correspondra au terme simplifié $\overline{c}$.

De la même façon, pour la fonction de 4 variables définie par les valeurs du tableau de la fig.13, le regroupement des quatre "1" adjacents entourés d'un carré en trait plein ($\overline{a}.b.c.d + \overline{a}.b.c.\overline{d} + a.b.c.d + a.b.c.\overline{d}$) correspondra au terme simplifié $b.c$.

On voit qu'il ne reste dans l'expression du terme simplifié de l'ensemble que les variables qui ne changent pas de valeur pour cet ensemble : cette remarque est en fait la <u>règle pratique</u> de la recherche des expressions des groupements.

L'application correcte de la méthode de Karnaugh nécessite une certaine pratique, notamment en ce qui concerne les termes "situés en bordure", les "recouvrements", et les cases "indifférentes".

Termes situés en bordure du tableau :

Dans la recherche des "1" adjacents, on doit utiliser un tableau de Karnaugh comme s'il se refermait sur lui-même, à la fois dans le sens horizontal et dans le sens vertical. Ainsi, deux "1" situés en bordure du tableau sur une même ligne ou sur une même colonne peuvent être considérés comme adjacents. Par exemple, le regroupement des quatre "1" situés aux quatre coins du tableau de la fig.13 correspondra au terme simplifié $\overline{b}.\overline{d}$.

Recouvrements :

Les groupements les plus grands correspondant aux termes les plus simples, on pourra être amené à prendre certains "1" dans plusieurs groupements, de façon à ce que ces groupements soient plus grands. Cette façon de procéder est tout à fait licite, et même parfois nécessaire (pour éviter des aléas de fonctionnement), cela s'appelle un "recouvrement". Par exemple, sur le tableau de la fig.12, le "1" correspondant au terme $\bar{a}.b.\bar{c}$ fait partie des 2 groupements entourés ($\bar{c}$ et $\bar{a}.b$), il indique un recouvrement.

Cases indifférentes :

Il arrive fréquemment que certaines valeurs d'une fonction logique ne soient pas définies, ou "indifférentes", pour certaines combinaisons des valeurs des variables. On les représente habituellement par un tiret : "-". On peut alors attribuer aux cases correspondantes soit la valeur "0" soit la valeur "1", selon l'avantage que l'on en retire quant à l'importance d'un regroupement de "1" adjacents.

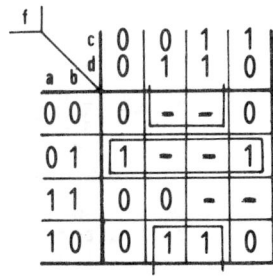

Fig.14 : **Fonction comprenant des "indifférents"**

Par exemple, pour la fonction définie par le tableau de la fig.14, il y a 6 cases indifférentes. Il est avantageux ici d'attribuer la valeur "0" aux deux cases $a.b.c.d$, $a.b.c.\bar{d}$, et la valeur "1" aux quatre cases $\bar{a}.\bar{b}.\bar{c}.d$, $\bar{a}.\bar{b}.c.d$, $\bar{a}.b.\bar{c}.d$, $\bar{a}.b.c.d$. En procédant ainsi, on obtient deux regroupements de quatre "1", correspondants respectivement aux termes simplifiés $\bar{b}.d$ et $\bar{a}.b$.

La méthode de Karnaugh est en général plus simple à appliquer qu'une méthode algébrique, mais elle est limitée pratiquement au cas des fonctions ne dépassant pas 5 à 6 variables .

1.7 LOGIGRAMMES

Un logigramme est une représentation graphique d'une fonction logique, dessinée au moyen de symboles des opérations logiques qui interviennent dans son expression algébrique. Un logigramme définit des liaisons "opérationnelles" entre les variables (habituellement situées à gauche du dessin) et la fonction.

Pour établir un logigramme, il est souvent commode de commencer par la droite en représentant d'abord le dernier opérateur, puis de remonter progressivement vers la gauche jusqu'aux variables par l'intermédiaire des autres opérateurs.

Il existe deux catégories de logigrammes, selon que l'on y utilise seulement les 3 opérateurs fondamentaux "ET", "OU", "NON", ou seulement un opérateur universel, "NAND" ou "NI".

1.7.1 LOGIGRAMMES UTILISANT SEULEMENT LES 3 OPERATEURS FONDAMENTAUX

Ce type de logigramme traduit <u>directement</u> les opérations exprimées dans l'expression algébrique de <u>la fonction</u>, comme le montrent les exemples suivants :

<u>Exemple n°1</u> : Etablir le logigramme de la fonction définie par <u>l'expression</u> algébrique $f = \bar{a}.b + a.\bar{b} + \bar{c}$

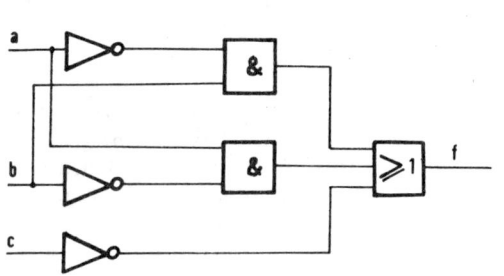

Cette fonction étant une <u>somme</u> logique, son dernier opérateur sera un "OU" à 3 entrées (respectivement $\bar{a}.b$, $a.\bar{b}$ et $\bar{c}$). Les 2 termes $\bar{a}.b$ et $a.\bar{b}$ étant des <u>produits</u> seront réalisés par des opérateurs "ET" à 2 entrées (respectivement $\bar{a}$ et b, a et $\bar{b}$). Finalement, les termes $\bar{a}, \bar{b}, \bar{c}$ seront réalisés par des inverseurs à partir des variables a, b,c. On obtient le logigramme de la fig.15

Fig.15 : Logigramme "ET-OU-NON"
de $f = \bar{a}.b + a.\bar{b} + \bar{c}$

<u>Exemple n°2</u> : Rechercher l'expression algébrique de la fonction définie par le logigramme de la fig.16

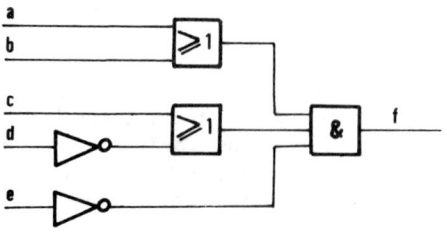

En partant des variables a, b, c, on obtient successivement a + b en sortie du 1er "OU", c + $\bar{d}$ en sortie du 2ème "OU" et finalement, en sortie du "ET" :

$$f = (a + b).(c + \bar{d}).\bar{e}$$

Fig.16 : Logigramme "ET-OU-NON"

1.7.2 LOGIGRAMMES UTILISANT UN SEUL TYPE D'OPERATEUR UNIVERSEL

Il est souvent intéressant, notamment en technologie électronique, de construire un logigramme n'utilisant que l'une ou l'autre des deux fonctions universelles, "NAND" ou "NI". Etudions quelques exemples :

Exemple n° 1 : Logigramme "NAND" d'une fonction "OU" : f = a + b + c

On peut remarquer qu'une fonction "NAND" à plusieurs variables réalise la fonction "OU" sur le complément des variables. En effet :

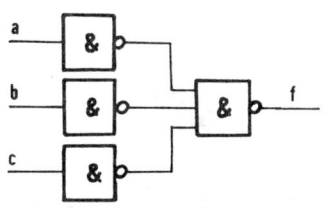

$$\overline{a.b.c} = \bar{a} + \bar{b} + \bar{c}$$

Comme, par ailleurs, une fonction "NAND" à une seule variable réalise la fonction "NON", on pourra obtenir $\bar{a}$, $\bar{b}$, $\bar{c}$, au moyen de 3 "NAND" ayant respectivement a, b, c comme entrées.

Fig.17 : Logigramme "NAND" d'une fonction "OU"

On obtient ainsi le logigramme de la fig. 17.

Exemple n° 2 : Logigramme "NAND" d'une fonction "ET" : f = a.b.c

On peut remarquer ici qu'un "NAND" à 3 entrées a, b, c réalise directement $\overline{a.b.c}$, c'est-à-dire le complément de la fonction cherchée.

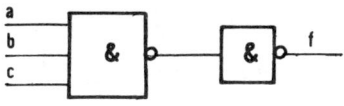

Il suffira donc de compléter la sortie de ce "NAND" par un autre "NAND" pour avoir :

$$\overline{\overline{a.b.c}} = a.b.c$$

Fig. 18 : Logigramme "NAND" d'une fonction "ET"

On obtient ainsi le logigramme de la fig. 18.

Exemple n° 3 : Logigramme "NAND" d'une fonction exprimée sous la forme d'une somme logique de produits logiques :

$$f = a.b + c.d + e.g$$

Le dernier opérateur de f devra être un "OU" à 3 entrées (a.b, c.d, e.g), et chacune de ses entrées devra être elle-même la sortie d'un "ET" à 2 entrées. En utilisant les logigrammes "NAND" définis ci-dessus pour les fonctions "OU" et "ET", on obtient le logigramme de la fig. 19 (1). On s'aperçoit qu'il y a des simplifications possibles, du fait de la présence de 2 "NAND" à une seule entrée sur la même ligne (ils sont alors équivalents à deux "NON" successifs, c'est-à-dire à un "OUI"). En supprimant donc les 6 "NAND" qui correspondent à cette situation, on obtient le logigramme simplifié de la fig. 19 (2).

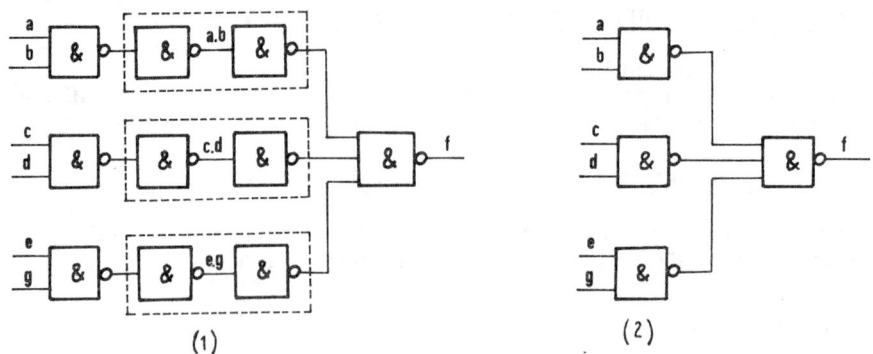

Fig. 19 : Logigramme "NAND" de f = a.b + c.d + e.g
(1) non simplifié   (2) simplifié

Exemple n° 4 : Logigramme "NI" d'une fonction exprimée sous la forme
d'un produit logique de sommes logiques :

$$f = (a + b).(c + d).(e + g)$$

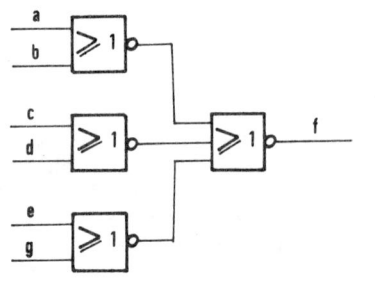

En raisonnant sur la 2ème fonction universelle "NI" de la même façon que nous l'avons fait sur la fonction "NAND" dans les trois exemples précédents, on montrerait que le logigramme de la fonction :

$$f = (a + b).(c + d).(e + g)$$

est celui de la fig. 20

Fig. 20 : Logigramme "NI" de
f = (a + b).(c + d).(e + g)

1.8 EXEMPLE D'ANALYSE D'UN PROBLEME DE LOGIQUE : "CHAINE STEREO"

La matérialisation d'un automatisme nécessite la "traduction" d'un problème de logique sous forme d'équations booléennes ou de logigrammes. Nous étudierons plus loin (chap. 3 et 4) les méthodes générales d'analyse et de synthèse d'un circuit de commande d'automatisme. Nous présenterons seulement ici un exemple de recherche d'équations booléennes, à titre d'illustration de l'emploi des tableaux de KARNAUGH :

Une chaine stéréo comporte : un amplificateur (A), une platine tourne-disque (P) et un magnétophone à cassettes utilisable en lecteur (L) ou en enregistreur (E).

Trois modes de fonctionnement possibles sont commandés par trois variables d'entrée, de la façon suivante :

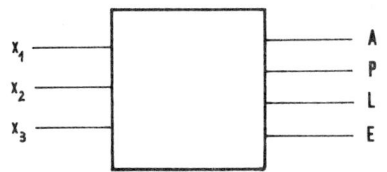

Fig.21 : Chaîne stéréo

x_1 = écoute d'un disque
x_2 = écoute d'une cassette
x_3 = enregistrement d'un disque
sur cassette

La commande de la chaine ne doit pas permettre l'écoute et l'enregistrement simultanés d'une cassette, ni l'écoute simultanée d'un disque et d'une cassette.

On demande d'établir les équations booléennes de A, P, L, E, en fonction de x_1, x_2, x_3.

Observons tout d'abord qu'on ne s'intéresse évidemment ici qu'à la commande logique de la chaine (et pas à sa commande analogique, réglage, qualité d'écoute, etc...)

Le problème comportant 3 variables d'entrée, il y a 8 combinaisons possibles des valeurs binaires de ces variables. Pour chacune de ces 8 combinaisons, on devra analyser, parmi les 4 équipements fonctionnels, lesquels sont utilisés, ce qui déterminera les valeurs binaires des 4 variables de sortie.

On construit donc 4 tableaux de KARNAUGH à 8 cases pour A, P, L et E (fig. 22). On y porte tout d'abord des valeurs "0" dans les 4 cas correspondants soit à une impossibilité de fonctionnement ($x_1 x_2$ = 11, $x_2 x_3$ = 11), soit à une absence de fonctionnement ($x_1 x_2 x_3$ = 000) : ces valeurs sont indiquées en trait pointillé sur les tableaux.

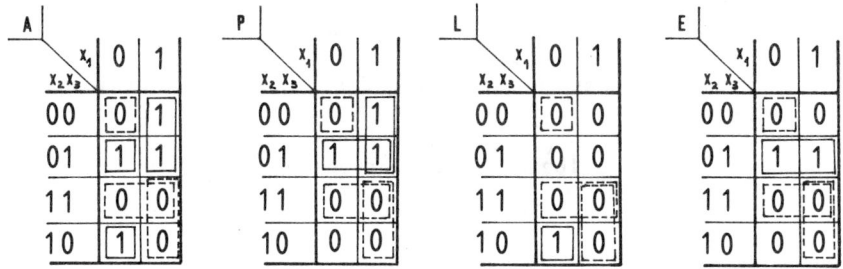

Fig. 22 : Tableaux de Karnaugh des 4 variables de sortie A, P, L, E

On y porte ensuite les valeurs "1" ou "0" dans les 4 cas où une (ou plusieurs) sortie(s) est (ou sont) utilisée(s). On obtient ainsi les résultats portés sur la fig. 22.
On en déduit, avec les regroupements indiqués en trait plein, les expressions booléennes des sorties :

$$A = x_1 \cdot \overline{x_2} + \overline{x_1} \cdot (x_2 \oplus x_3) \qquad P = \overline{x_2} \cdot (x_1 + x_3)$$
$$L = \overline{x_1} \cdot x_2 \cdot \overline{x_3} \qquad\qquad E = \overline{x_2} \cdot x_3$$

La construction des logigrammes de ces expressions est proposée en exercice à la fin du chapitre.

<u>EXERCICES SUR LE CHAPITRE 1</u>

1. <u>Serrure de coffre</u>

Quatre responsables d'une Société (A, B, C, D) peuvent avoir accès
à un coffre. Ils possèdent chacun une clé différente (a, b, c, d) et
il a été convenu que :

      - A ne peut ouvrir le coffre que si au moins un des responsa-
        bles B ou C est présent.

      - B, C, D ne peuvent l'ouvrir que si au moins deux des autres
        responsables sont présents.

Donner l'équation logique de la serrure du coffre (S) en fonction
de a, b, c, d.

2. <u>Amplification sonore</u>

Les trois haut-parleurs d'une salle de cinéma (soient a, b, c) sont
branchés sur un amplificateur qui a deux sorties : une d'impédance
4 Ω (soit S_4) et une d'impédance 8 Ω (soit S_8).

      - Lorsqu'un seul haut-parleur est utilisé, il doit être relié à
        la sortie de 8 Ω .

      - Lorsque deux haut-parleurs sont utilisés, ils doivent être
        reliés tous les deux à la sortie de 4 Ω .

      - Le fonctionnement simultané des trois haut-parleurs est
        interdit.

Donner les équations logiques des sorties S_4 et S_8 en fonction de
a, b, c.

3. <u>Circuit de vote</u>

Quatre délégués syndicaux représentent respectivement le nombre de
voix suivants : a = 100 voix, b = 150 voix, c = 250 voix, d = 175
voix.

Pour être acceptée lors des réunions, une proposition doit recueil-
lir au moins 50 % des voix représentées.

Donner l'équation logique d'un circuit S à 4 entrées, a, b, c, d
dont la valeur logique soit "1" lorsqu'une proposition est acceptée et
"0" lorsqu'elle est refusée.

4. Démonstration d'égalités logiques

Démontrer les égalités logiques suivantes :

4.1 : $a + \bar{a}.b = a + b$

4.2 : $(\bar{a} + b)(a + c) = a.b + \bar{a}.c$

4.3 : $(a + \bar{b})(b + \bar{c})(c + \bar{a}) = (\bar{a} + b)(\bar{b} + c)(\bar{c} + a)$

5. Complémentation (Théorèmes de MORGAN)

Calculer les fonctions complémentaires des fonctions suivantes :

$F_1 = a.(\bar{b} + c + d) + \bar{c}.d$

$F_2 = (a + b).(b + c).(c + a)$

Vérifier que les fonctions complémentaires des fonctions obtenues sont les fonctions données.

6. Simplification d'expressions logiques

Simplifier les expressions logiques suivantes :

$F_1 = a.b + \bar{c} + c.(\bar{a} + \bar{b})$

$F_2 = (a + b + c)(a + \bar{b} + c)(a + \bar{b} + \bar{c})$

$F_3 = (a + b)(a + c) + (b + c)(b + a) + (c + a)(c + b)$

7. Tableaux de KARNAUGH (construction)

Construire les tableaux de KARNAUGH des fonctions logiques définies par les "tables de vérité" suivantes, puis les utiliser pour simplifier l'expression de ces fonctions :

a	0 0 0 0 1 1 1 1
b	0 0 1 1 0 0 1 1
c	0 1 0 1 0 1 0 1
F_1	0 1 1 0 1 1 1 1

a	0 0 0 0 0 0 0 0 1 1 1 1 1 1 1 1
b	0 0 0 0 1 1 1 1 0 0 0 0 1 1 1 1
c	0 0 1 1 0 0 1 1 0 0 1 1 0 0 1 1
d	0 1 0 1 0 1 0 1 0 1 0 1 0 1 0 1
F_2	1 0 1 0 1 1 1 1 0 0 0 0 1 0 1

8. Tableaux de KARNAUGH (lecture)

Donner les expressions logiques les plus simples possibles des fonctions définies par les tableaux de KARNAUGH suivants :

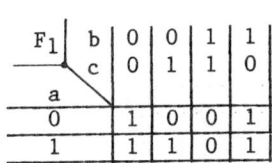

F_1	b	0	0	1	1
	c	0	1	1	0
a					
0		1	0	0	1
1		1	1	0	1

F_2	c	0	0	1	1
	d	0	1	1	0
a b					
0 0		1	1	1	1
0 1		0	1	1	0
1 1		0	1	1	0
1 0		0	1	0	0

F_3	c	0	0	0	0	1	1	1	1
	d	0	0	1	1	1	1	0	0
	e	0	1	1	0	0	1	1	0
a b									
0 0		0	0	0	0	1	0	0	1
0 1		1	0	0	1	1	0	0	1
1 1		1	1	1	1	1	1	1	1
1 0		0	1	1	0	0	1	1	0

9. Tableaux de KARNAUGH (Utilisation des "0")

On considère la fonction logique F (a,b,c,d) définie par le tableau de KARNAUGH suivant :

F	c	0	0	1	1
	d	0	1	1	0
a b					
0 0		1	0	1	1
0 1		0	0	1	1
1 1		0	1	1	0
1 0		0	1	1	0

Donner son expression sous la forme d'une somme de produits (à partir des "1" du tableau).

Donner son expression sous la forme d'un produit de sommes (à partir des "0" du tableau puis par complémentation).

Vérifier l'égalité de ces deux expressions.

10. Simplification d'expressions logiques (comparaison de méthodes).

Obtenir une expression plus simple des fonctions logiques suivantes, soit par le calcul booléen, soit en construisant leur tableau de KARNAUGH :

$F_1(a,b,c) = ab\bar{c} + abc + \bar{a}c + a\bar{b}c + \bar{b}c$

$F_2(a,b,c,d) = \bar{a}d + bc + abd + ab\bar{c}\bar{d} + \bar{a}b\bar{c}\bar{d}$

11. <u>Logigrammes ET-OU-NON (construction)</u>

Dessiner les logigrammes ET-OU-NON des fonctions suivantes :

F_1 = a.b + c.d + e.f

F_2 = (a + b).(c + d).(e + f)

F_3 = $\bar{a}.\bar{b}.c$ + d.($\bar{a}$ + $\bar{b}$)

12. <u>Logigrammes NAND (construction)</u>

Dessiner le logigramme NAND de la fonction suivante :

F = a.(b + d) + c.$\bar{d}$.($\bar{a}$ + b)

13. <u>Logigrammes NI (construction)</u>

Dessiner le logigramme NI de la fonction suivante :

F = a.(b + d) + c.$\bar{d}$.($\bar{a}$ + b)

14. <u>Logigrammes (lecture)</u>

Etablir les expressions logiques des fonctions représentées par les logigrammes suivants :

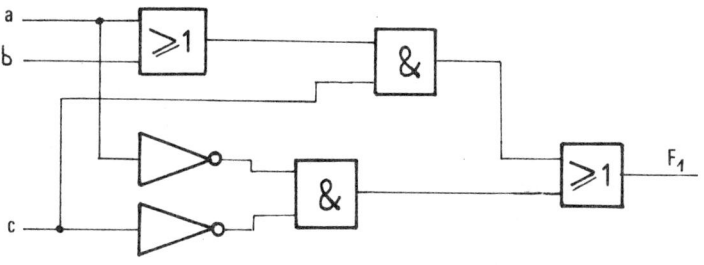

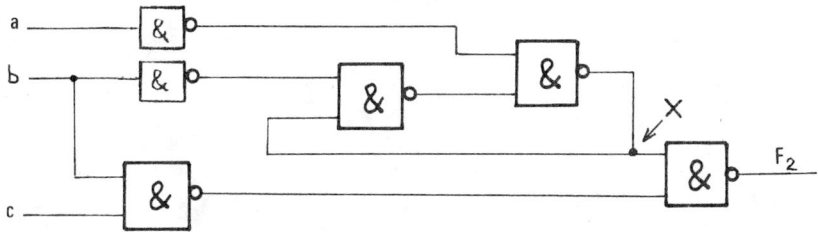

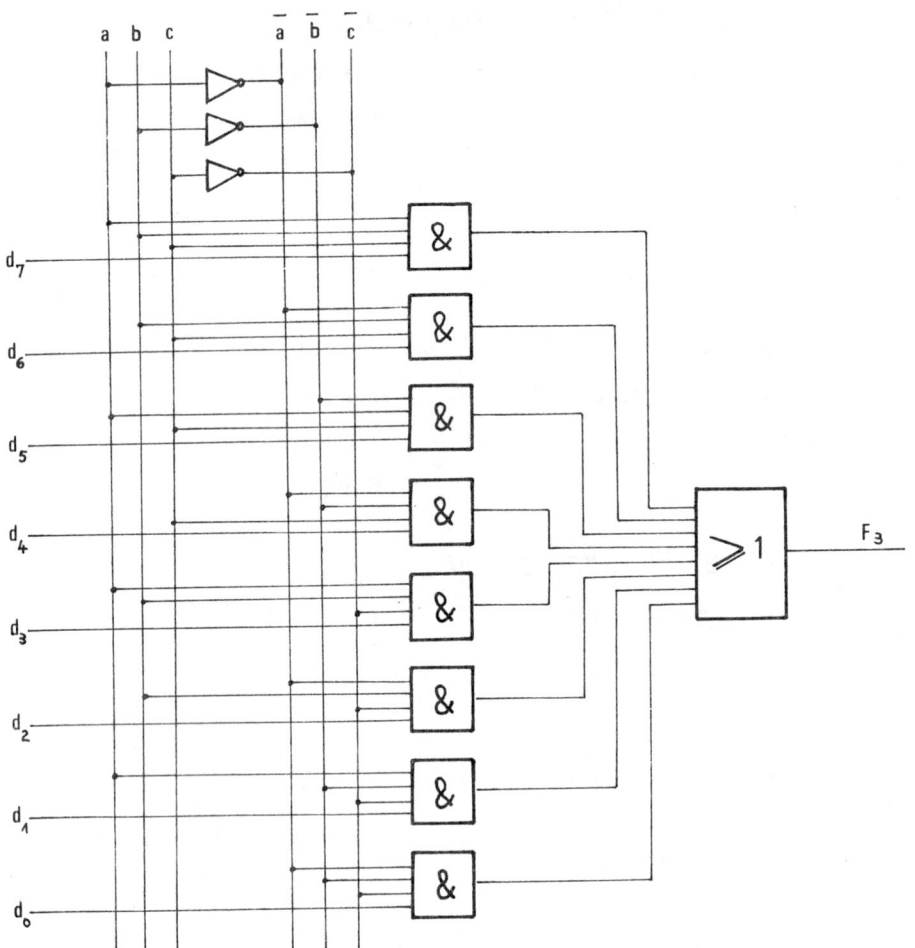

15. Logigrammes (construction)

Dessiner les logigrammes ET-OU-NON et NAND des expressions A,P,E,L, données à la fin du paragraphe 1.8.

Chapitre 2

TECHNOLOGIES
DES FONCTIONS LOGIQUES

Pour matérialiser les "fonctions" logiques, on utilise des circuits logiques mettant en jeu une certaine grandeur physique, et dans lesquels les éléments ou organes constitutifs ne prennent que deux états, toujours distincts. A chaque organe est associée une variable logique d'entrée (organe actionné ou non actionné), et à chaque grandeur physique est associée une variable logique de sortie (grandeur présente ou absente).

Les trois technologies les plus utilisées dans les automatismes industriels sont :

- la technologie "électromécanique", dans laquelle la grandeur physique est le courant électrique circulant dans des récepteurs, et les organes binaires des "contacts" électriques, qui seront "ouverts" ou "fermés".

- la technologie "pneumatique", dans laquelle la grandeur physique est la pression d'air dans des canalisations alimentant des récepteurs, et les organes binaires des "distributeurs", qui seront actionnés ou non actionnés.

- la technologie "électronique", dans laquelle la grandeur physique est la différence de potentiel entre les bornes d'un boitier électronique et la masse, et les organes binaires des "diodes" ou des "transistors", qui seront "bloqués" ou "saturés".

Nous allons étudier brièvement chacune de ces 3 technologies.

2.1 TECHNOLOGIE ELECTROMECANIQUE

2.1.1. PRINCIPE DE LA LOGIQUE DES CONTACTS

En technologie électromécanique, les circuits logiques sont constitués par des associations de contacts électriques (de relais, de
boutons-poussoirs, de capteurs de fin de course, etc), à travers lesquels sont alimentés des récepteurs, dont l'état électrique dépendra
ainsi des positions des contacts (ouverts ou fermés). En attribuant une
variable logique à chacun des contacts, a, b, c, ..., et une autre
variable logique à chacun des récepteurs, F_1, F_2, ..., on matérialisera les fonctions $F_1(a,b,c,...)$, $F_2(a,b,c...)$ ... par les états électriques des récepteurs.

Conventions sur la nature des contacts :

Considérons le cas d'un récepteur F alimenté à travers un seul contact a. On adopte habituellement les conventions suivantes :

- Pour la valeur logique du contact :
     contact non actionné : a = 0
     contact actionné   : a = 1

- Pour la valeur logique du récepteur (ou encore du courant qui
  traverse le récepteur) :
     récepteur non alimenté (courant nul) : F = 0
     récepteur alimenté (courant non nul) : F = 1

- Si la valeur logique du contact est égale à la valeur logique du
  courant (c'est-à-dire contact non actionné = courant nul), on a
  ce qu'on appelle un contact "normalement ouvert" (NO).

- Si la valeur logique du contact est complémentaire de celle du
  courant (c'est-à-dire contact actionné = courant nul), on a ce
  qu'on appelle un contact "normalement fermé" (NF), qu'on représente alors par une variable logique complémentée.

Ainsi sur la fig. 1, le récepteur F
est alimenté par le contact a du type NO,
soit, en valeur logique :

$$F = a$$

et le récepteur G est alimenté par le
contact b du type NF, soit, en valeur logique :

$$G = \bar{b}$$

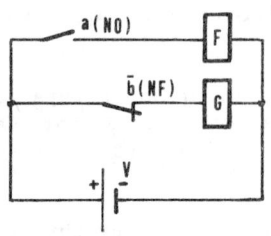

**Fig. 1 : Logique des
    contacts**

2.1.2 MATERIALISATION DES FONCTIONS ELEMENTAIRES

a) Fonction "complémentaire"

Il résulte immédiatement des conventions précédentes que la fonction de complémentation est réalisée par un contact du type NF. Dans la pratique, on utilise fréquemment des contacts du type "inverseur", qui permettent de matérialiser à la fois une variable et sa variable complémentaire.

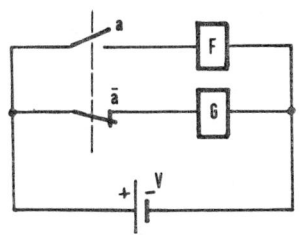

Un inverseur est constitué par un ensemble de 2 contacts (l'un de type NO, l'autre de type NF) reliés mécaniquement, dont 2 bornes sont reliées électriquement pour constituer le "commun", dont la borne NO matérialisera une variable (contact "travail") et dont la borne NF matérialisera la variable complémentaire (contact "repos"). Ainsi, sur la fig. 2, où la liaison mécanique est représentée par le trait pointillé vertical, on a en valeurs logiques, F = a et G = $\bar{a}$ soit :

Fig. 2 : Contact inverseur

$$G = \bar{F}$$

b) Fonction "ET" :

Considérons le circuit de la fig.3, où F représente un récepteur alimenté par la source V à travers trois contacts a,b,c normalement ouverts et disposés en série : l'état électrique de F matérialisera la fonction logique "ET" des trois variables a, b, c :

$$F = a.b.c$$

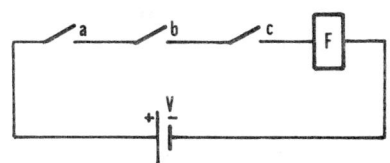

En effet, si un des trois contacts (au moins) reste ouvert, aucun courant ne pourra circuler dans F ; par contre, si les trois contacts sont fermés, il pourra circuler un courant dans F. Parmi les huit combinaisons possibles des valeurs des contacts, seule la combinaison a = b = c = 1 donnera la valeur F = 1 : il s'agit bien d'une fonction "ET".

Fig. 3 : Fonction ET

c) Fonction "OU"

Considérons maintenant le circuit de la fig. 4, où le récepteur F est alimenté à travers trois contacts a, b, c normalement ouverts et disposés en parallèle : l'état électrique de F matérialisera la fonction logique "OU" des trois variables a, b, c.

$$F = a + b + c$$

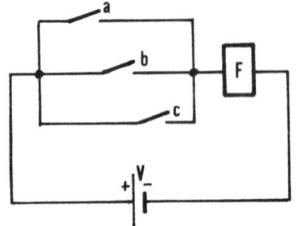

En effet, si un des trois contacts (au moins) est fermé, le récepteur F sera alimenté ; et le seul cas parmi les huit possibles, pour lequel F ne sera pas alimenté est le cas où les trois contacts à la fois restent ouverts : il s'agit bien d'une fonction "OU".

Fig. 4 : Fonction OU

2.1.3. MATERIALISATION D'UNE FONCTION QUELCONQUE

On peut, en se basant sur les principes précédents, matérialiser au moyen de contacts une fonction logique quelconque définie par son expression booléenne. Soit par exemple à matérialiser la fonction des quatre variables a,b,c,d suivante :

$$F = ad + a\overline{b}\overline{c} + \overline{a}bd + \overline{c}d$$

Cette fonction se présente comme une somme logique de quatre monômes constitués eux-mêmes par des produits logiques. En faisant correspondre un contact à chaque terme, puis une branche en série à chaque produit logique (fonction ET), et enfin un noeud de mise en parallèle à chaque somme logique (fonction OU), on matérialiserait F au moyen des dix contacts regroupés sur les quatre branches en parallèle de la fig. 5 (la représentation se fait habituellement entre deux lignes verticales extrêmes, qui figurent respectivement chacune des deux bornes de la source V du circuit de commande).

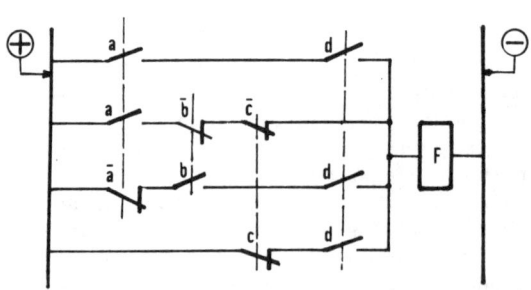

Toutefois, l'application directe de cette méthode conduit rarement au circuit le plus avantageux en ce qui concerne le nombre de contacts utilisés.

En effet, il est souvent possible de simplifier le circuit obtenu en regroupant certains des monômes qui interviennent dans l'expression de la fonction.

Fig. 5 : Circuit matérialisant F

Par exemple ici, on peut écrire l'expression de F sous la forme suivante, après quelques calculs (revoir le chap. 1) :

$$F = a\overline{b}\overline{c} + d(a + b + \overline{c})$$

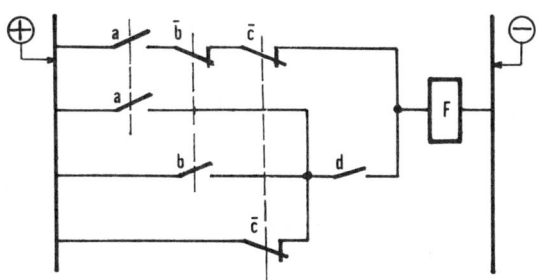

Fig. 6 : Circuit simplifié

Cette nouvelle expression conduit au circuit simplifié représenté sur la fig. 6, où seulement sept contacts sont maintenant nécessaires (au lieu des dix de la fig. 5).

2.1.4. ELEMENTS DE TECHNOLOGIE

Nous décrirons succinctement quelques équipements essentiels des automatismes à contacts, les boutons-poussoirs, les capteurs et les relais électromécaniques.

a) Boutons-poussoirs et capteurs

D'une facon générale, le circuit de commande d'un automatisme fera intervenir deux catégories de contacts :

— Les contacts qui correspondent à des variables de commande dépendant d'un opérateur, par exemple : mise en marche, arrêt, arrêt d'urgence, etc. Ces contacts sont actionnés manuellement dans des boutons-poussoirs à impulsion.

La figure 7 montre le principe de fonctionnement d'un bouton "marche" (du type NO) et d'un bouton "arrêt" (du type NF).

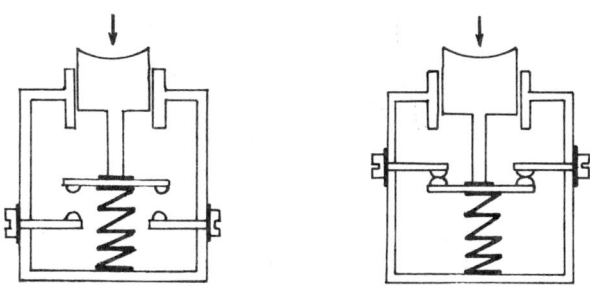

Fig. 7 : Bouton "Marche" et bouton "Arrêt"

— Les contacts qui correspondent à des variables de commande dépendant du déroulement du processus, par exemple : passage d'un organe mécanique à un endroit déterminé, passage d'une grandeur physique à une valeur déterminée, etc...

Ces contacts sont actionnés par des éléments mécaniques dans des capteurs qui peuvent être de différents types selon leur fonction :

- "Capteurs de fin de course" lorsqu'il s'agit de détecter la position d'un organe,

- "Capteurs de pression, de niveau, de température, etc... (manostat, flotteur, thermostat...) lorsqu'il s'agit de détecter la valeur d'une grandeur physique.

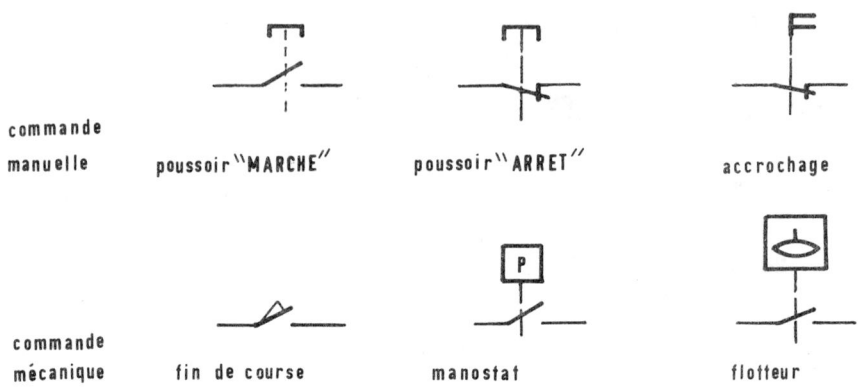

| commande manuelle | poussoir "MARCHE" | poussoir "ARRET" | accrochage |
| commande mécanique | fin de course | manostat | flotteur |

Fig. 8 : Symboles des boutons-poussoirs et des capteurs

La figure 8 donne quelques symboles de représentation de ces deux catégories de contacts, à commande manuelle ou à commande mécanique.

b) Relais électromécaniques

Les relais constituent les équipements de base des automatismes à contacts : ils contiennent dans le même boîtier la bobine électrique de commande et plusieurs contacts, de même nature ou de nature complémentaire (habituellement 4 NO, ou 4 NF, ou encore 2 NO plus 2 NF).

Leur principe de fonctionnement est représenté sur la fig. 9 :

La carcasse ferromagnétique est constituée de deux parties : une armature annulaire qui porte les éléments fixes des contacts, et un noyau central "plongeur" dont sont solidaires les éléments mobiles des contacts. Le noyau qui, normalement, est maintenu écarté de l'armature par un ressort, est attiré par celle-ci lorsque la bobine est excitée par un courant .

Cette manoeuvre a pour effet de changer la nature de tous les contacts : par exemple, le contact 13-14 (NO) se ferme et le contact 31-32 (NF) s'ouvre. Ainsi la valeur logique du courant dans la bobine

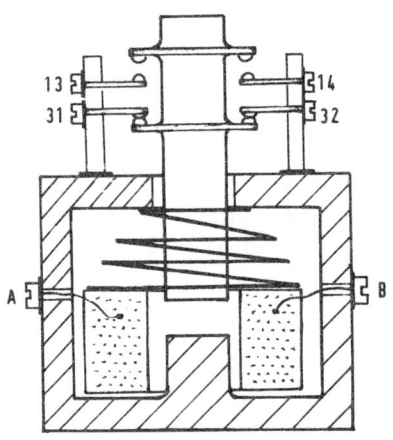

Fig. 9 : Relais électromécanique

AB est égale à la valeur logique des contacts NO et complémentaire de celle des contacts NF, en régime permanent (c'est-à-dire sans tenir compte ni du temps de réponse ni des "rebonds" éventuels).

2.1.5. SEPARATION DU CIRCUIT DE COMMANDE ET DU CIRCUIT DE PUISSANCE

Les automatismes électromécaniques mettent fréquemment en oeuvre des récepteurs électriques de grande puissance (moteurs de machines-outils, fours de postes de traitement,...) qu'il n'est pas possible d'actionner directement par les sorties du circuit logique de commande : les valeurs importantes des courants et des "f.e.m de coupure" mises en jeu dans les contacts, ainsi que les impératifs de dimensionnement des câbles d'alimentation de récepteurs (souvent éloignés du poste de commande), imposent l'utilisation de relais particuliers appelés "contacteurs".

Un automatisme comprendra donc en général deux circuits bien distincts (voir fig. 10) :

- Un circuit "de commande" qui, à partir des variables de commande (de l'opérateur, a_1, $\overline{a_2}$,... ou du processus b_1, $\overline{b_2}$,...), matérialise les fonctions logiques souhaitées F_1, F_2,... par l'état des bobines des contacteurs correspondants. Ce circuit peut faire intervenir également d'autres bobines auxiliaires X_1, X_2,... nécessaires pour caractériser l'état du système (la notion de variable d'état sera précisée au paragraphe 3.3). Ce circuit de commande est généralement alimenté en basse tension (par ex : 24 V. continu) et consomme très peu.

- Un circuit "de puissance", dans lequel l'état logique des bobines des contacteurs est répercuté sur les récepteurs M_1, M_2,... par l'intermédiaire des contacts de puissance de même valeur logique f_1, f_2,...

Ce circuit de puissance, qui ne joue aucun rôle dans l'élaboration de la logique de l'automatisme, est alimenté selon les nécessités des récepteurs (par ex : 380 V. alternatif triphasé).

En valeurs logiques, on aura ainsi :

$$F_1 = f_1 = M_1$$
$$F_2 = f_2 = M_2$$

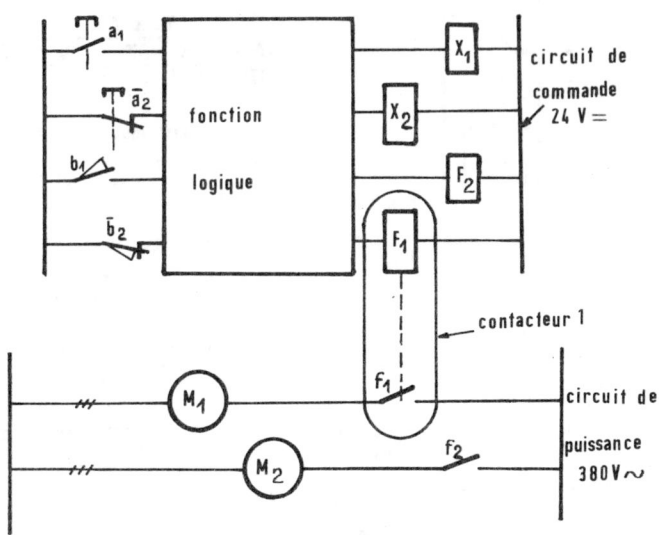

Fig. 10 : Automatisme électromécanique

2.2. TECHNOLOGIE PNEUMATIQUE

En technologie pneumatique, une variable logique est matérialisée par la pression de l'air dans une canalisation et un circuit logique est constitué par un ensemble d'organes appelés "distributeurs" dont les orifices sont alimentés et reliés entre eux par des canalisations.

La synthèse d'une fonction logique consiste à créer dans une certaine canalisation une mise en pression conforme à cette fonction, et à l'appliquer à un récepteur pneumatique, en général un "vérin".

Nous décrirons d'abord brièvement les distributeurs et les vérins.

2.2.1. DISTRIBUTEURS PNEUMATIQUES

Les distributeurs sont les équipements qui déterminent le trajet que doit suivre l'air comprimé dans les canalisations. Ils comportent un certain nombre d'<u>orifices</u> (en général 3, 4 ou 5) qui, selon qu'ils sont obturés ou non, forment des <u>voies de passage</u> pour l'air comprimé.

Un distributeur peut occuper un certain nombre de positions (en général 2 ou 3) pour lesquelles les voies de passage de l'air comprimé seront différentes.

On désigne habituellement un distributeur par deux chiffres : le premier indique le nombre d'orifices actifs et le second le nombre de positions, par exemple :

Distributeur 5/2 : 5 orifices, 2 positions

Il existe plusieurs types de distributeurs, qui diffèrent les uns des autres par leur mode de construction :

- les distributeurs à tiroir
- les distributeurs à billes
- les distributeurs à clapets

Il existe également plusieurs modes de commande de l'élément mobile d'un distributeur, dont les symboles sont représentés sur la fig. 11 :

- Commande manuelle : action d'un opérateur (bouton-poussoir, pédale ,..)
- Commande mécanique : action d'une pièce mécanique (ressort, coulisseau, galet, came,...)
- Commande électrique : action d'un électro-aimant (à un enroulement, à deux enroulements,...)
- Commande pneumatique : action de l'air comprimé (directe, indirecte,...)

Lorsque l'élément mobile est maintenu par un ressort de rappel dans une position stable (en l'absence de commande), on dit que le distributeur est "monostable".

Lorsque l'élément mobile est libre de se mouvoir dans les deux sens et qu'il peut occuper deux positions stables, on dit que le distributeur est "bistable".

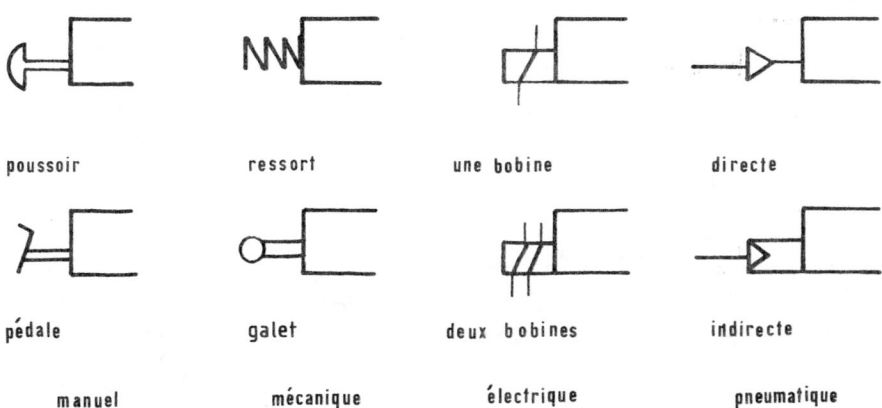

poussoir	ressort	une bobine	directe
pédale	galet	deux bobines	indirecte
manuel	mécanique	électrique	pneumatique

Fig. 11 : Symboles des modes de commande d'un distributeur

Ainsi par exemple, la fig. 12 montre le principe de fonctionnement d'un distributeur 3/2 à tiroir, dont le tiroir est muni de pistons, du type monostable, à commande manuelle (m) et rappel par ressort.

Le distributeur étant alimenté en air comprimé sur l'orifice P :

- Si le tiroir est positionné à gauche, la voie de passage libérée est AR, il n'y a donc pas d'air comprimé sur l'orifice A.

- Si le tiroir est positionné à droite, la voie de passage libérée est PA, il apparait de l'air comprimé sur l'orifice A.

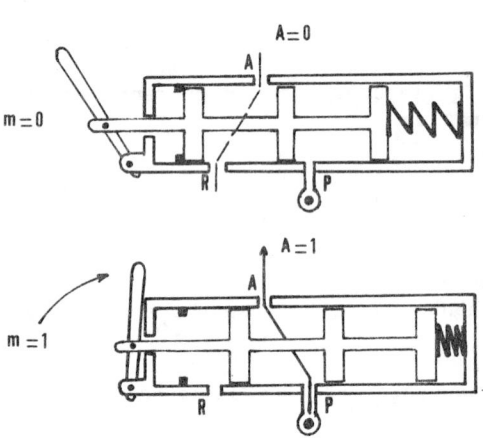

On voit que l'orifice A (et donc la canalisation qui y est branchée) a la même valeur logique que la variable m associée à la commande du tiroir.

Fig. 12 : Distributeur 3/2

La fig. 13 montre le principe de fonctionnement d'un distributeur 5/2 à tiroir, du type bistable à commandes pneumatiques.

Si une commande pneumatique est exercée en Y, le tiroir est positionné à gauche et les voies de passage libérées sont PB et AR : l'air comprimé apparait en B et il n'y en a pas en A.

Si une commande pneumatique est exercée en X, le tiroir est positionné à droite et les voies de passage libérées sont PA et BS : l'air comprimé apparait en A et il n'y en a pas en B. Ainsi les orifices A et B matérialisent deux fonctions toujours complémentaires.

Toutefois, il est important de noter que ce type de distributeur, dans lequel on exclut des commandes simultanées en X et en Y (qui bloqueraient le tiroir) constitue en réalité une "mémoire" :

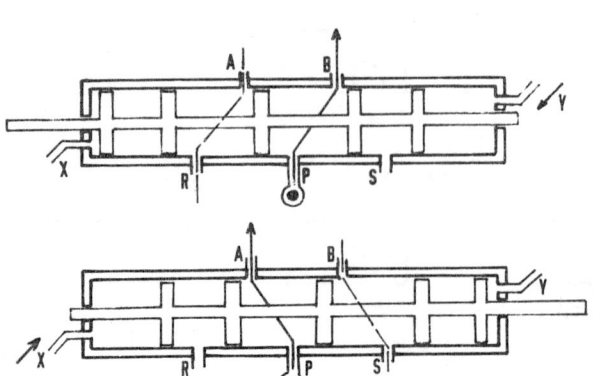

Fig. 13 : Distributeur 5/2

il n'y a pas d'équations logiques simples définissant A et B en fonction de X et Y ; les valeurs logiques de A et B dépendent en fait de la dernière commande appliquée, en X ou en Y. Cette notion de mémoire sera précisée lors de l'étude des "bascules" électroniques au chapitre 7.

La représentation symbolique d'un distributeur se fait habituellement selon la méthode des "casiers juxtaposés" :

- le nombre de casiers juxtaposés indique le nombre de positions du distributeur,

- les lignes dessinées à l'intérieur des casiers représentent les voies de passage (la situation de repos correspond au casier de droite),

- les modes de commande sont indiqués par leurs symboles, placés horizontalement contre les casiers,

- la source d'air comprimé est représentée par un point entouré d'un petit cercle.

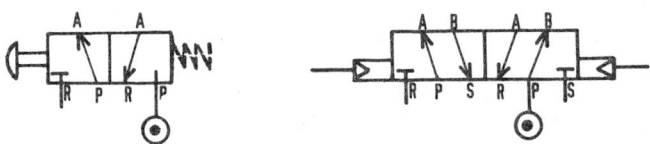

Fig. 14 : Symboles de distributeurs

Ainsi, par exemple, la fig. 14 représente les symboles des deux distributeurs 3/2 et 5/2 étudiés précédemment, représentés sur les fig. 12 et 13 respectivement.

2.2.2. VERINS PNEUMATIQUES

Les vérins constituent les organes de puissance des automatismes pneumatiques : ils sont constitués par un cylindre à l'intérieur duquel peut se déplacer un piston muni d'une tige, sous l'effet des forces dues à la pression de l'air comprimé.

Il existe deux types de vérins, les vérins "à simple effet" et les vérins "à double effet".

Vérin à simple effet (fig. 15) :

Un vérin est dit "à simple effet" lorsque l'air comprimé ne peut agir que sur une face du piston, celui-ci étant soumis par ailleurs à

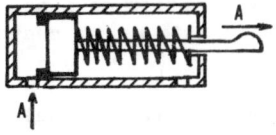

l'action d'un ressort de rappel.

Ce type de vérin, généralement alimenté par un distributeur 3/2 monostable, présente toutefois l'inconvénient d'avoir une vitesse de sortie de la tige qui n'est pas réglable.

Fig. 15 : Vérin à simple effet

Vérin à double effet (fig. 16) :

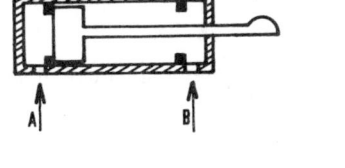

Un vérin est dit à double effet lorsque l'air comprimé peut agir successivement sur les deux faces du piston.

Une mise en pression en A provoque la sortie de la tige, une mise en pression en B provoque la rentrée de la tige.

Fig. 16 : Vérin à double effet

Il est alors nécessaire de s'assurer que lorsqu'une chambre du cylindre est alimentée, l'autre ne l'est pas (mise à l'échappement); c'est la raison pour laquelle ce type de vérin est généralement alimenté par un distributeur 5/2 bistable.

Les vérins à double effet permettent d'obtenir des vitesses de déplacement de la tige réglables dans les deux sens, au moyen de dispositifs appelés "étrangleurs", généralement disposés sur les orifices d'échappement du distributeur associé.

2.2.3. MATERIALISATION DES FONCTIONS ELEMENTAIRES

a) Fonction "OUI"

En technologie pneumatique, il est souvent nécessaire de transformer une variable logique n'apparaissant pas sous forme pneumatique (manuelle, mécanique, électrique...) en une variable pneumatique de même valeur logique. Ceci est réalisé simplement par les distributeurs 3/2 monostables. Ainsi par exemple (fig. 17), une variable de commande manuelle d'un bouton poussoir, a_m, sera reproduite en une variable pneumatique de même valeur, a_p, sur l'orifice d'utilisation A du distributeur :

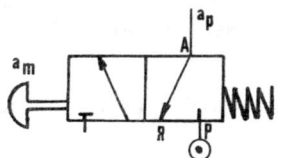

$$a_m = a_p$$

Fig. 17 : Fonction "OUI"   On réalise ainsi la fonction "OUI".

b) Fonction "COMPLEMENTAIRE"

La fonction complémentaire peut aussi être matérialisée par un distributeur 3/2 monostable. On devra alors alimenter le distributeur non pas par son orifice habituel de mise en pression, P, mais par son orifice d'échappement, R. Ainsi par exemple (fig. 18), la valeur logique de la variable de commande pneumatique a est complémentaire de la valeur logique de la variable pneumatique $\bar{a}$ qui apparait sur l'orifice A du distributeur.

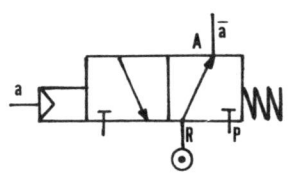

Fig. 18 : Fonction "NON"

c) Fonction "ET"

Une fonction "ET" de deux variables peut être matérialisée par un distributeur 3/2 monostable (Fig. 19) :

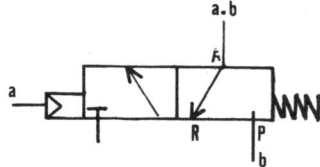

Fig. 19 : Fonction "ET"

En appliquant l'une des variables, a, à la commande du distributeur, et l'autre, b, à l'orifice P de mise en pression, l'orifice d'utilisation A représentera la variable a.b.

Une fonction "ET" peut aussi être matérialisée par un distributeur à billes de conception particulière, à commandes uniquement pneumatiques, appelé "cellule ET". La figure 20 en montre le principe de fonctionnement et le symbole habituel.

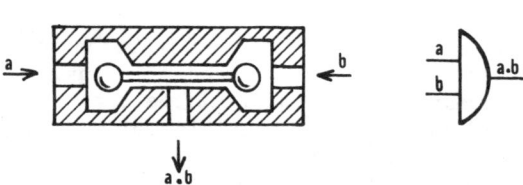

Fig. 20 : Cellule "ET"

Une fonction "ET" de plus de deux variables pourra être matérialisée par plusieurs distributeurs (ou plusieurs cellules) montées en cascade.

d) Fonction "OU"

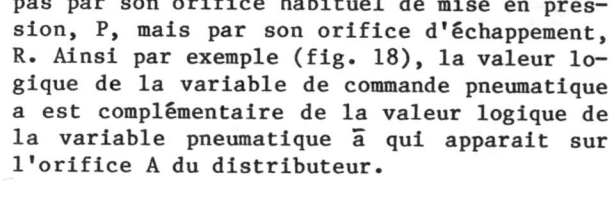

Une fonction "OU" de deux variables peut être matérialisée par un distributeur 3/2 monostable, normalement alimenté par son orifice P (fig. 21) : en appliquant l'une des variables, a, à la commande du distributeur, et l'autre, b, à l'orifice habituel d'échappement R, l'orifice d'utilisation A représentera la variable a + b.

Fig. 21 : Fonction "OU"

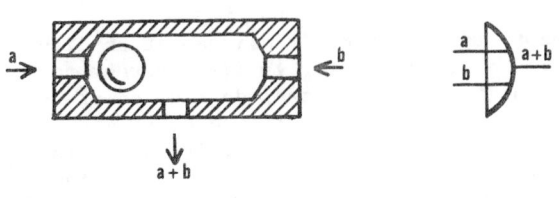

Une fonction "OU" peut encore être matérialisée par un distributeur à billes particulier appelé cellule "OU".

La fig. 22 en montre le principe de fonctionnement et le symbole habituel.

Fig. 22 : Cellule "OU"

2.2.4. MATERIALISATION D'UNE FONCTION QUELCONQUE

L'intérêt de la technologie pneumatique réside surtout dans son immunité aux ambiances dangereuses (irradiées, explosives, etc...)

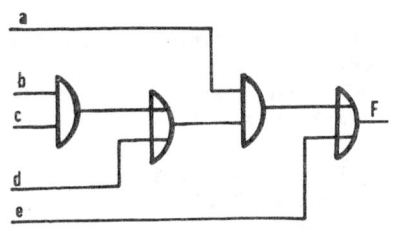

Dans le cas où un automatisme pneumatique comporte des fonctions de commande relativement complexes, on élabore ces fonctions au moyen de cellules "ET" et cellules "OU" dont le cablage reproduira exactement le "logigramme" (voir paragr. 1.7).

Par exemple, le circuit à cellules de la fig. 23 correspond à la matérialisation de la fonction

Fig. 23 : Circuit à cellules

$$F = a(b.c + d) + e$$

Il est de plus en plus fréquent, toutefois, d'utiliser la technologie pneumatique uniquement pour les organes de puissance (vérins et leurs distributeurs), la partie commande étant matérialisée dans une autre technologie, électrique ou électronique. On utilise alors des distributeurs pneumatiques à commande électrique, et on élabore les fonctions logiques de commande directement sous forme de courants électriques appliqués aux électro-aimants.

2.2.5 CYCLES DE MACHINES

Les automatismes pneumatiques sont bien adaptés à la réalisation d'opérations répétitives de manutention, d'usinage, etc... dont les fonctions de commande sont simples : c'est ce qu'on appelle des "cycles" (pendulaire, carré, en L, etc...).

Etudions à titre d'exmple le cycle pendulaire d'un vérin à double effet alimenté par un distributeur 5/2 bistable à commandes pneumatiques X et Y (fig. 24).

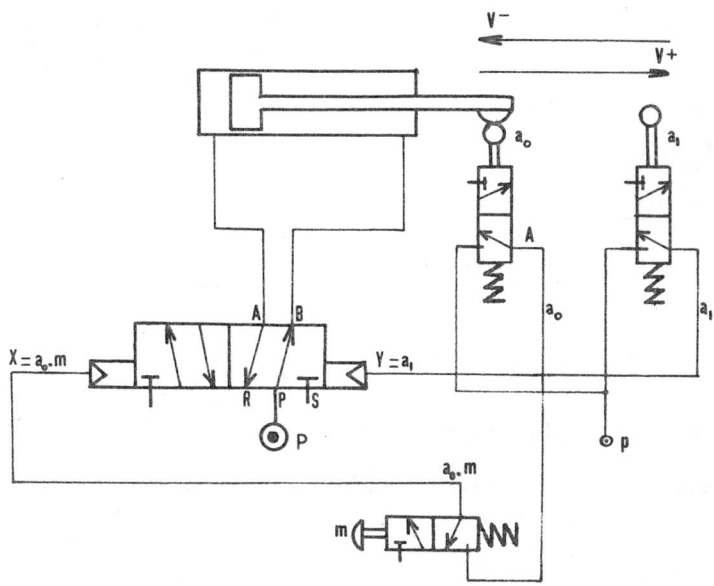

Fig. 24 : Cycle pendulaire

Les capteurs de fin de course sont des distributeurs 3/2 monostables à commande mécanique (variables a_0 et a_1). On veut que, sur impulsion de commande manuelle (variable m), la tige du vérin, supposée
initialement en a_0 , sorte jusqu'en a_1 , puis rentre en a_0 et
s'arrête (en attente d'une autre impulsion).

Il est simple de voir qu'on devra réaliser ici les fonctions logiques suivantes pour les commandes du distributeur 5/2 :

$$X = a_0 . m \qquad Y = a_1$$

La commande manuelle m sera traduite en variable pneumatique par un
distributeur 3/2 monostable réalisant une fonction "OUI" ,et la fonction "ET" de X pourra être réalisée en alimentant l'orifice P de mise
en pression du distributeur 3/2 commandé par m par l'orifice
d'utilisation A du distributeur 3/2 de fin de course a_0.

On obtient ainsi le schéma représenté sur la fig. 24, où l'on peut
noter que la source d'air comprimé du circuit de commande, p, (habituellement de l'ordre de 3 bars) est séparée de la source d'air comprimé du circuit de puissance, P, (habituellement de l'ordre de 5
bars).

2.3. TECHNOLOGIE ELECTRONIQUE

En technologie électronique, une variable logique est matérialisée
par certaines valeurs d'une tension électrique et un circuit logique
est constitué par des composants électroniques semi-conducteurs,
"diodes" ou "transistors", associés pour former des "circuits

intégrés". Par convention, on représente par les valeurs logiques "0"
ou "1" certains intervalles de niveaux de tension par rapport à une
borne commune appelée "masse". Par exemple, en logique T.T.L. (fig.
25), on adopte les valeurs suivantes :

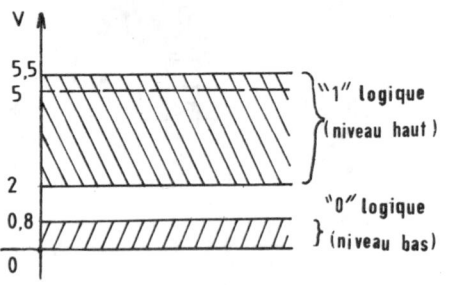

- Tension d'alimentation :
  Vcc = + 5 Volt

- Tension comprise entre
  0 Volt et + 0,8 Volt :
  V = "0" logique

- Tension comprise entre
  + 2 Volt et + 5,5 Volt :
  V = "1" logique

Fig. 25 : Niveaux logiques de tension

Les tensions comprises entre + 0,8 Volt et + 2 Volt n'apparaissent
que de façon transitoire.

Nous présenterons d'abord brièvement certains aspects technologiques de la logique électronique, puis nous verrons comment les diodes
et les transistors, lorsqu'ils sont utilisés en "commutation", permettent de matérialiser certaines fonctions logiques.

2.3.1. ELEMENTS DE TECHNOLOGIE

Matériellement, les circuits logiques électroniques se présentent
sous la forme de petits boitiers rectangulaires de faible épaisseur
(de l'ordre de 4 mm), munis de broches. Les dimensions standard de ces
boitiers sont par exemple :

- 20 mm x 8 mm pour un boitier de 14 broches
- 33 mm x 15 mm pour un boitier de 24 broches

Physiquement, ces boitiers contiennent les semi-conducteurs constituant le circuit logique, créés sur des pastilles de silicium selon
des procédés de fabrication assez complexes, brièvement résumés ci-
dessous :

- Création d'un monocristal de silicium à partir d'un germe,

- Découpe de ce monocristal en fines plaquettes circulaires,

- Création de pastilles sur ces plaquettes, par masquage et diffusion d'impuretés ioniques (bore, phosphore,...).Un grand nombre de
pastilles rectangulaires (de quelques mm de coté) est créé sur chaque plaquette.

- Photogravure et métallisation de certaines zones fonctionnelles
des pastilles,

- Sélection des pastilles par des tests,

- Découpe de la plaquette en pastilles, lorsque celles-ci sont acceptables,

- Encapsulage de chaque pastille dans un boitier. L'établissement des connexions électriques entre les broches du boitier et les zones fonctionnelles des pastilles est réalisé au moyen d'un circuit imprimé interne au boitier.

L'évolution de la technologie électronique est très rapide : elle se traduit par l'existence d'une grande diversité de "familles logiques" qui concernent soit la nature des semi-conducteurs qui sont utilisés, soit la densité d'intégration des composants créés sur les "pastilles". On définit ainsi :

- la technologie "T.T.L." ("Transistor-Transistor-Logic" en anglais), utilisant des transistors bipolaires à jonction "p-n".

- la technologie "M.O.S." ("Metal-Oxyde-Semiconductor" en anglais), utilisant des effets de champ électrique à la surface de semi-conducteurs.

- la technologie "E.C.L." ("Emitter-Coupled-Logic" en anglais),
- etc...

Le nombre de composants créés par mm2 de pastille ("puce") peut atteindre des valeurs extrêmement élevées, par exemple :

- en technologie "M.S.I." ("Medium-Scale-Integration" en anglais) : de l'ordre de 50 transistors.

- en technologie "L.S.I." ("Large-Scale-Integration" en anglais) : de l'ordre de 500transistors.

- en technologie "V.L.S.I." ("Very-Large-Scale-Integration" en anglais) : de l'ordre de 5000 transistors, ...

2.3.2. LOGIQUE A DIODES

a) Principe de l'utilisation d'une diode

Electriquement, une diode est caractérisée par ce qu'on appelle sa "tension de diffusion" V_d, de l'ordre de 0,6 Volt pour une diode au silicium.

Son fonctionnement peut être schématisé de la façon suivante (fig. 26) :

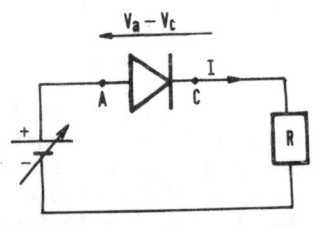

- Si on la soumet, entre anode et cathode, à une tension inférieure à V_d (soit $V_a - V_c < V_d$), aucun courant électrique ne peut la traverser : on dit alors que la diode est "bloquée".

Fig. 26 : Fonctionnement d'une diode

- Lorsque la tension entre anode et cathode, atteint la valeur V_d (soit $V_a - V_c = V_d$), un courant I peut la traverser, dans le sens indiqué sur la figure (de l'anode vers la cathode) : on dit que la diode est "passante".

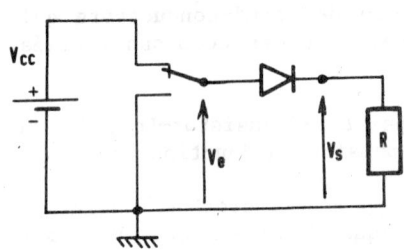

Fig. 27 : Logique à diode

On peut donc utiliser une diode pour établir une correspondance logique entre la valeur d'une tension appliquée sur son anode et la valeur de la tension qui apparait sur sa cathode (ou réciproquement). Considérons par exemple le circuit de la fig. 27 :

Si l'entrée V_e est portée au potentiel $+ V_{cc}$, la sortie V_s sera portée au potentiel $+ V_{cc} - V_d$ (par exemple $V_e = + 5$ Volt et $V_s = + 4,4$ Volt) ; on aura donc, en valeurs logiques, compte tenu des conventions précédentes :

$$V_e = \text{"1"} \qquad V_s = \text{"1"}$$

Si l'entrée V_e est portée au potentiel 0 Volt (à la masse), la sortie V_s sera également portée au potentiel 0 Volt et on aura, en valeurs logiques :

$$V_e = \text{"0"} \qquad V_s = \text{"0"}$$

On voit qu'une diode ainsi utilisée matérialise la fonction logique "OUI" : $V_s = V_e$

b) Matérialisation de la fonction "OU"

Le principe de la matérialisation d'une fonction logique "OU" avec des diodes est représenté par le montage de la fig. 28.

Si l'une au moins des entrées V_{e1}, V_{e2} est portée au potentiel $+ V_{cc}$, l'une au moins des diodes sera passante, et la sortie V_s sera portée au potentiel $+ V_{cc} - V_d$.

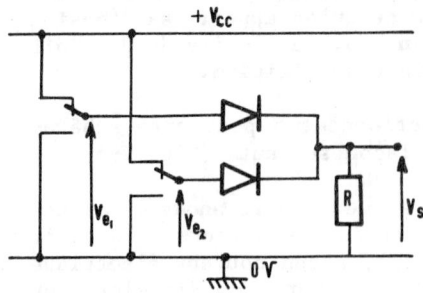

Fig. 28 : Fonction "OU"

- Si les deux entrées sont portées au potentiel 0, la sortie V_s sera également portée au potentiel 0.

En analysant les valeurs logiques des tensions dans les quatre cas possibles d'utilisation de ce montage, on voit tout de suite que V_s matérialise la fonction logique "OU" des deux variables V_{e1} et V_{e2} :

$$V_s = V_{e1} + V_{e2}$$

c) Matérialisation de la fonction "ET"

Le principe de la matérialisation d'une fonction logique "ET" avec des diodes est représenté par le montage de la fig. 29, où la sortie est maintenant branchée sur les anodes des diodes et la résistance R sur la source V_{cc} :

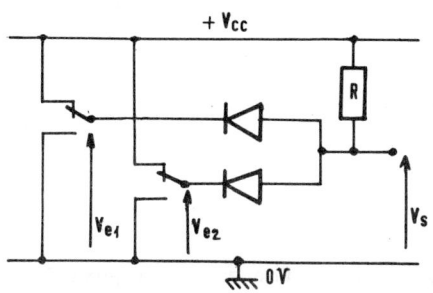

Si l'une au moins des entrées V_{e1}, V_{e2} est portée au potentiel 0, l'une au moins des diodes sera "passante" et la sortie V_s sera portée au potentiel $+ V_d$ (par exemple : $V_{e1} = + 5$ Volt, $V_{e2} = 0$ Volt et $V_s = + 0,6$ Volt).

Si les deux entrées sont portées au potentiel $+ V_{cc}$, tous les éléments du circuit sont portés au potentiel $+ V_{cc}$, et la sortie V_s y est portée aussi.

Fig. 29 : Fonction "ET"

En analysant les valeurs logiques des tensions dans les quatre cas possibles d'utilisation de ce montage, on voit que V_s matérialise la fonction logique "ET" des deux variables V_{e1} et V_{e2} :

$$V_s = V_{e1} \cdot V_{e2}$$

d) Matrice à diodes : Combinaisons de "OU" et de "ET"

Le regroupement des deux circuits précédents sur une même grille (ou "matrice") permet de réaliser, selon la position des résistances de charge par rapport à la source V_{cc}, à la fois des fonctions "OU" et des fonctions "ET".

Pour une matrice dont la disposition est celle de la fig. 30, l'établissement des liaisons entre les lignes de la matrice au moyen de diodes matérialisera des "ET" sur les lignes verticales et des "OU" sur les lignes horizontales inférieures. On pourra obtenir ainsi une combinaison quelconque de "ET" et de "OU", pour matérialiser des fonctions exprimées sous la forme d'une somme logique de plusieurs produits logiques.

Par exemple, les liaisons de la fig. 30 représentent :

- verticalement :

$$f_1 = a.b$$
$$f_2 = b.c$$
$$f_3 = a.c.d$$
$$f_4 = c.d$$

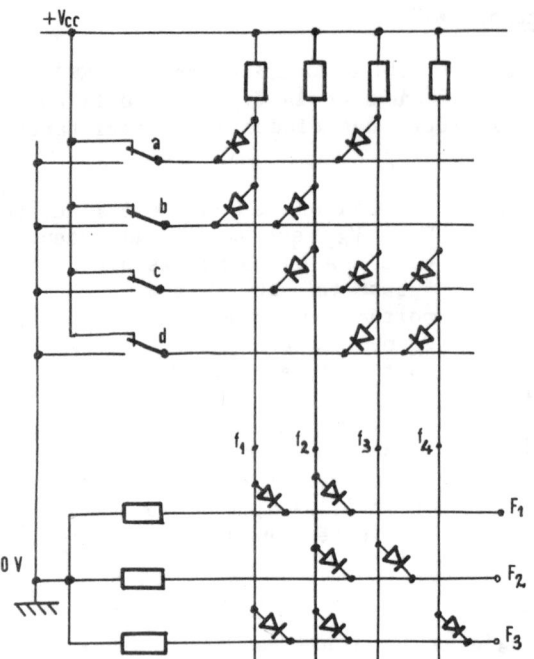

Fig. 30 : Matrice à diodes : type 1

et horizontalement :

$F_1 = a.b + b.c$
$F_2 = b.c + a.c.d$
$F_3 = a.b + b.c + c.d$

Une autre disposition possible est celle de la figure 31, où les "OU" sont matérialisés sur les lignes verticales et les "ET" sur les lignes horizontales. On pourra obtenir ainsi des fonctions exprimées sous la forme d'un produit logique de plusieurs sommes logiques.

Par exemple, les liaisons de la fig. 31 représentent :

verticalement :

$f_1 = a + b$
$f_2 = b + c$
$f_3 = a + c + d$

et horizontalement :

$F_1 = (a + b).(b + c)$
$F_2 = (b+c).(a+c+d)$

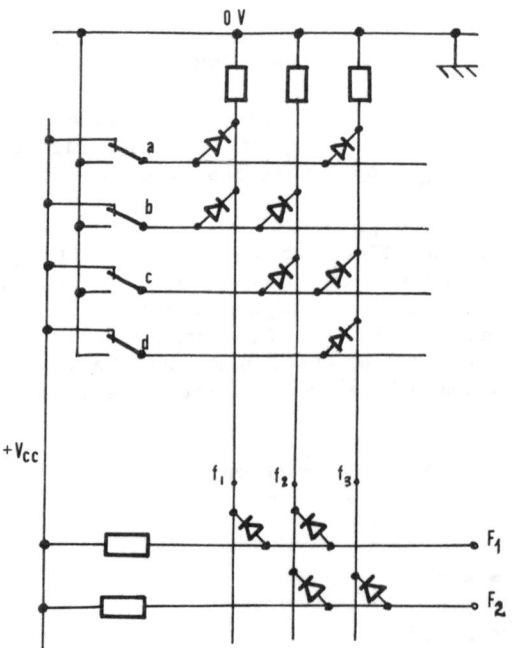

Fig. 31 : Matrice à diodes : type 2

2.3.3. LOGIQUE A TRANSISTORS

a) Principe de l'utilisation d'un transistor

Etudions d'abord brièvement le fonctionnement d'un transistor typique, par exemple un transistor à jonctions N-P-N monté en émetteur
commun (fig. 32). Sa base étant reliée à une source V_1, son collecteur à une source V_2 et son émetteur à la masse, on peut observer, en
faisant varier V_1, que :

- Lorsque la différence de potentiel entre la base et l'émetteur
est inférieure à la tension de diffusion de cette jonction (qui
peut être considérée comme équivalente à une diode), le courant
base-émetteur est pratique-
ment nul, et aucun courant
ne peut circuler à travers
le transistor entre le collecteur et l'émetteur (la
résistance collecteur-
émetteur étant pratiquement
infinie). Le potentiel du
collecteur, V_c, est alors
égal à V_2 : on dit que le
transistor est "bloqué".

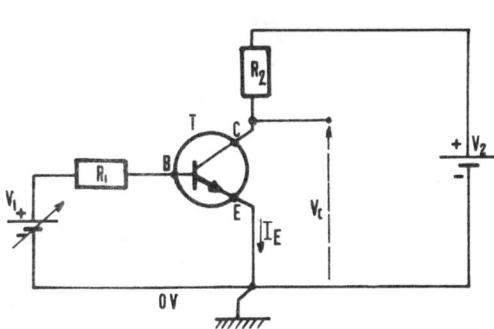

- Lorsque la différence
de potentiel entre la base
et l'émetteur est égale à la
tension de diffusion de cette jonction, le courant

Fig. 32 : Fonctionnement d'un transistor

base-émetteur n'est pas nul et un courant peut circuler à travers le
transistor entre le collecteur et l'émetteur. Pour une valeur de courant base-émetteur suffisante, la résistance collecteur-émetteur chute
brusquement et le potentiel du collecteur, V_c, devient alors très faible : on dit que le transistor est "saturé".

On voit qu'on peut utiliser un transistor pour établir une correspondance logique entre la valeur d'une tension appliquée sur sa base
et la valeur de la tension
qui apparaît sur son collecteur.

Considérons par exemple
le circuit de la fig. 33 :

- Si l'entrée V_e est portée
au potentiel $+ V_{cc}$, le transistor est "saturé", et la
sortie V_s est portée à un
potentiel très faible (par
exemple $V_e = + 5$ Volts, $V_s =
+ 0,3$ Volt).

On aura donc, en valeurs
logiques, compte tenu des
conventions :

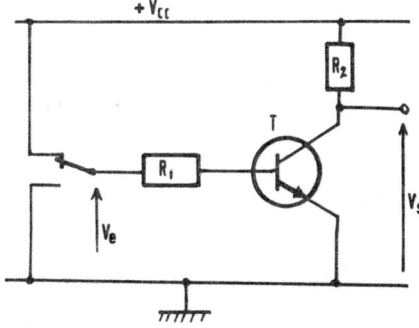

Fig. 33 : Logique à transistor

$$V_e = "1" \qquad V_s = "0"$$

Si l'entrée V_e est portée au potentiel 0 Volt, le transistor est "bloqué" et la sortie V_s est portée au potentiel $+ V_{cc}$ (par exemple V_e = 0 Volt , V_s = + 5 Volt). On aura alors en valeurs logiques :

$$V_e = "0" \qquad V_s = "1"$$

Ce transistor matérialise donc la fonction logique "NON" :

$$V_s = \overline{V}_e$$

b) Matérialisation de la fonction "NAND"

Une méthode de matérialisation d'une fonction logique "NAND" est représentée par exemple, dans son principe, par le montage de la fig. 34 :

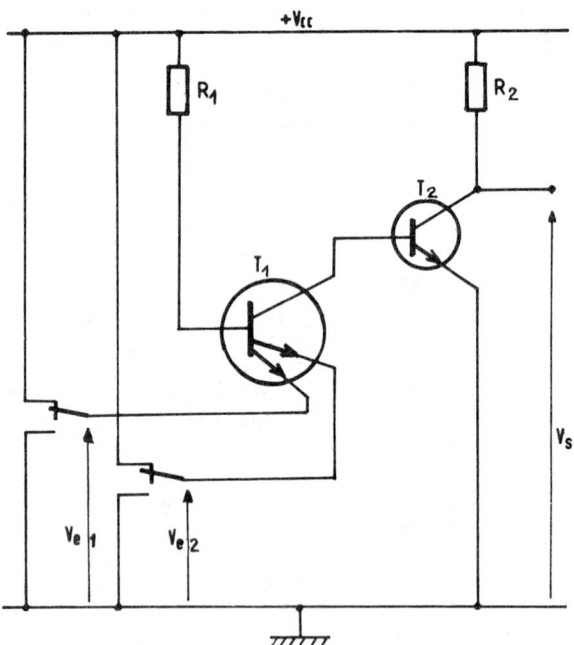

Un premier transistor T_1, dit "à émetteurs multiples" matérialise sur son collecteur une tension qu'on peut considérer comme une fonction logique "ET" des entrées V_{e1} et V_{e2}. Cette tension est ensuite appliquée sur la base d'un deuxième transistor T2, qui matérialise sur son collecteur la fonction logique "NON" de son entrée.

Fig. 34 : Fonction "NAND"

Finalement, la tension V_s matérialise la fonction "ET-NON" des entrées, c'est-à-dire la fonction "NAND" :

$$V_s = \overline{V_{e1} \cdot V_{e2}}$$

2.3.4. MATERIALISATION D'UNE FONCTION QUELCONQUE

Les constructeurs de circuits intégrés réalisent de nombreux boitiers qui matérialisent directement sur leurs broches certaines fonctions logiques d'utilisation très fréquente. Les boitiers de fonctions combinatoires comportent en général 14 broches, réparties en 12 broches "logiques", 1 d'alimentation (V_{cc}) et 1 de masse (GND). Les plus courants sont :

a) – **Boitier de quatre "NAND à 2 entrées", réalisant les quatre fonctions :**

$$Y_1 = \overline{A_1 \cdot B_1} \qquad Y_2 = \overline{A_2 \cdot B_2} \qquad Y_3 = \overline{A_3 \cdot B_3} \qquad Y_4 = \overline{A_4 \cdot B_4}$$

Ce boitier est représenté sur la fig. 35, qui donne la correspondance entre les numéros des broches, les huit entrées et les quatre sorties.

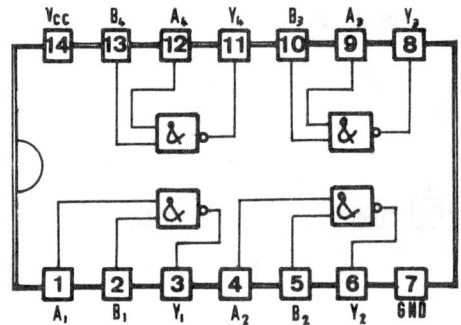

Fig. 35 : Boitier "Quatre NAND à 2 entrées"

b) – **Boitier de trois "NAND à 3 entrées", réalisant les trois fonctions :**

$$Y_1 = \overline{A_1 \cdot B_1 \cdot C_1} \qquad Y_2 = \overline{A_2 \cdot B_2 \cdot C_2} \qquad Y_3 = \overline{A_3 \cdot B_3 \cdot C_3}$$

c) – **Boitier de deux "NAND à 4 entrées", réalisant les deux fonctions :**

$$Y_1 = \overline{A_1 \cdot B_1 \cdot C_1 \cdot D_1} \qquad Y_2 = \overline{A_2 \cdot B_2 \cdot C_2 \cdot D_2}$$

d) – **Boitier de six "NON", réalisant six inverseurs : ce boitier est représenté sur la fig. 36.**

e) – **Boitier "4ET - 1OU" réalisant la fonction :**

$$Y = AB + CDE + FG + HI + X$$

Dans ce boitier, un des "ET" comporte trois entrées (celui qui réalise CDE), et X est une "entrée d'expansion".

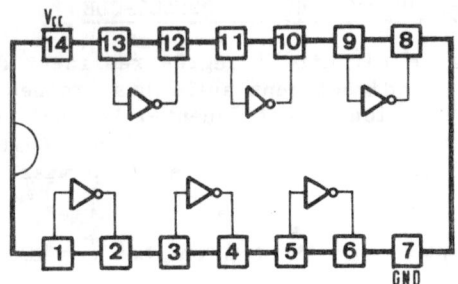

Fig. 36 : Boîtier "six inverseurs"

f) – Boîtier "4ET–1NI" réalisant la fonction :

$$Y = \overline{AB + CD + EF + GH}$$

Ce boîtier est représenté sur la fig. 37, où l'on peut consta-
ter que trois broches sont inutilisées, les broches n° 6, 11
et 12.

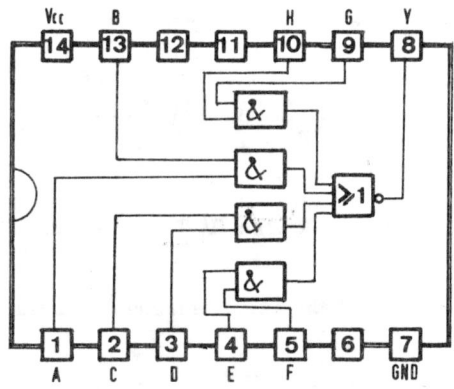

Fig. 37 : Boîtier "4 ET – 1NI"

g) – Boîtier "2ET – 1 NI" double, réalisant les deux fonctions :

$$Y_1 = \overline{A_1 \cdot B_1 + C_1 \cdot D_1} \qquad Y_2 = \overline{A_2 \cdot B_2 + C_2 \cdot D_2}$$

Ce boîtier est représenté sur la fig. 38.

L'utilisation de ces boîtiers pour matérialiser une fonction combinatoire quelconque requiert une certaine expérience, en ce sens qu'on
devra choisir l'assemblage (ou le boîtier) le plus économique (ou le

mieux adapté au problème).

Nous allons préciser ce point sur un exemple :

Exemple : soit à matérialiser la fonction de cinq variables suivante :

$$F = ab\overline{d} + ab\overline{e} + c\overline{d} + c\overline{e}$$

On peut tout d'abord modifier l'expression de F en mettant en facteur les termes $\overline{d}$ et $\overline{e}$:

$$F = (ab + c) (\overline{d} + \overline{e})$$

Le 2ème terme représente le complément du produit de :

$$F = (ab + c).\overline{(de)}$$

A ce stade, on peut penser à utiliser des fonctions "ET-NI" : en effet, en complémentant deux fois le 1er terme (ce qui ne change rien), on obtient :

$$F = \overline{\overline{(ab + c)}.(de)} \qquad \text{soit} \qquad F = \overline{\overline{(ab + c)} + de}$$

Sous cette forme, on voit que le boitier réalisant deux fonctions "2ET-1NI" sera suffisant :

En effet (fig. 38), en cablant, pour la première fonction, a et b sur un "ET" et c sur le deuxième "ET", on obtiendra le terme $\overline{ab + c}$ sur la sortie Y_1. En recablant ce terme sur un "ET" de la deuxième fonction et les termes d et e sur le deuxième "ET" de la deuxième fonction , on voit qu'on obtiendra F sur la sortie Y_2 (broche n° 6).

On pourrait naturellement trouver d'autres solutions basées sur l'utilisation d'autres boitiers, mais il n'existe guère de méthode systématique de synthèse dans ce domaine.

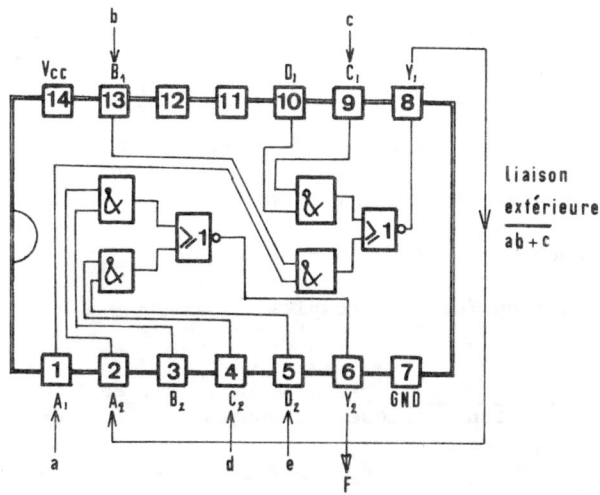

Fig. 38 : Implantation de F sur un boitier "2ET-1NI double"

EXERCICES SUR LE CHAPITRE 2

1. Représenter les circuits à contacts qui matérialisent les fonctions suivantes, en technologie électromécanique :

$$F_1 = a(\overline{b} + c) + \overline{b}.c$$

$$F_2 = (\overline{a}+d)\ (a+c+\overline{b})\ (a+c+\overline{d})$$

2. Eclairage d'une cage d'escalier
Les trois paliers d'une cage d'escalier à 3 étages doivent pouvoir être allumés ou éteints simultanément à partir de 3 interrupteurs inverseurs a,b,c, situés respectivement à chaque palier. La manoeuvre de l'un quelconque de ces interrupteurs doit entrainer le changement de l'état des 3 lampes (montées électriquement en parallèle)

   a) Déterminer l'équation logique de commande des lampes L en fonction de a,b,c.
   b) Matérialiser le circuit de commande par un schéma à contacts.

3. Commande d'une porte de garage.
Une porte de garage privé est actionnée par un moteur électrique à 2 sens de marche (ouverture O, fermeture F), et elle peut être commandée à partir de 3 interrupteurs inverseurs c_1, c_2, c_3 situés en 3 endroits différents (à l'intérieur de la maison, à l'intérieur du garage et à l'extérieur du garage). De plus, deux contacts de fin de course, a et b, permettent d'arrêter le moteur lorsque la porte est complètement ouverte ou complètement fermée.

   a) Déterminer les équations logiques des commandes O et F, en fonction de a, b, c_1, c_2, c_3.

   b) Dessiner le circuit de commande en technologie électromécanique.

4. On dispose de deux distributeurs monostables à commande pneumatique, l'un du type 3/2, l'autre de type 5/2. Montrer comment on peut matérialiser avec ces 2 distributeurs :

   a) la fonction "dilemne" $F = \overline{a}.b + a.\overline{b}$

   b) la fonction "dilemne complémentaire" $\overline{F} = a.b + \overline{a}.\overline{b}$

5. Représenter les circuits qui matérialisent, en technologie pneumatique, les fonctions logiques suivantes :

$$V_1 = \overline{a} + b.c$$

$$V_2 = a.\overline{b} + \overline{a}.c$$

6. Sécurité incendie

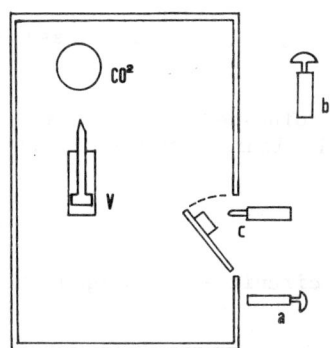

Une soute à copeaux est protégée contre l'incendie par une bouteille de CO_2 dont l'ouverture est obtenue au moyen d'un vérin à simple effet V : lorsque V est alimenté, sa tige poinçonne la capsule de sécurité.

L'ouverture de la bouteille peut être commandée soit par un distributeur 3/2 monostable à action manuelle a (à proximité de la soute), soit par un autre distributeur du même type b (dans le bureau du contremaître), mais la commande n'est possible que si la porte de la soute est fermée.

(un distributeur 3/2 monostable à commande mécanique c est alors actionné).

On demande de représenter le schéma complet de l'installation :
   a) sans cellules pneumatiques
   b) avec cellules pneumatiques.

7. Cycle carré de deux vérins

Deux vérins à double effet A et B sont pilotés par des distributeurs 5/2 bistables à commandes pneumatiques, et leurs mouvements sont repérés par quatre distributeurs de fin de course du type 3/2 monostable à commande mécanique (respectivement a_0 et a_1 pour A, b_0 et b_1 pour B).

On veut faire effectuer à ces deux vérins un seul cycle "carré" (c.a.d sortie de A, puis sortie de B, puis rentrée de A, puis rentrée de B, puis arrêt) en exerçant une impulsion sur un distributeur 3/2 monostable à commande manuelle, m.

Représenter le schéma complet de l'installation.

8. Matrices à diodes

On veut matérialiser, au moyen de matrices à diodes, les fonctions logiques suivantes :

   a) $F_1 = a.c + a.d + b.c.d$
   b) $F_2 = (a+b)(a+c)(b+c+d)$

Représenter sur un schéma la disposition des diodes.

9. Détecteur de coïncidence

On veut comparer un ensemble de 3 valeurs binaires a,b,c (considérées dans cet ordre) à un autre ensemble de 3 valeurs binaires x,y,z, (également considérées dans cet ordre), pour en détecter la coïncidence.

a) Déterminer la fonction I (a,b,c,x,y,z) qui satisfasse aux conditions suivantes :

   I = 1 lorsque les 2 ensembles coïncident (c.a.d. a = x, b=y, et c=z, quelle que soit leur valeur individuelle par ailleurs).

   I = 0 dans tous les autres cas.

b) Matérialiser la fonction I par un circuit électronique utilisant uniquement des NAND.

10. <u>Utilisation de boitiers standard</u>

a) Montrer comment on peut matérialiser la fonction "OU exclusif" de deux variables a et b ($F = a.\bar{b} + \bar{a}.b$) au moyen du boitier standard de quatre NAND à 2 entrées de la figure 35, paragraphe 2.3.4.

b) Représenter le cablage à effectuer sur le boitier de la fig.37 paragraphe 2.3.4., pour matérialiser la fonction de 6 variables suivantes :
$$F = \bar{a}.\bar{b}.(\bar{c} + \bar{d}).(\bar{e} + \bar{f})$$

c) Un certain problème de logique combinatoire se ramène à la matérialisation des 4 fonctions suivantes (des 4 variables a,b,c,d,):

   $A = a\bar{b}c$
   $B = \bar{a}bc$
   $C = c(\bar{a}\bar{b} + ab)$
   $D = a\bar{b}c + \bar{a}bc + \bar{a}b\bar{d}$

   Proposer une implantation de ce problème au moyen de boitiers standard, à choisir parmi ceux qui sont cités au paragraphe 2.3.4. (on indiquera avec précision le type et le nombre de boitiers utilisés).

Chapitre 3

DESCRIPTION D'UN AUTOMATISME : NOTIONS D'ÉTAPE ET D'ÉTAT

3.1 DEFINITION D'UN AUTOMATISME

D'une façon générale, un automatisme est un dispositif qui permet à des machines ou des installations de fonctionner avec une intervention de l'homme réduite au strict minimum et qui peut :

- prendre en charge des tâches répétitives, ou dangereuses, ou pénibles à exécuter ;

- contrôler la sécurité du personnel et des installations ;

- accroître la production et la productivité, réaliser des économies de matière et d'énergie ;

- accroître la flexibilité des installations pour modifier des produits ou des rythmes de fabrication...

Un automatisme industriel est généralement conçu pour commander une machine ou un groupe de machines.

On appelle cette (ou ces) machine la "partie opérative" du processus, alors que l'ensemble des composants d'automatisme fournissant les informations qui servent à piloter cette partie opérative est appelé "partie commande". C'est l'ensemble de la partie opéra-

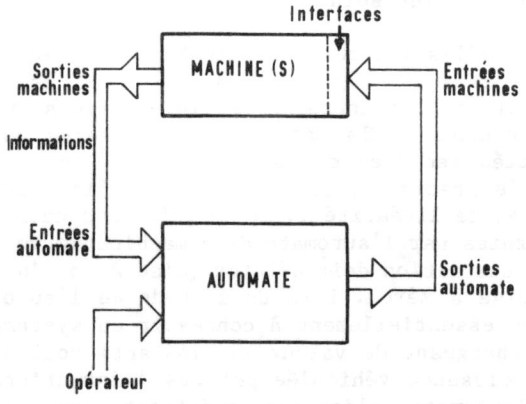

Fig. 1 : Schéma général d'un automatisme

tive et de la partie commande qui constitue l'automatisme complet.
Concevoir un automatisme, c'est donc concevoir à la fois sa partie
opérative et sa partie commande.

Cependant, dans toute la suite de cet ouvrage, nous considérerons la
partie opérative comme une donnée et nous étudierons seulement la
conception de la partie commande. De ce fait, nous utiliserons le terme d'"automate" pour la partie commande de l'automatisme et le terme
de "machine" ou "processus" quand nous parlerons de la partie
opérative.

Entre l'automate et la machine sont échangées des informations qui
sont le plus souvent des variables binaires : position du tiroir d'un
distributeur, état électrique d'un interrupteur, d'un contact de fin
de course... Il peut intervenir également des informations analogiques
(par exemple mesure d'un débit ou d'une température...) qui seront
alors converties en une information numérique codée, constituée par un
ensemble de bits (variables binaires) et transmises sous cette forme à
l'automate (voir à ce sujet le chapître 5 sur le codage). Dans tous
les cas, nous aurons donc à étudier les informations binaires échangées entre l'automate et la machine.

Tout processus ou partie de processus reçoit des informations qu'on
appellera ses "commandes" ou "entrées"(parfois "variables de
commande", ou "variables d'entrée") et fournit des informations qu'on
appellera ses "sorties" (parfois "variables de sortie"). Si nous
considérons la machine, elle reçoit des ordres de l'automate : ces ordres, constituant les sorties de l'automate, sont les entrées de la
machine ; elle exécute des actions et renvoie des informations à
l'automate en fonction du résultat de ces actions : ces informations
constituant les sorties de la machine font partie des entrées de
l'automate, la deuxième partie des entrées de l'automate étant
l'ensemble des instructions transmises par l'opérateur. La figure 1
illustre les définitions précédentes. Dans toute la suite de l'ouvrage
nous nous placerons toujours du point de vue de l'automate, c'est à
dire que nous appellerons entrée une entrée de l'automate et sortie
une sortie de l'automate. La distinction entre variables d'entrée et
variables de sortie est un point essentiel dans l'analyse d'un automatisme et devra toujours être faite avec soin.

Il est important de noter que les limites d'utilisation d'un automatisme sont très souvent liées à la "qualité du dialogue" entre
l'automate et la machine. Au niveau des entrées, les informations nécessaires à l'automate et provenant de la machine sont fournies par
des capteurs. Parmi les qualités requises de ces dispositifs on peut
citer : le temps de réponse, la précision, la sensibilité, l'immunité
aux pertubations, la robustesse, la linéarité... En ce qui concerne les
sorties, les informations fournies par l'automate à la machine correspondent aux instants auxquels une action doit débuter (mise à un d'une
variable) ou prendre fin (remise à zéro). Lors de l'étude de l'automatisme, on s'intéressera donc essentiellement à concevoir un système
qui élabore des informations changeant de valeur aux instants voulus.
Cependant, très souvent, la puissance véhiculée par ces informations
et disponible en sortie de l'automate n'est pas suffisante pour ac-

tionner directement les actionneurs de la machine. Il faut alors prévoir des interfaces d'adaptation entre la partie commande et le processus à automatiser. Un exemple d'un tel interface a été donné en logique électrique au § 2.1.5. En logique électronique, ces interfaces sont toujours nécessaires car la puissance en sortie d'un boitier de composants n'excède jamais quelques milliwatts.

D'une façon générale, un automatisme effectue des séquences d'actions. Dans les cas simples, il s'agira d'une suite d'actions répétitives toujours effectuées dans le même ordre. Nous dirons que l'automatisme effectue un cycle linéaire. Dans les cas un peu plus complexes, l'automatisme pourra avoir à choisir entre plusieurs séquences possibles. Ces choix dépendront non seulement des entrées de l'automate (que celles-ci proviennent de l'opérateur ou de la machine), mais également du "passé" du fonctionnement de l'automatisme. Nous reviendrons sur ce point au § 3.3. Enfin, dans les cas les plus complexes, il pourra y avoir évolution simultanée de plusieurs séquences.

Cependant, dans tous les cas, il faudra "traduire" le cahier des charges dans un langage de description systématique à partir duquel pourra être envisagée la synthèse. Nous présenterons successivement deux méthodes qui permettent de traduire un cahier des charges : tout d'abord, dans ce chapître, la méthode des diagrammes temporels, puis au chapître 4, la méthode plus générale du Grafcet.

3.2 DIAGRAMMES TEMPORELS

Un diagramme temporel est une représentation graphique des valeurs binaires des diverses variables d'un automatisme au cours du déroulement d'un cycle du processus. Considérons l'exemple suivant : on veut automatiser la mise en forme de mottes d'argile de poids taré dans un moule parallélépipédique avant de les introduire dans un four pour en faire des briques. La mise en place des mottes et l'évacuation après moulage se font manuellement. Trois presseurs mûs par des vérins doivent agir dans l'ordre A,B,C puis être retirés dans l'ordre B,A,C. Chaque vérin est muni de deux contacts de fin de course et actionné par un distributeur monostable à commande électrique.

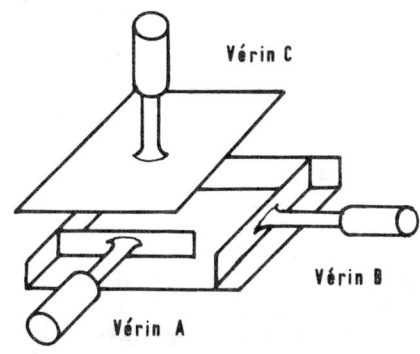

Fig. 2 : Moulage de briques

Pour établir le diagramme, le premier travail consiste à recenser les variables de commande et les variables de sortie de l'automate.

Ici, la partie opérative (les trois vérins) enverra des informations à l'automate grâce aux contacts de fin de course. Nous noterons a_0, b_0, c_0, les contacts actionnés lorsque les vérins sont rentrés, et a_1, b_1, c_1, ceux qui sont actionnés lorsque les vérins sont sortis. Ces six variables seront les variables d'entrée de l'automate. Par ailleurs, l'automate sera chargé de commander les distributeurs A, B, C de pilotage des trois vérins (A), (B), (C). Les variables de sortie de l'automate seront donc les trois variables A, B, C.

Le diagramme temporel comportera une ligne par variable de commande et une ligne par variable de sortie, donc ici neuf lignes. La figure 3 ci-dessous donne le diagramme du cycle étudié.

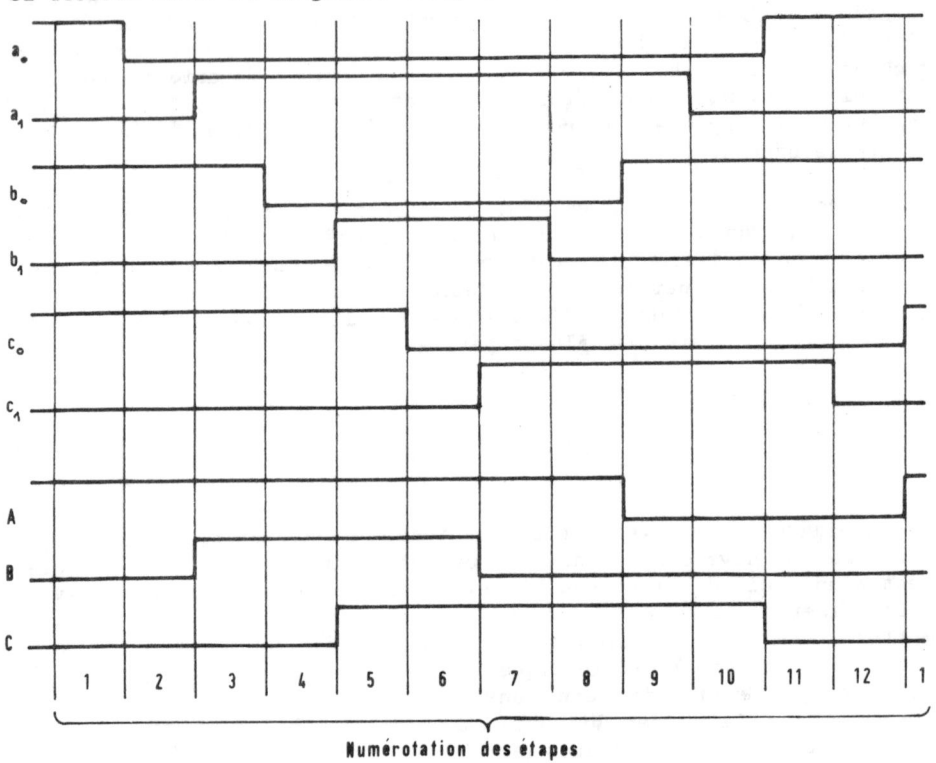

Numérotation des étapes

Fig. 3 : Diagramme temporel du problème de moulage des briques.

Examinons la façon dont est construit ce diagramme : chaque ligne correspond à une variable (de commande ou de sortie) et possède deux niveaux : un niveau haut si la variable est à 1 et un niveau bas si la variable est à 0. Décrivons le début du cycle. Etape 1 : les trois vérins sont rentrés, donc a_0, b_0, et c_0 sont actionnés (à 1) et A doit alors être activé pour que le cycle commence. Ensuite, le mouvement du vérin (A) libère le contact a_0 (étape 2), les autres variables restant inchangées. Puis le vérin (A) arrive en fin de course et actionne a_1 (étape 3) : il faut alors activer B pour que le cycle puisse continuer...

Remarque : plusieurs niveaux de finesse peuvent être envisagés pour la description du cycle. Nous avons ici pris en compte le retard de la partie opérative mais pas celui de la partie commande : par exemple lorsque B est actionné (début de l'étape 3) il s'écoule un temps (qui peut être court mais non négligeable) avant que, le mouvement du vérin (B) ayant commencé, le contact b_0 soit libéré ; par contre dès que b_1 est actionné (début de l'étape 5), instantanément la partie commande impose C = 1. Cette façon de faire se justifie souvent par les temps de réponse respectifs de la partie opérative et de la partie commande. De plus, elle permet de différencier simplement les causes des conséquences : par exemple B (sortie) passe à 1 parce que a_1 passe à 1, mais a_0 (commande) passe à 0 parce que A passe à 1. Ne pas adopter cette façon de faire ne permettrait plus cette différenciation.

Dans le cas d'un cycle linéaire, la description d'un cycle complet permet de passer en revue de façon systématique toutes les situations (toutes les étapes) possibles pour l'automatisme en fonctionnement normal. On peut alors concevoir l'automatisme, c'est-à-dire donner des équations logiques des sorties de l'automate en fonction des entrées (et éventuellement de variables internes) à partir du diagramme temporel. Cette démarche est l'une des plus anciennes méthodes de synthèse d'automatisme et a été longtemps utilisée industriellement. A titre d'illustration, les équations logiques des commandes A, B, et C des distributeurs du problème précédent seront établies au paragraphe 3.3.1 . Toutefois, dans les cas plus complexes où un choix entre diverses séquences est possible à partir d'une étape donnée, il faudra envisager plusieurs diagrammes partiels. Le diagramme temporel s'avère alors un outil mal adapté et on préférera souvent avoir recours à d'autres méthodes de description de l'automatisme, telles que le Grafcet.

Cependant, même dans ce cas, un diagramme temporel fournissant une séquence typique d'utilisation de l'automatisme peut s'avérer très utile dans une première approche du problème (voir par exemple au chapitre 7). Il est évident, toutefois, que l'étude complète du dispositif ne peut plus alors être envisagée à l'aide de ce seul diagramme temporel.

3.3 VARIABLES D'ETAT

Nous avons dit au paragraphe 3.1 que le "passé" pouvait influer sur le fonctionnement d'un automatisme. Nous allons illustrer ce point à l'aide d'un exemple : la commande d'un ascenseur. Supposons qu'il y ait un appel du troisième étage. Si la cabine se trouve au cinquième, elle doit descendre ; si elle se trouve au rez-de-chaussée, elle doit monter ; si elle est déjà en mouvement entre deux étages, elle doit continuer son mouvement, mais l'automatisme doit enregistrer la demande provenant du troisième étage : la commande à appliquer à la cabine dépend donc de la situation, de l'état, dans lequel se trouve l'ascenseur au moment de l'appel, et cet état est la conséquence de ce qui s'est passé au préalable : le passé a une influence sur l'état présent de l'automatisme.

Nous sentons bien avec cet exemple que la notion d'"état" sera très importante pour toute la suite : il faudra à chaque instant connaître l'état d'un automatisme pour déterminer la stratégie à adopter lorsqu'une commande agira, c'est-à-dire lorsqu'une variable d'entrée changera de valeur.

Pour caractériser l'état d'un automatisme, la seule donnée de la valeur des variables d'entrée pourra s'avérer insuffisante, comme l'illustre bien l'exemple de l'ascenseur : ce n'est pas le fait qu'il y ait appel provenant du 3ème étage qui nous fournit une information quelconque sur le mouvement de la cabine au moment de cet appel. Nous aurons donc besoin d'un ensemble de variables supplémentaires que nous rangerons dans un ordre déterminé $x_1 \ldots x_n$. Tout ensemble ordonné de variables binaires constitue ce qu'on appelle un <u>mot logique</u>. Le mot logique M formé ici est appelé le <u>mot d'état</u> de l'automatisme. Nous dirons qu'un ensemble de variables constitue un mot d'état si la donnée de la valeur de ces variables à un instant quelconque suffit pour résumer le passé et pour prévoir l'évolution de l'automatisme en fonction de l'évolution des commandes de l'automate.

Nous rencontrerons toujours dans la synthèse d'un automatisme le problème du choix d'un ensemble de variables d'état permettant de décrire le comportement souhaité. Ce choix n'est pas unique et peut influer considérablement sur la complexité de l'automate à réaliser.

A titre d'illustration nous allons montrer maintenant comment, à partir d'un diagramme temporel décrivant un fonctionnement souhaité, on peut choisir un ensemble de variables d'état.

3.3.1 CAS D'UN AUTOMATISME COMBINATOIRE

Nous allons reprendre l'exemple du moulage de briques du paragraphe précédent. La description d'un cycle complet souhaité pour le processus a fait apparaître douze étapes sur le diagramme temporel, figure 3. Il faudra donc que l'automate soit capable de distinguer ces douze étapes les unes des autres. Il est évident ici que les variables d'entrée (a_0, a_1, b_0, b_1, c_0, c_1) venant de la partie opérative (les vérins) fournissent des informations sur l'état de cette partie opérative. La question qui se pose est : "la donnée de la valeur de ces variables d'entrée suffit-elle à déterminer l'étape dans laquelle se trouve l'automatisme ?". Si la réponse à cette question est oui, on dit que l'on a affaire à un automatisme combinatoire. Dans le cas contraire, on dit que l'on a affaire à un automatisme séquentiel. Dans le cas d'un automatisme combinatoire, il n'est donc pas nécessaire d'introduire de nouvelle variable pour connaitre l'état de l'automatisme : il n'y a pas de variable d'état, et la synthèse de l'automatisme s'effectue en exprimant simplement les sorties de l'automate en fonction de ses entrées. Comment peut-on vérifier que l'on se trouve dans cette situation ? Considérons les six variables d'entrée, rangeons-les dans un ordre arbitraire, par exemple a_0, a_1, b_0, b_1, c_0, c_1, et étudions la valeur du mot logique ainsi formé pour chacune des étapes recensées lors du tracé du diagramme temporel.

Étapes	a_0	a_1	b_0	b_1	c_0	c_1
1	1	0	1	0	1	0
2	0	0	1	0	1	0
3	0	1	1	0	1	0
4	0	1	0	0	1	0
5	0	1	0	1	1	0
6	0	1	0	1	0	0
7	0	1	0	1	0	1
8	0	1	0	0	0	1
9	0	1	1	0	0	1
10	0	0	1	0	0	1
11	1	0	1	0	0	1
12	1	0	1	0	0	0

Fig. 4 : Valeurs du mot a_0 a_1 b_0 b_1 c_0 c_1.

La fig. 4 donne la suite de ces valeurs. On voit que les douze mots formés sont tous différents. La donnée de la valeur de ce mot permet donc de connaitre l'étape du cycle en cours d'exécution, c'est-à-dire l'état de l'automatisme.

Il ne reste donc plus maintenant qu'à déduire les équations logiques des sorties A, B, C de l'automate en fonction de ses entrées a_0, a_1, b_0, b_1, c_0, c_1. On pourrait pour cela employer la méthode des tableaux de Karnaugh vue au chapitre 1 ; on peut également essayer de trouver directement des expressions de A, B, C à partir du diagramme temporel (fig. 3). Prenons le cas de la sortie A : Elle doit être à "1" pendant les étapes 1 à 8 et à "0" pendant les étapes 9 à 12. Considérons la fonction c_0 : elle est à "1" pendant les étapes 1 à 5 et à "0" pendant les étapes 6 à 12. Elle diffère donc de A uniquement pendant les étapes 6, 7 et 8. Il faut donc ajouter à c_0 un autre terme respectant les zéros de A, étant à "1" pendant les étapes 6, 7 et 8 et éventuellement à "1" pendant les étapes 1 à 5. On peut prendre le terme $\overline{b_0}$. On peut donc écrire :

$$A = c_0 + \overline{b_0} .$$

Prenons maintenant le cas de la fonction B. Il faut trouver un terme passant à "1" lors de l'étape 3 : ce terme est a_1. Mais a_1 reste à "1" pendant les étapes 7, 8 et 9, alors que B doit y être nul. Il faut donc multiplier a_1 par un terme égal à "1" au moins pendant les étapes 3 à 6 et nul au moins pendant les étapes 7, 8 et 9 : ce terme est $\overline{c_1}$. On peut donc écrire :

$$B = a_1 . \overline{c_1}$$

La recherche d'une expression de C est laissée au lecteur à titre d'exercice.

3.3.2. CAS D'UN AUTOMATISME SEQUENTIEL

Dans l'exemple précédent, nous n'avons pas eu à introduire de variable d'état car les douze valeurs du mot formé avec les variables d'entrée étaient toutes différentes au cours du déroulement souhaité du cycle. Il est bien évident que cette situation est loin d'être générale. Nous allons voir sur l'exemple d'un cycle pendulaire de vérin comment on peut choisir des variables d'état lorsque les seules variables d'entrée venant de la partie opérative ne suffisent pas à différencier les diverses étapes du cycle.

Considérons le système schématisé figure 5 : le vérin (A) est piloté par un distributeur 5/2 monostable ; sa tige peut actionner deux contacts de fin de course a_0 et a_1. On souhaite que le vérin se déplace de a_0 vers a_1, puis de a_1 vers a_0, puis de a_0 vers a_1, ...

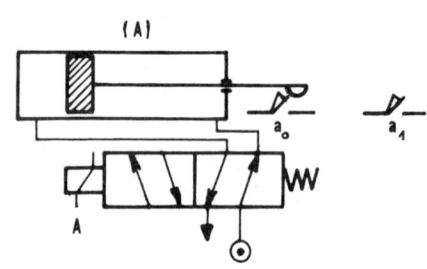

Fig. 5 : Cycle pendulaire d'un vérin

Le diagramme temporel du cycle souhaité est dessiné figure 6. On voit immédiatement que le mot logique $M = a_0 a_1$ constitué avec les deux variables d'entrée ne suffit pas à différencier les quatre étapes du cycle puisque la valeur $M = 00$ correspond à deux étapes distinctes : 2 et 4. Pour contourner cette difficulté, on ajoutera une nouvelle variable x_1 au mot logique M,

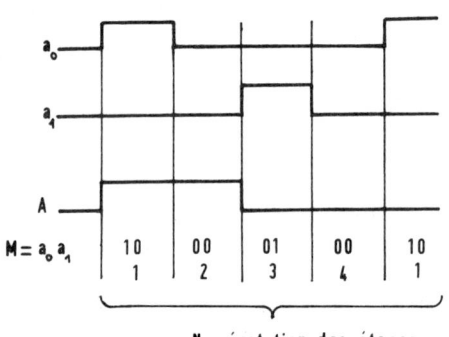

Fig. 6 : Diagramme temporel d'un cycle pendulaire

cette variable étant à zéro pour l'une des étapes où M valait 00 (par exemple l'étape 2) et à un pour l'autre (étape 4). Cette nouvelle variable, nécessaire pour différencier toutes les étapes les unes des autres est une variable d'état (également appelé variable interne).

Il appartiendra à l'automatisme de gérer entièrement l'évolution de cette variable supplémentaire, c'est-à-dire de choisir l'instant où elle devra passer à 1 et celui où elle devra revenir à 0. En pratique, en technologie électrique, la variable x_1 serait un contact d'un relais dont il faudrait élaborer la commande de la bobine X_1 associée ; en technologie électronique cette variable x_1 serait la variable de sortie d'une bascule qu'il faudrait également commander (voir chapitre 7).

Prenons le cas de la logique électrique. Puisque nous devons assurer la commande de la bobine X_1, tout se passe comme si nous avions un système avec deux variables de sortie A et X_1. Par ailleurs, si nous voulons encore différencier les causes des conséquences, nous serons amenés à prendre en compte un retard τ entre la mise à 1 de la bobine X_1 et la fermeture du contact x_1 associé. Le diagramme temporel du système devient alors celui de la figure 7.

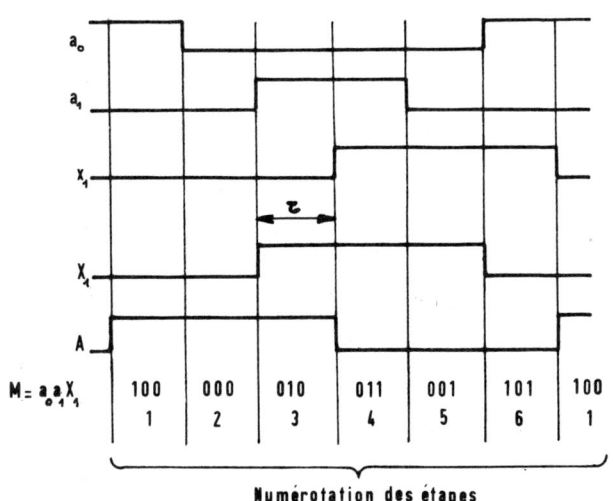

Fig. 7 : **Diagramme temporel du cycle pendulaire en tenant compte de la variable d'état** x_1

Remarques :

    - Il vaut mieux reprendre sur un nouveau diagramme l'étude du cycle en tenant compte des variables à ajouter, plutôt que d'essayer de rajouter ces variables directement sur le diagramme déjà dessiné (fig. 6).

    - La variable x_1 est une variable d'état. Pour être sûr que cette variable soit bien à 1 sur la deuxième partie du cycle, il est préférable d'imposer que ce soit le passage à 1 de cette variable qui commande la remise à zéro de A (passage étape 3 - étape 4).

Ayant obtenu le diagramme temporel de la figure 7, il ne reste plus qu'à déduire de ce diagramme les équations logiques des "sorties" A et X_1. Ceci se fait sans difficulté et est proposé en exercice à la fin de ce chapitre.

Cet exemple nous a permis de préciser la notion de variables d'état. Ces variables sont des variables internes à l'automate et leur rôle est de permettre de différencier toutes les étapes les unes des autres. Leur évolution (mise à un et remise à zéro) sera entièrement gérée par l'automate. On peut donc maintenant reprendre le schéma général de la figure 1 et le préciser pour obtenir celui de la figure 8.

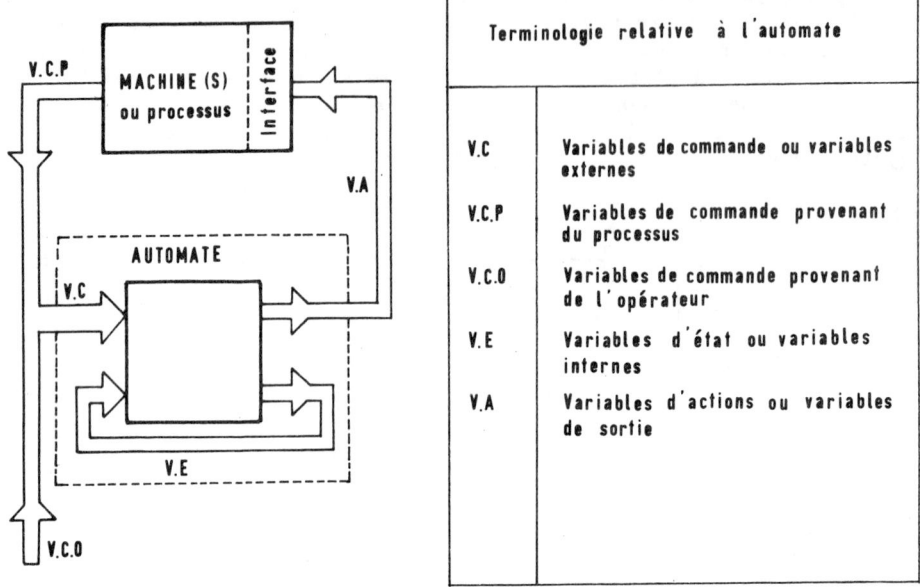

Fig. 8 : Représentation générale d'un automatisme

3.4 EVOLUTION DE LA CONCEPTION DES AUTOMATISMES

Nous avons déjà mentionné le fait que les diagrammes temporels étaient bien adaptés à la description des cycles linéaires mais se prêtaient mal à la description de systèmes comportant de nombreux aiguillages (choix entre séquences). La méthode d'Huffmann, non étudiée dans cet ouvrage, permet cette description mais seulement pour des systèmes comportant un petit nombre de variables d'entrée. Il est donc devenu nécessaire de développer un nouvel outil de description d'un cahier des charges permettant d'étudier des systèmes plus complexes.

Parallèlement à ce besoin d'étudier des systèmes de complexité croissante, l'évolution technologique a donné à l'électronique une place prépondérante sur le marché des composants d'automatisme. Il s'en est suivi une diminution du coût de ces matériels et une augmentation de leur fiabilité. De ce fait, on ne cherche plus à minimiser le nombre de composants élémentaires utilisés, mais plutôt à diminuer le coût des études et de la maintenance.

Cette évolution a entrainé l'apparition successive de plusieurs types de représentation d'un cahier des charges (graphes d'état, réseaux de Pétri,...), mais c'est le GRAFCET (issu des précédents mais mieux adapté aux problèmes d'automatisme) qui est le plus employé depuis quelques années. Nous l'étudierons en détail au chapitre suivant et nous verrons comment on peut l'implanter en technologie électronique aux chapitres 8, 9 et 10. Disons seulement ici que, avec le GRAFCET, on ne cherchera plus à minimiser le nombre de variables d'état utilisées. On se contentera de compter le nombre d'étapes du cycle étudié et on prendra un nombre de variables d'état suffisant pour pouvoir les différencier sans prendre en compte l'influence possible des variables d'entrée comme au paragraphe précédent.

Il reste à retenir comme point important de ce chapitre que le travail essentiel du concepteur, après avoir identifié ses variables d'entrée et de sortie, sera de recenser l'ensemble des étapes possibles de l'automatisme et les variables ou évènements qui font passer l'automatisme d'une étape à l'autre. Lorsque cette analyse sera faite, la réalisation pratique dépendra de la façon dont seront codés les différents états. Nous en avons vu une avec la méthode des diagrammes temporels ; nous en verrons d'autres aux chapitres 8, 9 et 10. Il existe en outre des méthodes plus orientées vers la programmation qui ne seront évoquées que brièvement dans cet ouvrage (chapitre 10). Mais quelle que soit la réalisation envisagée, la partie la plus délicate de la conception d'un automatisme sera toujours l'analyse du cahier des charges et sa traduction à l'aide d'un langage permettant de déduire les équations logiques nécessaires à sa réalisation.

EXERCICES SUR LE CHAPITRE 3

Exercice 1 :

Donner des équations logiques des sorties A et X_1 dont l'évolution est représentée sur le diagramme temporel de la fig. 7 de ce chapitre.

Exercice 2 : Auto-maintien

Deux boutons poussoirs a et m servent à commander l'alimentation de la bobine B d'un contacteur. Le fonctionnement souhaité est le suivant :

- une action sur m provoque l'alimentation de la bobine (B = 1). Cette alimentation se poursuit même après la fin de l'action sur m ;

- une action sur a provoque l'arrêt de l'alimentation (B = 0) ;

- en cas d'action simultanée sur a et m, c'est l'action sur a qui est prioritaire (arrêt de l'alimentation : B = 0).

1) Mettre en évidence les diverses étapes du fonctionnement souhaité et en déduire un diagramme temporel.

2) Montrer que le cycle obtenu n'est pas combinatoire.

3) Montrer que B peut être utilisé pour différencier les diverses étapes du cycle.

4) Tracer un diagramme temporel en introduisant comme variable d'état un contact b commandé par B.

5) Donner l'équation de B et le schéma électrique associé.

Exercice 3 :

Même exercice en supposant m prioritaire sur a.

Exercice 4 : Cycle carré et cycle en L

On étudie le mouvement de deux vérins (A) et (B) pilotés par des distributeurs 3/2 monostables A et B et munis de contacts de fin de course a_0, a_1 et b_0, b_1 ($a_0 = 1$ si vérin (A) rentré, $a_1 = 1$ si vérin (A) sorti).

1) On souhaite obtenir la séquence suivante : sortie de (A), sortie de (B), retour de (A), retour de (B) ;

- dessiner un diagramme temporel de cette séquence ;
- étudier si le cycle est combinatoire ou séquentiel ;

– en fonction de la réponse à la question précédente, voir s'il est nécessaire de tracer un nouveau diagramme temporel après avoir choisi des variables d'état ;
– donner les équations de A et B.

2) Mêmes questions pour la séquence : sortie de (A), sortie de (B), retour de (B), retour de (A).

3) Mêmes questions pour la même séquence qu'à la question 2, mais en supposant les vérins commandés par des distributeurs 5/2, bistables A_+, A_-, B_+, B_-.

Chapitre 4

GRAFCET

4.1 DEFINITIONS

Un "Graphe de Commande Etape-Transition" (GRAFCET en abrégé) est un mode de représentation et d'analyse d'un automatisme, particulièrement bien adapté aux systèmes dont les évolutions peuvent s'exprimer séquentiellement, c'est-à-dire dont la décomposition en étapes est possible.

Ce mode de représentation, relativement récent, présente un certain nombre d'avantages par rapport aux moyens de description utilisés antérieurement :

- Il est indépendant de la matérialisation technologique de l'automatisme, que celle-ci soit cablée (en électromécanique, en pneumatique ou en électronique) ou programmée (automate programmable, microsystème).

- Il permet d'effectuer un choix rationnel des variables d'état et du codage du vecteur (ou mot) d'état.

- Il traduit de façon cohérente le cahier des charges de l'automatisme, en obligeant même parfois celui-ci à être précisé.

- Il peut prendre en compte des évolutions simultanées ou des choix de plusieurs séquences.

- Il est bien adapté au cas des systèmes automatisés faisant intervenir un grand nombre de variables d'entrée.

Le GRAFCET est basé sur les notions d'"étape" et de "réceptivité" que nous allons préciser maintenant : on peut toujours considérer qu'un système automatisé évolue en passant par une succession d'étapes, auxquelles sont associées une ou plusieurs "actions".

On peut noter aussi que le passage d'une étape à la suivante s'effectue en général lorsqu'une condition logique, ou "réceptivité" est remplie. Le principe adopté dans un GRAFCET est de représenter l'automatisme par cet ensemble d'"étapes", auxquelles correspondront des "actions", reliées entre elles par des "transitions", auxquelles correspondront des "réceptivités".

Le mode de représentation qui est normalisé (Norme C03-190 de l'UTE) est le suivant (fig. 1) :

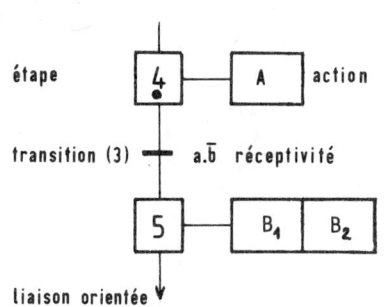

Fig. 1 : Représentation d'un GRAFCET

- Une "étape" est représentée par un carré numéroté. Si on veut indiquer qu'elle est "active" à un instant donné, on dessine un point au-dessous du numéro dans le carré (par exemple, fig. 1, l'étape 4 est active).

- Une "étape initiale" est représentée par un carré doublé (une étape initiale correspond en général à une situation de repos).

- Une "action" associée à une étape est représentée par un rectangle relié horizontalement au carré correspondant (par exemple, fig. 1, deux actions, B_1 et B_2, sont associées à l'étape 5).

- Une "liaison orientée" est représentée par une ligne verticale qui relie les étapes entre elles (le sens normal d'évolution entre étapes est de haut en bas, sauf mention contraire).

- Une "transition" entre deux étapes est représentée par une barre perpendiculaire à la liaison orientée correspondante. Une transition est éventuellement repérée par un n° entre parenthèses à gauche de la barre.

- Une "réceptivité" associée à une transition est inscrite (de façon littérale ou symbolique) à droite de la barre représentant la transition (par exemple, fig. 1, la réceptivité de la transition (3) représente la proposition logique "condition a réalisée et condition b pas réalisée").

GRAFCET "de niveau 1" et GRAFCET de "niveau 2" :

Lors de l'établissement d'un GRAFCET, il peut être intéressant de procéder en deux temps :

Dans un premier temps, représenter seulement le fonctionnement logique de l'automatisme dans un langage proche du langage courant, indépendamment des choix technologiques qui seront effectués (type de circuit de commande, modes d'actions de la partie opérative, nomenclature et type de variables d'entrée, etc...) : un tel GRAFCET, dit de "niveau 1", permet de faciliter le dialogue entre le client et le concepteur.

Dans un deuxième temps, représenter l'automatisme en tenant compte des choix technologiques et du repérage des variables sous forme symbolique (un tableau récapitulatif de la nomenclature adoptée doit être joint) : on a alors un GRAFCET dit de "niveau 2", à partir duquel sera matérialisé l'automatisme.

Exemple : Cycle carré de 2 vérins (fig. 2)

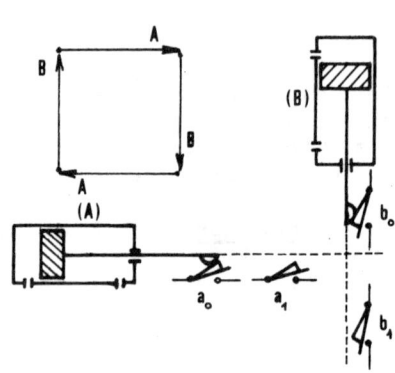

On veut faire effectuer à deux vérins (A) et (B) le cycle suivant : sur impulsion de mise en marche, (A) sort, puis (B) sort, puis (A) rentre, puis (B) rentre et le cycle s'arrête (en attente d'une nouvelle impulsion).

Le GRAFCET de cet automatisme comprendra cinq étapes (une correspondant à la situation d'attente et quatre correspondant à des actions). Les réceptivités des transitions entre étapes seront des indications sur la position des tiges des vérins (sorties ou rentrées). Au niveau 1, le GRAFCET sera représenté comme

Fig. 2 : Cycle carré de 2 vérins

sur la fig. 3 pour passer au niveau 2, il faut préciser les choix technologiques : supposons que les positions des tiges des vérins soient repérées par des contacts fugitifs de fin de course (a_0 et a_1 pour A, b_0 et b_1 pour B).

Si on choisit des vérins à double effet alimentés par des distributeurs "5/2 - bistable" (actions A^+ et A^- pour A, B^+ et B^- pour B), on obtiendra le GRAFCET de la fig. 4.

Si on choisit des vérins à simple effet alimentés par des distributeurs "3/2 - monostable" (actions A et B, rappels par ressort), on obtiendra le GRAFCET de la fig. 5 : il faudra maintenir l'action A à l'étape 3 (simultanément avec l'action B) et il n'y aura aucune action associée à l'étape 5 (voir à ce sujet le paragraphe 4.5.1).

Ces types de GRAFCET, ne comportant qu'une séquence d'étapes bouclée sur elle-même, sont les plus simples, ils sont dits "linéaires". Nous allons examiner maintenant les possibilités d'évolution d'un GRAFCET sur plusieurs séquences simultanément ou encore avec des sélections de séquences.

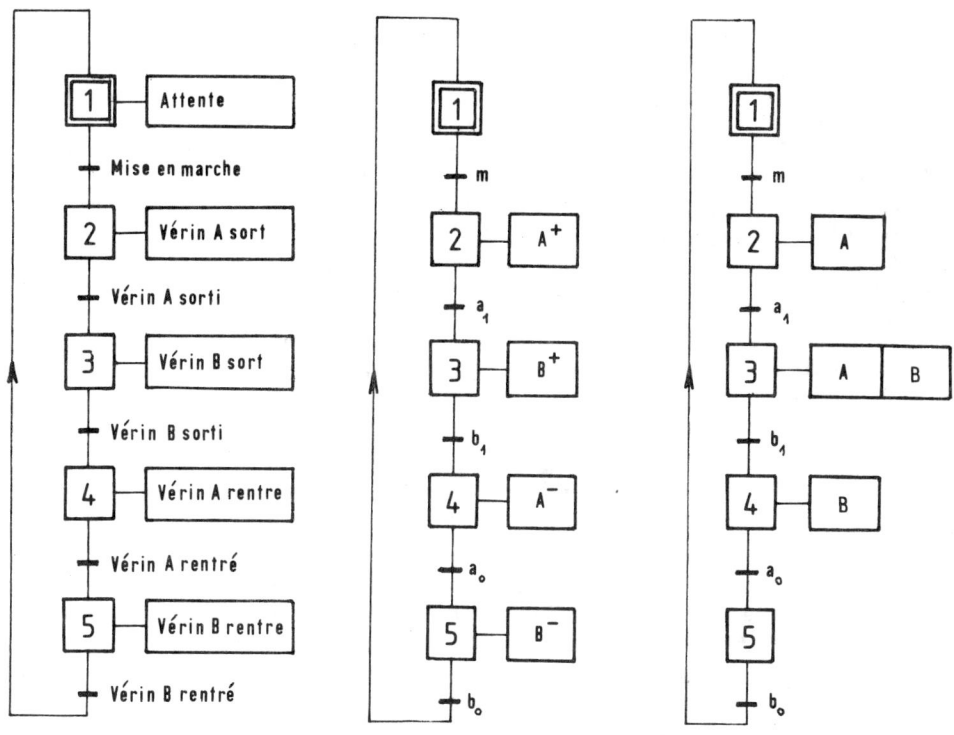

Fig. 3 : GRAFCET
de niveau "1"

Fig. 4 : GRAFCET
de niveau "2"
(vérins double effet)

Fig. 5 : GRAFCET
de niveau "2"
(vérins simple effet)

4.2. SEQUENCES SIMULTANEES

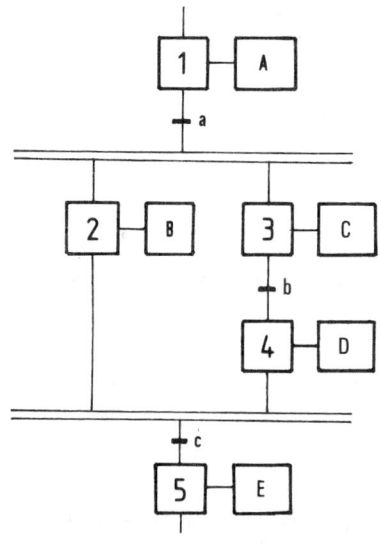

Fig. 6 : Séquences simultanées

Lorsque le franchissement d'une transition conduit à activer plusieurs étapes, les séquences issues de ces étapes sont dites "séquences simultanées" (ou aussi "séquences parallèles").

Les séquences évoluent alors indépendamment les unes des autres, et ce n'est que lorsque toutes les étapes finales de ces séquences sont actives simultanément (ce qui se produit souvent après attente réciproque) que l'évolution peut continuer sur une séquence unique, par le franchissement simultané d'une même transition.

Le début et la fin de séquences simultanées doivent être représentés sur un GRAFCET par <u>deux</u> traits parallèles.

Par exemple (fig. 6), lorsque l'étape 1 est active et que la réceptivité a devient vraie, les étapes 2 et 3 sont activées simultanément (et l'étape 1 est désactivée). Lorsque la réceptivité b devient vraie, l'étape 4 de la branche de droite est activée (et l'étape 3 est désactivée). Lorsque la réceptivité c devient vraie, l'étape 5 est activée (et les deux étapes 2 et 4 sont désactivées).

<u>Remarque</u> : plusieurs séquences simultanées commencent toujours sur une réceptivité <u>unique</u> et se terminent également toujours sur une réceptivité <u>unique</u> (celle-ci pouvant être considérée comme le <u>produit</u> logique des réceptivités individuelles de fin de séquences).

4.3. SELECTION DE SEQUENCES

Lorsqu'à partir d'une étape, on peut effectuer un choix entre plusieurs évolutions sur des séquences débutant par des transitions dont les réceptivités sont exclusives, on a affaire à une "sélection de séquences" (ou encore un "aiguillage").

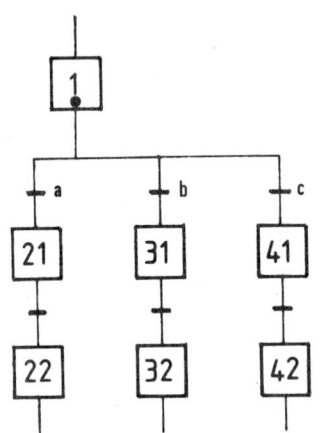

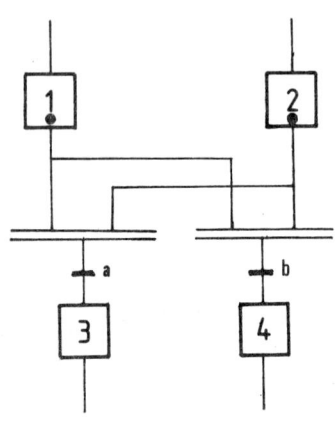

Fig. 7 : Sélection de séquences   Fig. 8 : Sélection de séquences
                                                à partir de 2 étapes

Par exemple (fig. 7), lorsque l'étape 1 est active, le système évoluera sur la séquence de gauche si a est vraie (étapes 21, 22, etc...), il évoluera sur la séquence du centre si b est vraie (étapes 31, 32, etc...), et sur la séquence de droite si c est vraie (étapes 41, 42, etc...).

<u>Il est également possible</u> d'effectuer une sélection de séquences à partir de plusieurs étapes. Par exemple (fig. 8), si les deux étapes 1

et 2 sont simultanément actives, le système passera à l'étape 3 si a est vraie ou à l'étape 4 si b est vraie.

Pour rendre plusieurs séquences <u>exclusives,</u> il est nécessaire de s'assurer que toutes les réceptivités associées aux transitions initiales de ces séquences ne puissent pas être vraies en même temps. Ce caractère exclusif peut résulter soit d'une incompatibilité physique des éléments du système (contacts séparés, paramètres différents, etc...) soit d'une incompatibilité <u>logique</u> dans l'écriture des réceptivités.

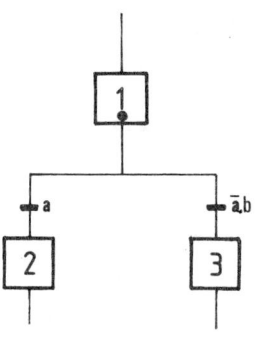

Fig. 9 : Réceptivités exclusives

Par exemple (fig. 9), à partir de l'étape 1 :

Si a = 0 b = 0 , aucune transition n'est franchie
Si a = 1 b = 0, le système passe à l'étape 2
Si a = 0 b = 1, le système passe à l'étape 3
Si a = 1 b = 1, le système passe à l'étape 2

L'étape 2 est ainsi rendue prioritaire dans le cas où les deux propositions logiques a et b sont vraies en même temps.

<u>Deux cas particuliers</u> de sélection de séquence sont très utiles dans la pratique des systèmes séquentiels :

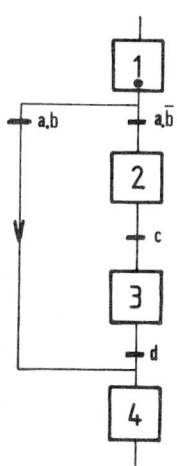

Fig. 10 : Saut d'étapes

- <u>Le "saut d'étapes"</u>, qui permet de ne pas effectuer un certain nombre d'étapes lorsque celles-ci sont inutiles.

Par exemple (fig. 10), à partir de l'étape 1, le système passera directement à l'étape 4 si la réceptivité a.b est vraie. Il évoluera normalement vers l'étape 2 si, la condition a étant réalisée, la condition b ne l'est pas.

- La <u>"reprise de séquence"</u>, qui permet de recommencer une ou plusieurs fois la même séquence tant qu'une condition n'est pas réalisée. Par exemple (fig. 11), à partir de l'étape 3, le système reprendra la séquence des étapes 2 et 3 tant que, la condition b étant réalisée, la condition a ne le

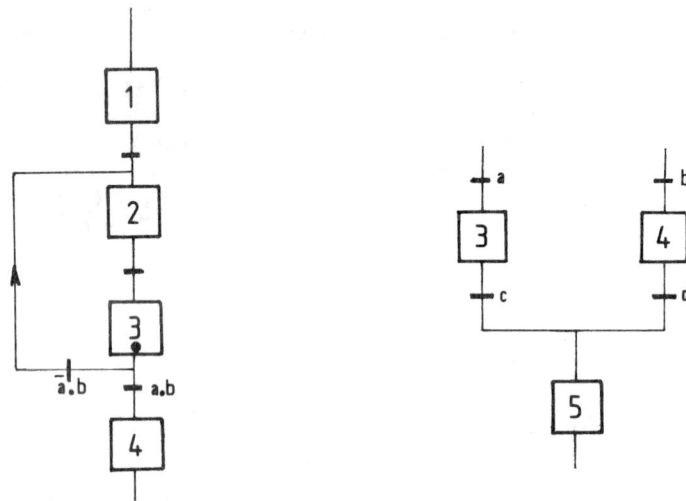

Fig. 11 : Reprise de séquence   Fig. 12 : Réunion de séquences

sera pas. Il évoluera normalement vers l'étape 4 lorsque la réceptivité a.b sera vraie.

La réunion de plusieurs séquences possibles doit toujours se faire de telle sorte que chaque séquence se termine sur sa propre réceptivité. Par exemple (fig. 12), le système passera à l'étape 5 :

        - si, l'étape 3 étant active, la réceptivité c devient vraie,

        - ou si, l'étape 4 étant active, la réceptivité d devient vraie.

Remarque : "Parallélisme interprété".

Il est possible de faire évoluer un GRAFCET sur plusieurs séquences simultanées sans que ces séquences soient commandées par une transition unique (comme c'était le cas au paragraphe 4.2). Cette situation correspond au cas où les transitions individuelles qui commandent ces séquences ne sont pas exclusives et conduisent par conséquent à activer plusieurs étapes à la fois. Toutefois, ce mode de description est à déconseiller, parce que de grandes difficultés résident souvent dans la spécification correcte de la façon dont il se termine.

4.4. REGLES D'EVOLUTION

Pour établir un GRAFCET correct, il est nécessaire d'appliquer un certain nombre de règles fondamentales, exposées ci-dessous :

Règle "de syntaxe" : Alternance étape-transition

L'alternance entre étapes et transitions doit être respectée quelle que soit la séquence en cours : deux étapes ne doivent jamais être re-liées directement, deux transitions ne doivent jamais non plus être reliées directement.

Règles d'évolution :

L'évolution de la situation d'un automatisme doit toujours satisfaire aux 5 règles suivantes :

Règle n° 1 : Situation initiale

Une situation initiale est caractérisée par le fait qu'un certain nombre d'étapes sont actives au début du fonctionnement (à l'initialisation). Une étape initiale est alors représentée par un carré doublé et correspond généralement à une situation de repos (pas d'action associée). Exemple : l'étape 1 de la fig. 4.

Règle n° 2 : Franchissement d'une transition

Une transition entre étapes est dite "validée" si toutes ses étapes d'entrée sont actives. Elle sera franchie si elle est validée et si la réceptivité qui lui est associée est vraie : le franchissement est alors immédiat et obligatoire.

Règle n° 3 : Evolution des étapes actives

Le franchissement d'une transition entraine l'activation de toutes les étapes immédiatement suivantes et la désactivation de toutes les étapes immédiatement précédentes.

Exemple d'application des règles 2 et 3 pour le franchissement d'une transition :

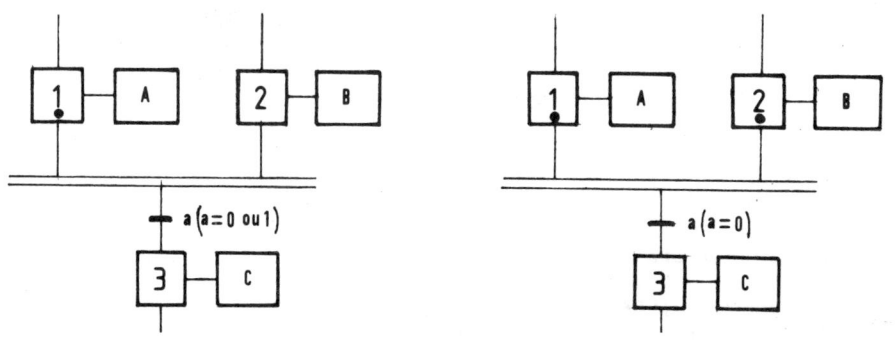

Fig. 13 : Transition non validée   **Fig. 14 Transition validée**

Sur la fig. 13, la transition est "non validée" (l'étape 2 est inactive).
Sur la fig. 14, la transition est "validée" (les étapes 1 et 2 sont actives).

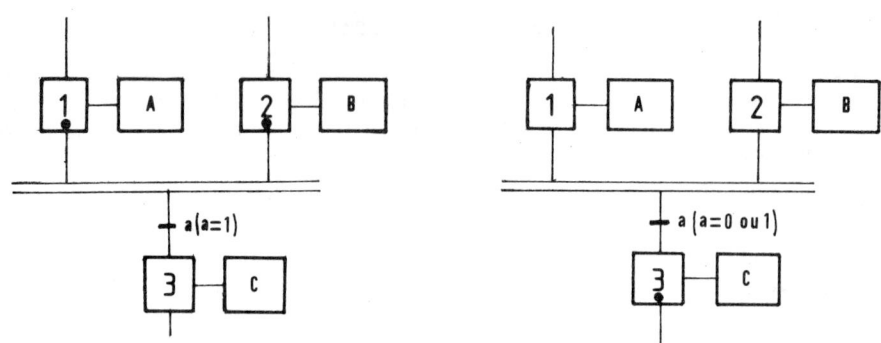

Fig. 15 : Transition franchissable   Fig. 16 : Transition franchie

Sur la fig. 15, la transition est "franchissable" (les étapes 1 et 2 sont actives et la réceptivité de la transition est vraie).

Sur la fig. 16, la transition est "franchie" (l'étape 3 est active et les étapes 1 et 2 sont inactives).

L'évolution d'un GRAFCET doit également respecter deux autres règles, d'application moins courante :

Règle n° 4 : Evolutions simultanées

Plusieurs transitions simultanément franchissables sont simultanément franchies. Cette règle est surtout utile lorsqu'on veut décomposer un GRAFCET en plusieurs "sous-GRAFCET" interdépendants (voir par exemple parag. 4.9.3).

Règle n° 5 : Activation et désactivation simultanées

Si, au cours du fonctionnement, une même étape doit être à la fois activée et désactivée, elle reste active.

4.5. ACTIONS PARTICULIERES

L'analyse des actions associées à une étape nécessite de bien faire la distinction entre la durée d'une action et la durée d'activité de l'étape correspondante. On convient habituellement de désigner par "X_i" l'état actif de l'étape "i". Exemples :

$$X_3 = 1 \text{ si l'étape 3 est active}$$
$$\overline{X}_5 = 1 \text{ si l'étape 5 est inactive.}$$

4.5.1. ACTION CONTINUE

Le cas le plus simple est celui d'une action continue, qui se poursuit tant que l'étape à laquelle elle est associée reste active.

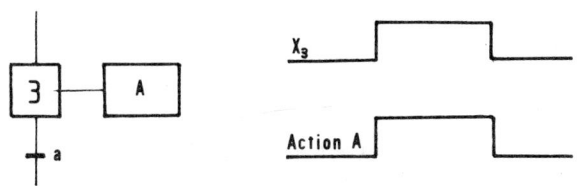

Fig. 17 : Action continue

On a alors :

$$X_i = \text{action associée à l'étape "i"}$$

Par exemple (fig. 17), l'action A associée à l'étape 3 dure tant que l'étape 3 est active.

En particulier, lorsque l'effet d'une action doit être maintenu pendant un certain nombre d'étapes, il faudra répéter l'ordre d'action pour toutes les étapes qui sont concernées. Par exemple (fig. 18), l'action A est maintenue pendant les durées d'activité des étapes 3 et 4.

Ce cas se rencontre fréquemment lorsque les actionneurs utilisés sont de technologie monostable (vérins, vannes, etc...).

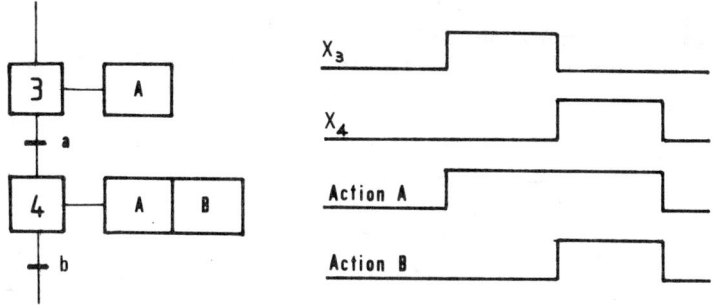

Fig. 18 : Action A "maintenue" pendant 2 étapes

4.5.2 ACTION CONDITIONNELLE

Une action conditionnelle est une action continue dont l'exécution est soumise à la réalisation d'une condition logique U.

Cette condition est alors notée à coté d'un tiret dessiné à la partie supérieure du rectangle qui représente l'action.

Par exemple (fig. 19), l'action B est exécutée si, au cours de l'activité de l'étape 2, la condition U est réalisée :

$$\text{action B} = X_2.U$$

Les actions conditionnelles permettent notamment de faire intervenir simplement les conditions de sécurité d'un automatisme.

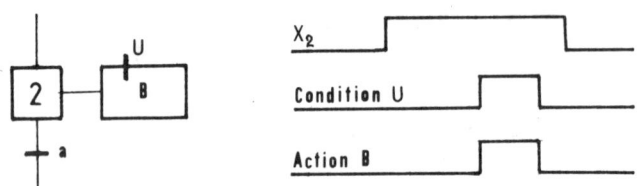

Fig.19 : Action "conditionnelle"

4.5.3. ACTION TEMPORISEE

Une action temporisée est une action conditionnelle dans laquelle le temps intervient comme condition logique. La notation générale adoptée pour faire intervenir le temps est :
                    "t/i/q sec.",
où i désigne le numéro de l'étape comportant l'action de comptage du temps, et q la durée écoulée depuis l'activation de l'étape i.

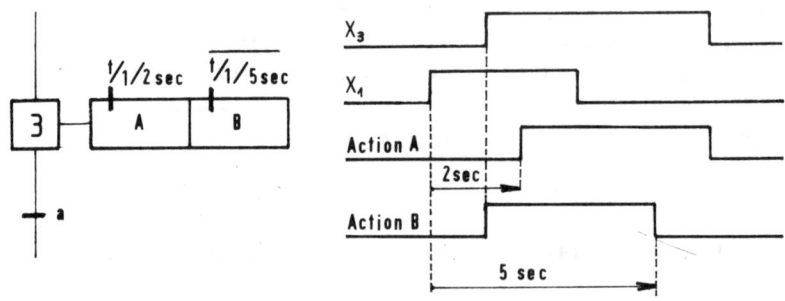

Fig. 20 : Actions "temporisées"

Par exemple (fig. 20), deux actions temporisées A et B sont associées à l'étape 3 : l'action A sera exécutée si 2 secondes se sont déjà écoulées depuis le début de l'activation de l'étape 1, et si l'étape 3 est active.

L'action B sera exécutée si 5 secondes ne se sont pas encore écoulées depuis le début de l'activation de l'étape 1, et si l'étape 3 est active.

4.5.4. ACTION DE COMPTAGE D'UN TEMPS

Une action de comptage d'un temps peut figurer parmi les actions associées à une étape : on représente habituellement ce type d'action par la notation "T = q sec." à l'intérieur du rectangle figurant l'action (q désigne la durée à compter).

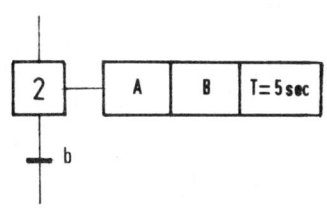

Par exemple (fig. 21), trois actions sont associées à l'étape 2 : A, B, et le comptage de 5 sec. (plus exactement l'<u>initialisation</u> du comptage de 5 sec.).

Fig. 21 : Comptage d'un temps

4.6. RECEPTIVITES PARTICULIERES

Les réceptivités associées à une transition peuvent prendre des formes particulières, dont deux sont assez fréquemment rencontrées : les réceptivités fonction du temps et les réceptivités caractérisant un <u>changement</u> d'état (et non pas un état seulement).

4.6.1. RECEPTIVITE FONCTION DU TEMPS

La réceptivité d'une transition peut être constituée par la constatation d'une durée écoulée depuis le début de l'activation d'une étape comprenant elle-même le comptage d'un temps. La notation utilisée est la même que celle déjà définie au paragraphe 4.5.3.

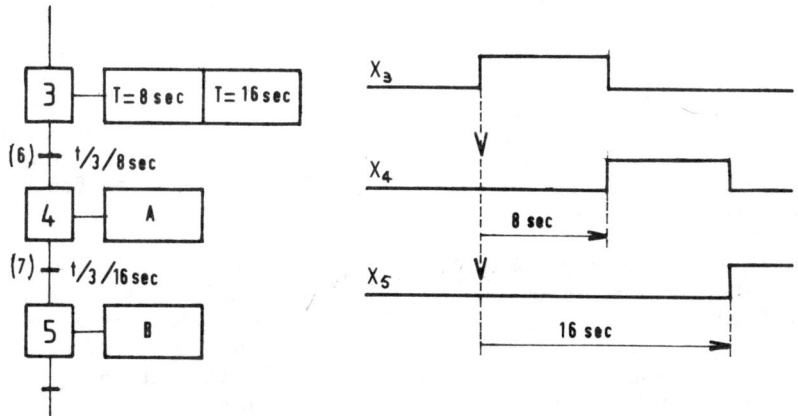

Fig. 22 : Réceptivités fonction du temps

Par exemple (fig. 22), deux initialisations de comptage des temps T = 8 sec. et T = 16 sec. sont associées à l'étape 3. La réceptivité de la transition (6) sera validée 8 sec. après l'activation de l'étape 3, et la réceptivité de la transition (7) sera validée 16 sec. après l'activation de cette même étape.

4.6.2. RECEPTIVITE FAISANT INTERVENIR UN CHANGEMENT D'ETAT

Il est fréquent que l'on ait à détecter, dans un automatisme, le changement d'état d'une variable (capteur de fin de course à impulsion, front montant ou descendant de tel ou tel "bit" électronique d'un registre d'état, etc...).

On représente habituellement par la notation "↑a" le passage d'une variable a de l'état logique a = 0 à l'état logique a = 1 (front montant) et par la notation "↓a" le passage de l'état logique a = 1 à l'état logique a = 0 (front descendant).

La réceptivité d'une transition peut être constituée par le changement de l'état d'une variable. Par exemple (fig. 23), l'étape 6 deviendra active à l'instant du front montant de la variable a, et l'étape 7 deviendra active à l'instant du front descendant de la variable b.

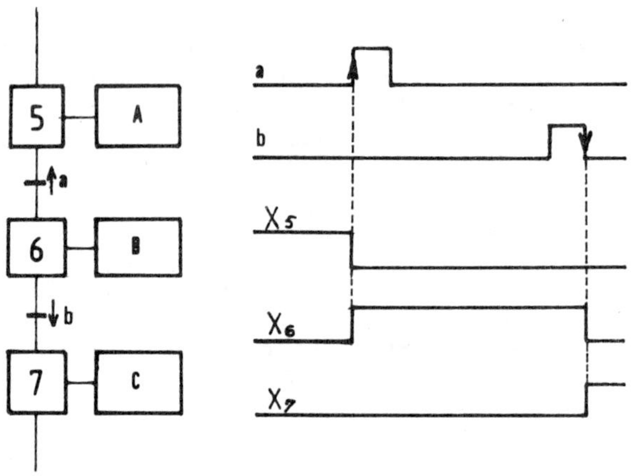

On peut remarquer qu'il est toujours possible de remplacer une seule transition dont la réceptivité fait intervenir un changement d'état d'une variable par deux transitions successives dont les réceptivités ne font intervenir que les états stables de cette variable.

Fig. 23 : Réceptivité faisant intervenir un changement d'état

En effet, détecter l'apparition d'une variable (par exemple) revient à vérifier d'abord qu'elle est absente (a = 0), puis qu'elle devient présente (a = 1). Ainsi, les deux séquences de la fig. 24 sont équivalentes : la transition entre les étapes 2 et 3 contrôle l'absence de a par la réceptivité $\overline{a}$, et la transition entre les étapes 3 et 4 contrôle la présence de a par la réceptivité a.

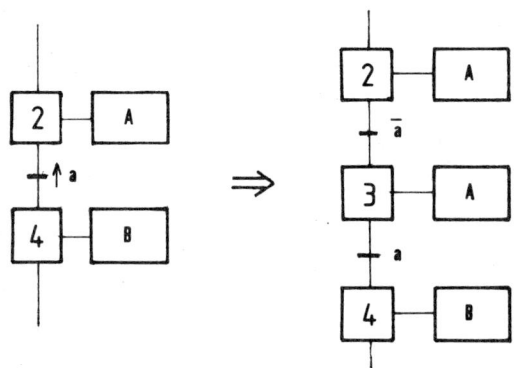

Fig. 24 : Remplacement de la réceptivité ↑a

4.7. SYNCHRONISATION ET COUPLAGE DE SEQUENCES

Dans un automatisme, il se présente souvent des cas où il est nécessaire de faire dépendre le déroulement d'une séquence de conditions logiques concernant le déroulement d'une autre séquence. On devra alors synchroniser (ou coupler d'une façon générale) ces séquences, ce qui peut se faire soit par un choix judicieux de la structure de description de l'automatisme, soit encore en faisant intervenir dans les réceptivités d'une séquence les états actifs d'une autre séquence.

Nous donnons ci-dessous quelques exemples concernant la simultanéité, l'attente ou l'interdiction d'évènements.

4.7.1. SIMULTANEITE D'EVENEMENTS (Fig. 25)

Supposons que sur deux séquences S_1 et S_2 d'un même GRAFCET, l'on veuille assurer l'activation <u>simultanée</u> de deux étapes, 5 et 8 par exemple. Ce résultat peut être obtenu en faisant intervenir dans la réceptivité de la transition (1) l'état actif X_7 de l'étape 7 et dans la réceptivité de la transition (2) l'état actif X_4 de l'étape 4.

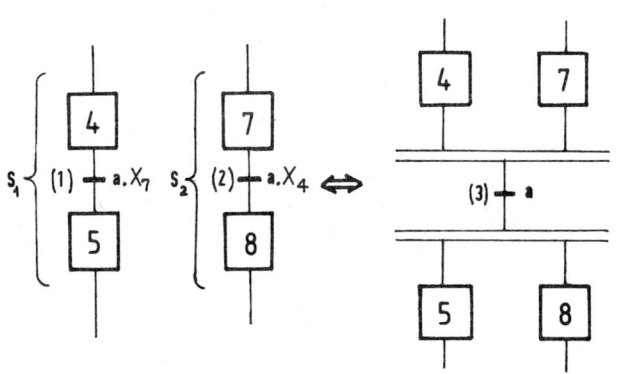

Fig. 25 : Simultanéité d'évènements

Un résultat équivalent serait obtenu avec la structure de droite, où la transition (3) serait validée directement par les deux étapes 4 et 7.

4.7.2. ATTENTE D'EVENEMENTS (Fig. 26)

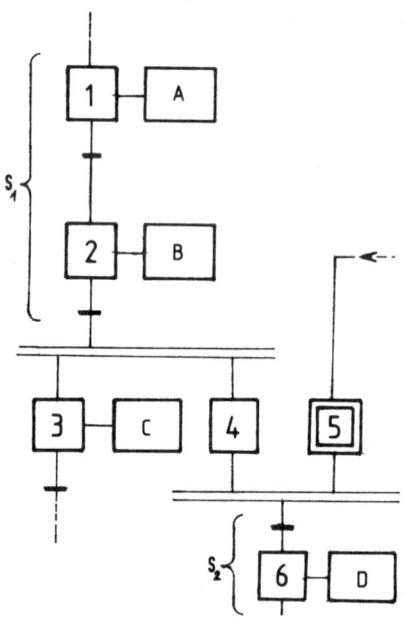

Si l'on veut qu'une séquence S_2 ne soit exécutée qu'après qu'une autre séquence S_1 l'ait été, on peut adopter une structure de la forme ci-contre. En effet, indépendamment des conditions qui lui sont propres (figurées ici par l'étape 5), la séquence S_2 ne sera autorisée à démarrer que lorsque l'étape 4 (laquelle dépend de l'exécution de la séquence S_1) sera activée.

Fig. 26 : Attente d'évènements

4.7.3. INTERDICTION D'EVENEMENTS

Si certaines actions d'une séquence S_1 sont interdites lorsque d'autres actions d'une séquence S_2 ont lieu, on peut faire dépendre le franchissement des transitions de S_1 des états actifs des étapes correspondantes de S_2.

Par exemple (fig. 27), la réceptivité $a.\overline{X}_6.\overline{X}_7$ de la transition (1) de la séquence S_1 interdit l'action A lorsque les actions B et C de la séquence S_2 ont lieu.

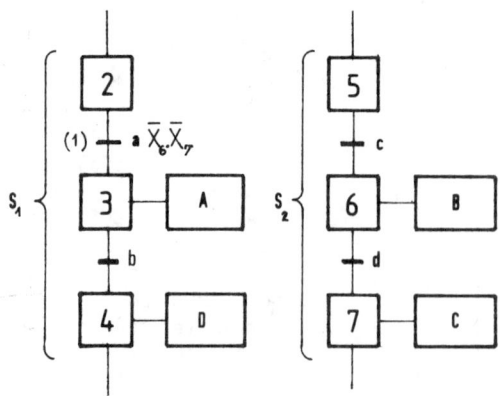

Fig. 27 : Interdiction
d'évènements

4.8. EXEMPLE DE GRAFCET : POSTE DE TRAITEMENT (Fig. 28)

Deux bacs à glissières B_1 et B_2 mûs par des vérins à simple effet à distributeurs monostables V_1 et V_2 peuvent se déplacer entre deux positions repérées par des contacts de fin de course a_1 et b_1, a_2 et b_2, vers un poste de traitement unique (T) : le bac B_1 y subit alors une opération 0_1 dont la fin est repérée par un contact c_1 et le bac B_2 y subit une opération 0_2 dont la fin est repérée par un contact c_2.

le cahier des charges impose que les opérations de traitement se déroulent de la façon suivante :

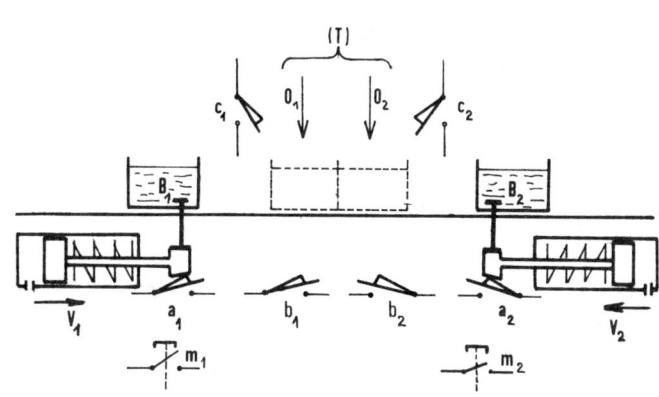

Fig. 28 : Poste de traitement

Sur impulsions de commandes respectives m_1 pour B_1, m_2 pour B_2, les deux bacs se déplacent vers le poste de traitement. Si les deux bacs se déplacent ensemble, c'est le premier arrivé au poste de traitement qui doit y être traité d'abord.

De plus, le deuxième bac ne doit y être traité qu'après que le premier bac y ait été traité et soit effectivement revenu à sa position de repos (a_1 ou a_2 selon le cas).

Pour représenter cet automatisme par un GRAFCET, on peut considérer deux séquences séparées, dont les transitions prendront en compte dans leurs réceptivités les interdictions du cahier des charges. Le GRAFCET représenté sur la fig. 29 correspond à une des solutions possibles :

Sur la séquence concernant le bac B_1, la réceptivité $b_1.\overline{X_5}.\overline{X_7}$ associée à la transition (2) traduit le fait que B_1 ne peut être traité que s'il a atteint la position b_1 et si le bac B_2 n'est ni en traitement (étape 5) ni en cours de retour vers sa position a_2 (étape 7).

Le maintien de l'action V_1 à l'étape 4 et son absence à l'étape 6 s'expliquent par le choix technologique de vérins à simple effet (revoir le chapitre 2, paragraphe 2.3).

Sur la séquence concernant le bac B_2, le raisonnement est identique, avec en plus le terme $\overline{b_1}$ dans la réceptivité associée à la transition (3). Ce terme $\overline{b_1}$ rend les transitions (2) et (3) incompatibles dans le cas (improbable mais possible) où les deux bacs B_1 et B_2

arrivent rigoureusement en même temps au poste de traitement : il donne une priorité au franchissement de la transition (2), c'est-à-dire au bac B_1, dans ce cas.

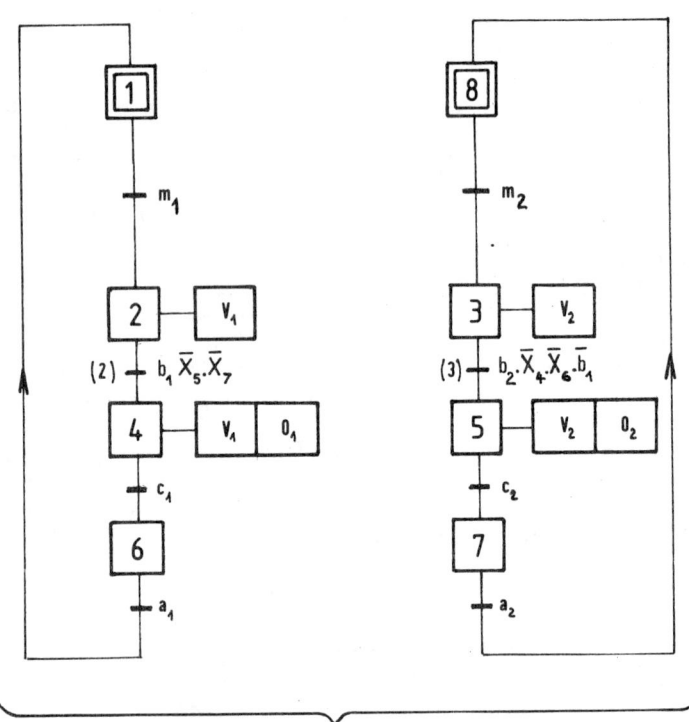

Fig. 29 : GRAFCET du poste de traitement

4.9. CONSIDERATIONS SUR LA PRATIQUE DU GRAFCET

Il est clair que, pour décrire un automatisme, on peut concevoir plusieurs GRAFCETS très différents les uns des autres, mais tels que chacun d'entre eux en donne une représentation parfaitement exacte. Il existe toutefois des cas où une structure de GRAFCET peut être plus avantageuse qu'une autre, en ce qui concerne notamment sa matérialisation ultérieure. Nous donnerons ci-dessous quelques exemples typiques de modification d'un GRAFCET.

4.9.1. SUPPRESSION D'UNE SEQUENCE

Considérons fig. 30-(1) le cas d'un GRAFCET comprenant deux séquences simultanées, dont l'une comporte un nombre quelconque d'étapes (auxquelles sont associées des actions B, C,...) et dont l'autre ne comporte qu'une seule étape (à laquelle est associée l'action A). On pourra supprimer entièrement cette deuxième séquence à la condition de répéter l'action A sur toutes les étapes de la première séquence : on obtiendra ainsi le GRAFCET équivalent de la fig. 30-(2).

En procédant ainsi, on obtient d'une part un nouveau GRAFCET purement "linéaire", et d'autre part, on a gagné globalement une étape (il y en a maintenant 3 au lieu de 4).

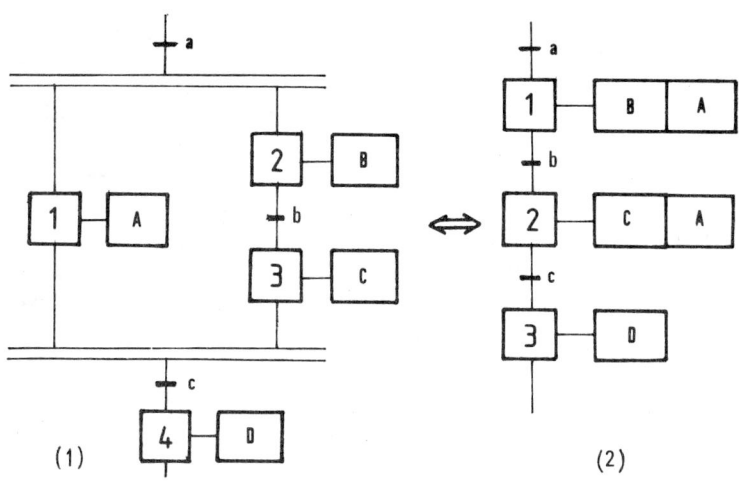

Fig. 30 : Suppression d'une séquence

4.9.2. REDUCTION DU NOMBRE D'ETAPES

Dans de nombreux exemples pratiques les actions associées à certaines étapes ont des conséquences sur les réceptivités ultérieures dans le GRAFCET. Dans ce cas, il est souvent possible, en tenant compte de ces couplages actions/réceptivités, de simplifier le GRAFCET en fusionnant plusieurs étapes, comme le montre l'exemple suivant :

Etudions le cycle carré de deux vérins (A) et (B) commandés par des distributeurs monostables A et B et munis de contacts de fin de course (a_0 ou b_0 : vérins rentrés, a_1 ou b_1 : vérins sortis).

Le cycle démarre après une action sur un bouton poussoir m. Les mouvements des vérins sont : sortie de (A), puis sortie de (B), puis rentrée de (A), puis rentrée de (B).

Le GRAFCET de la fig. 31-(1) représente une solution possible comportant cinq étapes. Mais on voit que le GRAFCET de la fig. 31-(2) est une deuxième solution possible qui ne comporte que trois étapes.

La fusion des étapes 1 et 2 du GRAFCET de la fig. 31-(1) a été possible parce que la réceptivité a_1 est liée à l'action A et que cette réceptivité reste égale à 1 pendant toute la durée de l'étape 2 du GRAFCET.

Un raisonnement analogue peut être fait pour la fusion des étapes 3 et 4.

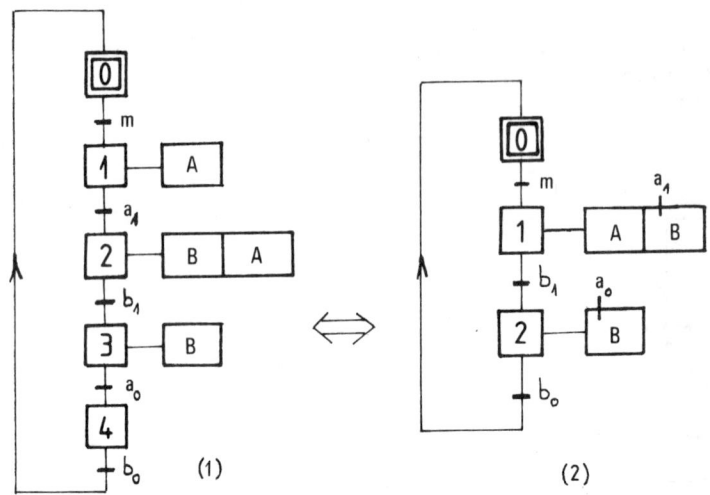

Fig. 31 : Réduction du nombre d'étapes

4.9.3. DECOMPOSITION D'UN GRAFCET

Considérons fig. 32-(1) un GRAFCET comprenant 2 séquences simultanées quelconques. On pourra décomposer ce GRAFCET en deux GRAFCETS séparés qui seront synchronisés au moyen de nouvelles réceptivités, dans lesquelles on fera intervenir les états actifs des étapes finales de chaque séquence. Ainsi, par exemple, le GRAFCET de la fig. 32-(1) est équivalent aux deux GRAFCETS de la fig. 32-(2) : sur le GRAFCET partiel de gauche, la réceptivité $d.X_{51}$ de la transition qui suit

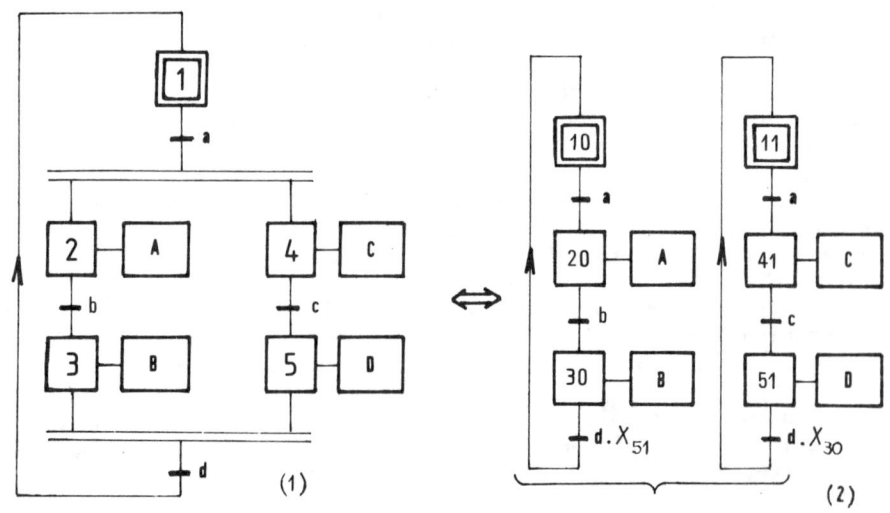

Fig. 32 : Décomposition d'un grafcet

l'étape 30 n'autorise son évolution que lorsque l'étape 51 du GRAFCET partiel de droite sera active (même raisonnement pour la réceptivité $d.X_{30}$ qui suit l'étape 51 du GRAFCET partiel de droite).

En procédant ainsi, on rajoute globalement une étape (il y en a 6 au lieu de 5) mais on obtient deux GRAFCETS purement "linéaires".

Nous terminerons ce chapitre sur le GRAFCET en résumant sur un même dessin les principales définitions que nous avons rencontrées (fig. 33 page suivante).

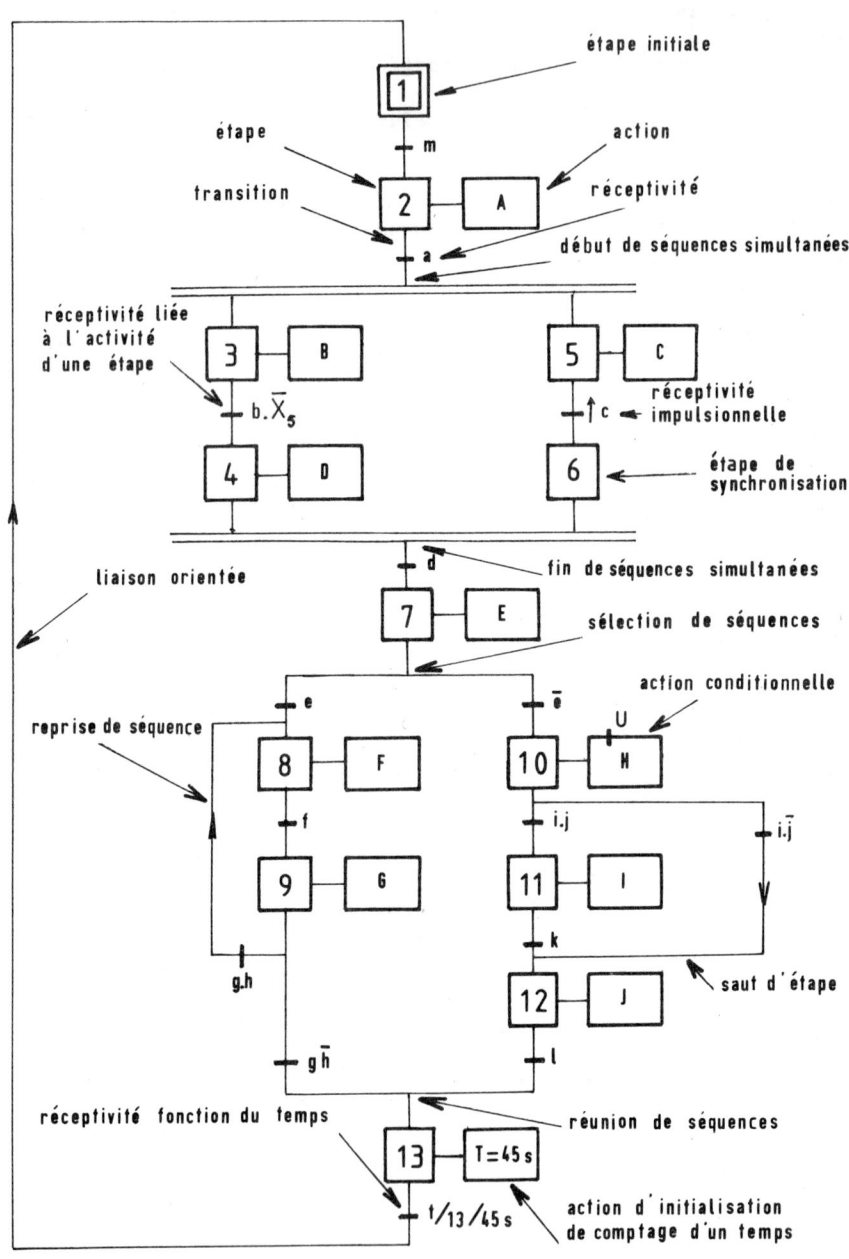

Fig. 33 : Principales définitions concernant le GRAFCET

EXERCICES SUR LE CHAPITRE 4

1. Percage avec débourrage

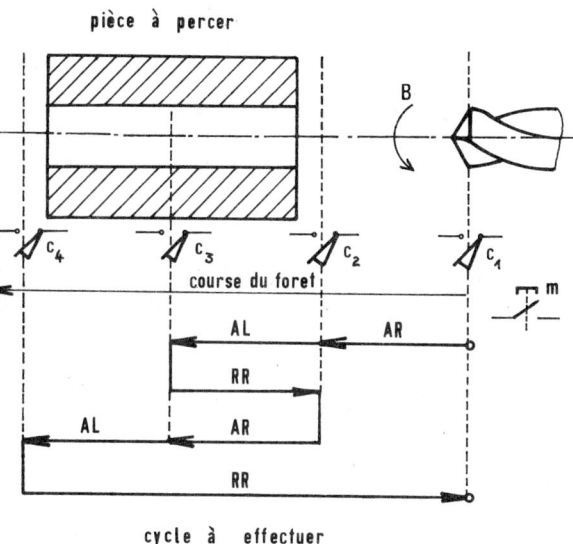

Pour percer un trou dans une pièce de grande profondeur, on envisage d'interrompre une fois le travail de perçage et de sortir le foret du trou pour évacuer les copeaux. On réintroduit ensuite le foret pour terminer le perçage.

La position du foret est repérée par 4 contacts de course : c_1, c_2, c_3, c_4.

La rotation de la broche est assurée par un moteur à un seul sens de rotation dont la marche est notée "B".

La translation de la broche est assurée par un moteur bi-vitesse à deux sens de rotation dont les modes de marche sont les suivants :

avance rapide (approche)	:	noté "AR"
avance lente (perçage)	:	noté "AL"
retour rapide (débourrage)	:	noté "RR"

Le cycle doit démarrer lorsque le foret est dans la position c_1, par action fugitive sur un bouton poussoir m, et s'arrêter lorsque le foret est revenu à sa position de départ.

Dessiner un GRAFCET représentant ce cycle.

2. Cycle de fabrication d'un mélange

On veut obtenir en un seul cycle de fabrication 30 litres d'un mélange constitué de 25 litres d'eau et de 5 litres de condensé soluble.

Le dosage du condensé se fait dans un bac dont le niveau haut est repéré par un contact a :

a = 1 $\longrightarrow$ 5 litres

Le dosage du mélange se fait dans un bac dont le niveau haut est repéré par un contact c (c = 1 $\longrightarrow$ 30 litres) et dont le niveau bas

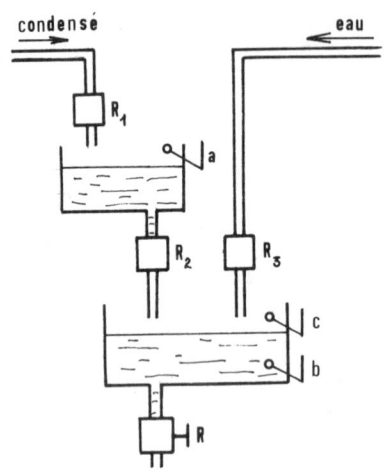

est repéré par un contact b
(b = 0 $\longrightarrow$ 0 litre).

Les robinets d'arrivée des li-
quides ont le même débit et sont à
commande électrique monostable
(notées respectivement R_1, R_2, R_3)

Le cycle doit démarrer lorsque,
après une (ou plusieurs) vidange
manuelle par le robinet R, le bac
du mélange est vide.

Dessiner un GRAFCET représentant un cycle de fabrication.

3. Cycle en L multi-modes

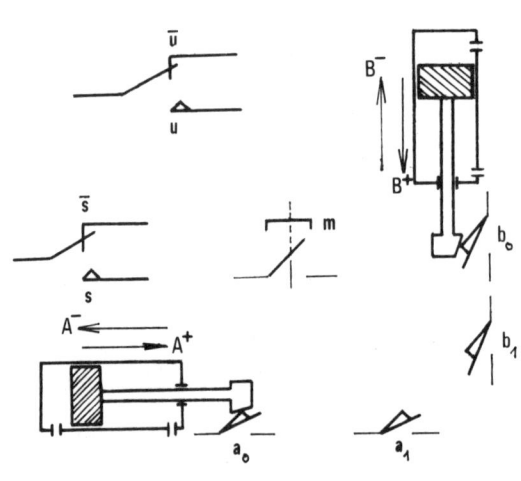

On veut faire effectuer à 2
vérins A et B à commande bistable (vérins à double effet) le
cycle suivant : A sort, puis B
sort, puis B rentre, puis A
rentre, etc... Les positions
des tiges des vérins sont repérées par des capteurs de fin de
course (a_0 et a_1 pour A, b_0 et
b_1 pour B) et on envisage de
fonctionner selon deux modes .

Un sélecteur s à positions
maintenues permet de sélectionner soit le mode "cycle par
cycle" (position s) soit le mode "cycles continus" (position
$\bar{s}$). Dans ces deux cas, le départ s'effectue par une impulsion manuelle sur un bouton-
poussoir m. On doit pouvoir
interrompre le fonctionnement en mode "cycles continus" après achève-
ment du cycle en cours et de plus, un interrupteur d'arrêt d'urgence u
(à positions maintenues) doit permettre d'arrêter le cycle dans la
phase où il se trouve quel que soit le mode de fonctionnement.

Représenter ce cahier des charges par un GRAFCET.

4. Feux de circulation

Deux voies de circulation d'importance inégale sont contrôlées par
des feux de croisement devant satisfaire le cahier des charges suivant :

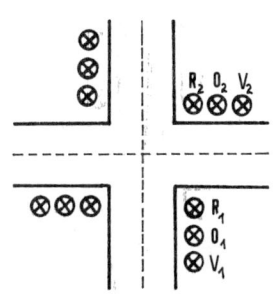

- Durée totale d'un cycle, pour les 2 voies : 32 sec.
- Durée de V_2 double de celle de V_1
- Durée de O_2 égale à celle de O_1 = 3 sec.
- Par sécurité, R_2 et R_1 doivent rester allumés ensemble pendant 1 sec. avant chaque passage à V_2 ou à V_1.

a) En prenant comme origine du cycle l'instant caractérisé par :

$\uparrow V_1 = 1$, $O_1 = 0$, $\downarrow R_1 = 0$, $V_2 = 0$, $O_2 = 0$, $R_2 = 1$,

déterminer les instants de passage à 1 ($\uparrow$) et les instants de passage à 0 ($\downarrow$) des 6 feux.

On dessinera le plus clairement possible, et en précisant l'échelle des temps, les diagrammes de V_1, O_1, R_1, V_2, O_2, R_2.

b) Dessiner un GRAFCET représentant le fonctionnement d'un cycle.

5.Couplage de séquences

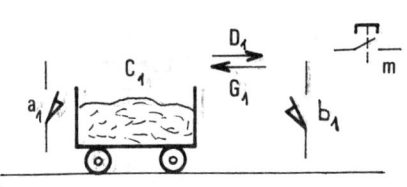

a) On considère deux chariots (C_1 et C_2) commandés indépendamment l'un de l'autre par deux moteurs à deux sens de marche (D_1, G_1, pour C_1 et D_2, G_2 pour C_2), pouvant se déplacer entre 2 positions fixes (a_1, b_1 pour C_1 et a_2, b_2 pour C_2).

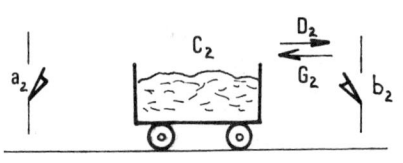

Lorsque les deux chariots sont au repos (position a_1 pour C_1, position a_2 pour C_2), ils doivent, par action sur un bouton poussoir (m), démarrer simultanément, effectuer chacun un aller et retour, et s'arrêter.

Dessiner le GRAFCET représentant ce fonctionnement.

b) On envisage maintenant les conditions supplémentaires suivantes :
Si C_2 est plus rapide que C_1, il doit, lorsqu'il atteint la position b_2, attendre l'arrivée de C_1 à la position b_1 pour commencer son trajet de retour.

Si C_2 est plus lent que C_1, il doit, s'il n'a pas déjà atteint la position b_2, revenir directement à la position a_2 dès que C_1 est revenu à la position a_1 après avoir effectué son aller et retour.

Dessiner le nouveau GRAFCET correspondant.

6. Remplissage d'un réservoir

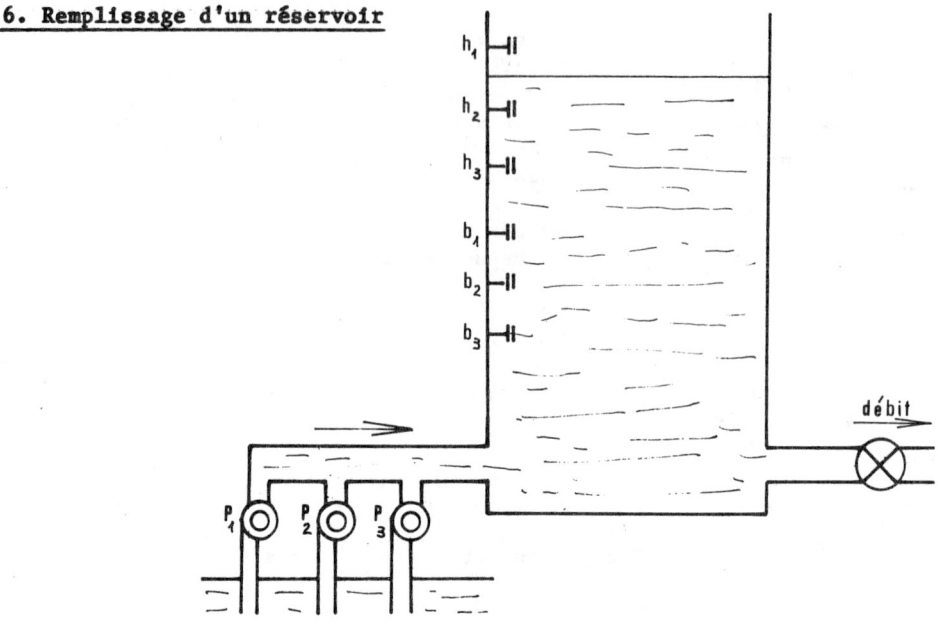

Le niveau d'eau d'un réservoir est contrôlé en permanence par 6 détecteurs : h_1, h_2, h_3 pour le niveau haut et b_1, b_2, b_3 pour le niveau bas. Chaque détecteur comporte 2 électrodes qui sont court-circuitées par l'eau lorsqu'elles sont noyées : c'est alors l'équivalent d'un contact fermé. On a donc, pour un détecteur découvert : h ou b = 0 et, pour un détecteur noyé : h ou b = 1.

Le remplissage du réservoir est assuré par 3 pompes, P_1, P_2, P_3 de la façon suivante :

> - Une première pompe P_1 est mise en marche lorsque le niveau est plus bas que b_1, et elle est arrêtée lorsque le niveau est plus haut que h_1.
>
> - Une deuxième pompe P_2 est mise en marche lorsque le niveau est plus bas que b_2, et elle est arrêtée lorsque le niveau est plus haut que h_2.
>
> - Une troisième pompe P_3 est mise en marche lorsque le niveau est plus bas que b_3, et elle est arrêtée lorsque le niveau est plus haut que h_3.

a) Représenter par un GRAFCET le fonctionnement de la commande de remplissage du réservoir.

b) On suppose maintenant que, pour équilibrer l'usure des pompes, celles-ci sont mises en marche à tour de rôle, en les permutant dans l'ordre P_1, P_2, P_3, P_1, ...

Dessiner le nouveau GRAFCET correspondant.

7. Centrale à béton

Une centrale à béton permet d'obtenir une quantité de béton de 1 à 5 m3 en un ou plusieurs cycles de fabrication de 1 m3. Le béton est obtenu en mélangeant 4 agrégats de grosseur différente, A_1 à A_4, du ciment choisi parmi 2 qualités différentes, C_1 ou C_2, et de l'eau.

L'alimentation en agrégats est effectuée par ouverture de trappes bistables A_1, A_2, A_3, A_4 (ouverture $A_n^+ = 1$, fermeture $A_n^- = 1$), l'alimentation en ciment par ouverture de trappes bistables C_1 ou C_2, et l'alimentation en eau par ouverture d'une vanne monostable VE (ouverture VE = 1, fermeture VE = 0).

Pour chaque cycle de fabrication, le fonctionnement est le suivant :

a) Dosage pondéral : les agrégats sont d'abord pesés successivement dans une même trémie peseuse, chaque qualité d'agrégat correspondant à un repère différent sur le cadran de la bascule (A_1 dosé jusqu'à ce que l'aiguille atteigne le repère a_1, A_2 dosé jusqu'à ce que l'aiguille atteigne le repère a_2, etc...). Lorsque l'aiguille atteint le repère a_4, on met en marche le tapis transporteur d'agrégats (monostable), TPA, et on ouvre la vanne (monostable) des agrégats, VA. Lorsque la trémie peseuse d'agrégats est vide (aiguille au repère a_0), on attend 3 secondes pour fermer la vanne VA et 10 secondes pour arrêter le tapis TPA : les agrégats sont alors dans le malaxeur.

b) Alimentation en ciment : la séquence "ciment" commence 5 secondes après l'ouverture de la vanne des agrégats VA, par l'ouverture de la trappe du ciment choisi (C_1 ou C_2) au-dessus de la trémie peseuse de ciment, jusqu'à ce que l'aiguille atteigne le repère correspondant (soit c_1, soit c_2). A ce moment, on ferme la trappe d'alimentation, on met en marche le tapis transporteur de ciment (monostable), TPC, et on ouvre la vanne (monostable) du ciment, VC. Lorsque l'aiguille arrive au repère c_0, on ferme VC puis on arrête TPC après une temporisation de 3 secondes : le ciment est alors dans le malaxeur.

c) Alimentation en eau et malaxage : le malaxeur, mû par un moteur MLX monostable, est mis en marche dès le début du cycle et ne s'arrête qu'en fin de cycle. Il reçoit d'abord les agrégats et le ciment puis, 10 secondes après l'arrivée du ciment, on ouvre la vanne d'eau (monostable) VE. L'ouverture de VE déclenche un compteur d'eau CE à présélection, qui délivre un signal s lorsque la quantité voulue d'eau s'est écoulée. Le malaxage doit durer 60 secondes après le début de l'arrivée d'eau. La vanne de vidange (monostable), VID, s'ouvre alors pendant 10 secondes, puis se ferme.

d) Conditions initiales : préalablement à la mise en marche, l'opérateur doit effectuer manuellement les opérations suivantes :

- Choisir la qualité de ciment voulue, sur un sélecteur à 2 positions $\left(q_1 \text{ ou } q_2 \right)$

- Disposer les repères de pesée sur les trémies aux positions souhaitées (a_1, a_2, a_3, a_4 pour les agrégats, c_1 ou c_2 pour le ciment).

- Prépositionner le compteur d'eau CE à la position voulue. Le lancement de la fabrication s'effectue en appuyant sur un bouton-poussoir m.

e) Fin de fabrication : à la fin de la séquence "ciment" de chaque cycle, le compteur de cycle C est décrémenté (diminué d'une unité). Si son contenu est différent de 0 (variable $c = 1$) en fin de cycle, un nouveau cycle débute ; si son contenu est égal à 0 (variable $c = 0$) en fin de cycle, la fabrication est terminée.

Etablir le GRAFCET de cette centrale à béton.

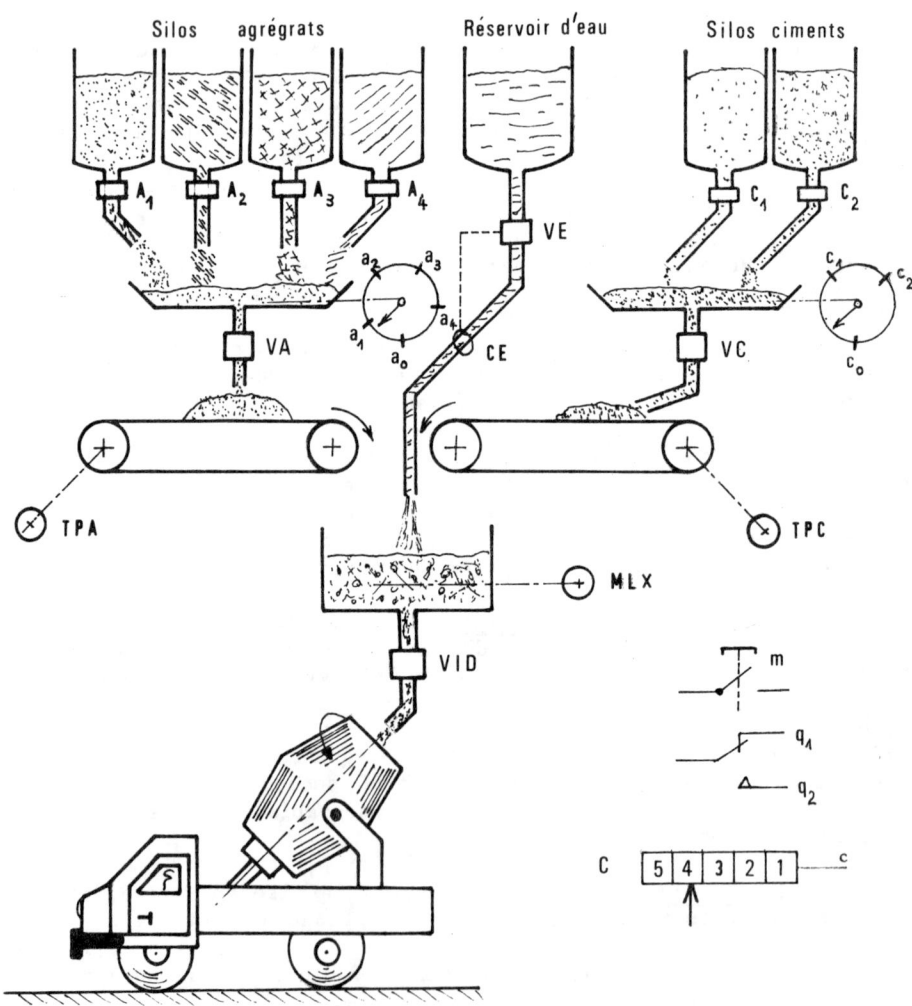

Centrale à béton

Chapitre 5

NUMÉRATION ET CODAGE

Pour compter des objets et les représenter par des nombres, on utilise des "systèmes de numération", en général "pondérés".

La définition d'un système pondéré repose sur les trois notions de "base" du système, de "digit" du système et de "poids" du digit selon son rang.

La "base" d'un système est un nombre entier quelconque, soit B.

Les "digits" d'un système sont des caractères tous différents représentant chacun un élément de la base ; il y en a donc B au total, soient : $\alpha, \beta, \gamma, \delta, \ldots$

L'écriture d'un nombre consiste à associer plusieurs digits dans un ordre déterminé, par exemple :

$$N = \beta \delta \gamma \alpha$$

Dans cette écriture, chaque digit intervient avec un "poids" différent selon son rang, compté en partant de la droite vers la gauche. Ce poids est de B^0 (c'est à dire 1) pour le 1er digit, de B^1 (c'est à dire B) pour le 2ème digit, de B^2 pour le 3ème digit, ..., de B^{n-1} pour le digit de rang n.

Ainsi, le nombre $\beta \delta \gamma \alpha$ exprimé dans le système de base B vaut :

$$N = \beta \cdot B^3 + \delta \cdot B^2 + \gamma \cdot B^1 + \alpha \cdot B^0$$

Prenons l'exemple du système "décimal" : dans ce système, la base B vaut 10 et il y a 10 digits : 0, 1, 2, 3, 4, 5, 6, 7, 8, 9, qui sont dans ce cas les chiffres décimaux habituels.

Le nombre 1984 exprimé en décimal signifie :

$$1984 = 1.10^3 + 9.10^2 + 8.10^1 + 4.10^0$$

Nous allons définir de la même façon trois autres systèmes de numération pondérés : le système "binaire", le système "octal" et le système "héxadécimal".

5.1.1. SYSTEME BINAIRE

Dans ce système, la base B vaut 2 et il y a 2 digits, 0 et 1, qu'on appelle dans ce cas des "bits" ("binary digit").

Par exemple, le nombre 1101 exprimé en binaire signifie :

$$1101 = 1.2^3 + 1.2^2 + 0.2^1 + 1.2^0$$
$$1101 = 1.8 \ + 1.4 \ + 0.2 \ + 1.1 \ = \ 13$$

On peut donc écrire, en précisant la base du système par un indice :

$$(1101)_2 = (13)_{10}$$

5.1.2. SYSTEME OCTAL

Dans ce système, la base B vaut 8 et il y a 8 digits : 0, 1, 2, 3, 4, 5, 6, 7. Les chiffres 8 et 9 n'existent pas dans ce système.

Par exemple, le nombre 547 exprimé en octal signifie :

$$547 = 5.8^2 + 4.8^1 + 7.8^0$$
$$547 = 5.64 + 4.8 \ + 7.1 = 320+32+7 = 359$$

On a donc : $(547)_8 = (359)_{10}$

5.1.3. SYSTEME HEXADECIMAL

Dans ce système, la base B vaut 16 et il y a 16 digits : 0, 1, 2, 3, 4, 5, 6, 7, 8, 9, A, B, C, D, E, F.

Les digits de 0 à 9 sont les chiffres du système décimal et les digits de 10 à 15 sont les six premières lettres majuscules de l'alphabet.

Par exemple, le nombre EDF exprimé en hexadécimal signifie :

$$EDF = E.16^2 + D.16^1 + F.16^0$$
$$EDF = 14.256 + 13.16 + 15.1$$
$$EDF = 3584 + 208 + 15 = 3807$$

On a donc : $(EDF)_{16} = (3807)_{10}$

Le tableau de la fig. 1 donne la correspondance entre les 4 systèmes décimal, binaire, octal et hexadécimal pour les premiers nombres entiers, ainsi que pour quelques valeurs remarquables.

Décimal	Binaire	Octal	Héxadécimal
0	0	0	0
1	1	1	1
2	10	2	2
3	11	3	3
4	100	4	4
5	101	5	5
6	110	6	6
7	111	7	7
8	1000	10	8
9	1001	11	9
10	1010	12	A
11	1011	13	B
12	1100	14	C
13	1101	15	D
14	1110	16	E
15	1111	17	F
16	10000	20	10
17	10001	21	11
-			
31	11111	37	1F
32	100000	40	20
-			
63	111111	77	3F
64	1000000	100	40
-			
127	1111111	177	7F
128	10000000	200	80
-			
255	11111111	377	FF
256	100000000	400	100
-			
512	1000000000	1000	200
-			
1024	10000000000	2000	400

Fig. 1 : **Systèmes de numération**

5.2 CHANGEMENT DE BASE

Il peut être utile de changer de système de numération pour interpréter un résultat. Nous allons définir quelques règles pratiques de
conversion de l'expression d'un nombre dans l'un ou l'autre des 4 systèmes décimal, binaire, octal et hexadécimal.

5.2.1. CONVERSION OCTAL → BINAIRE, OU BINAIRE → OCTAL

On peut remarquer que la base du système octal, 8, est égale à la
puissance 3ème de la base du système binaire, 2 :

$$8 = 2^3$$

On peut donc faire correspondre à chaque "digit" d'un nombre exprimé en octal un ensemble de 3 bits pondérés du même nombre exprimé
en binaire. Par exemple :

$$(427)_8 = (100)(010)(111) = (100010111)_2$$

La conversion inverse, binaire ⟶ octal, se fait de la même
façon, en décomposant le nombre binaire par ensembles de 3 bits à partir de la droite. Par exemple :

$$(11010110)_2 = (011)\ (010)\ (110) = (326)_8$$

5.2.2. CONVERSION HEXADECIMAL → BINAIRE, OU BINAIRE → HEXADECIMAL

Cette conversion relève du même principe : la base du système
hexadécimal, 16, étant égale à la puissance 4ème de la base du système
binaire, on fera correspondre à chaque digit d'un nombre hexadécimal
4 "bits" du nombre binaire correspondant. Par exemple :

$$(6B3)_{16} = (0110)\ (1011)\ (0011) = (11010110011)_2$$

La conversion inverse, binaire ⟶ hexadécimal, se fait en décomposant le nombre binaire par ensembles de 4 bits à partir de la
droite. Par exemple :

$$(1101011101101)_2 = (0001)\ (1010)\ (1110)\ (1101) = (1AED)_{16}$$

L'expression hexadécimale d'un nombre binaire est très utilisée
pour interpréter des résultats fournis par un "microprocesseur".

5.2.3. CONVERSION DECIMAL → BINAIRE, OU DECIMAL → OCTAL, OU DECIMAL → HEXADECIMAL

La conversion de l'expression décimale d'un nombre en son expression binaire, octale ou hexadécimale repose sur la recherche des multiples des puissances successives de la base (2, 8 ou 16 selon le cas)

que contient ce nombre. La méthode pratique consiste à effectuer des divisions successives : du nombre par la base, puis du quotient obtenu par la base, puis du nouveau quotient par la base,... jusqu'à ce que le quotient devienne nul. L'expression cherchée est constituée par l'ensemble des restes successifs des divisions, lu à l'envers.

La fig. 2 montre la disposition pratique de ces divisions successives, pour exprimer par exemple le nombre décimal 427 en binaire.

On obtient, en lisant les restes à partir du bas :

$$(427)_{10} = (110101011)_2$$

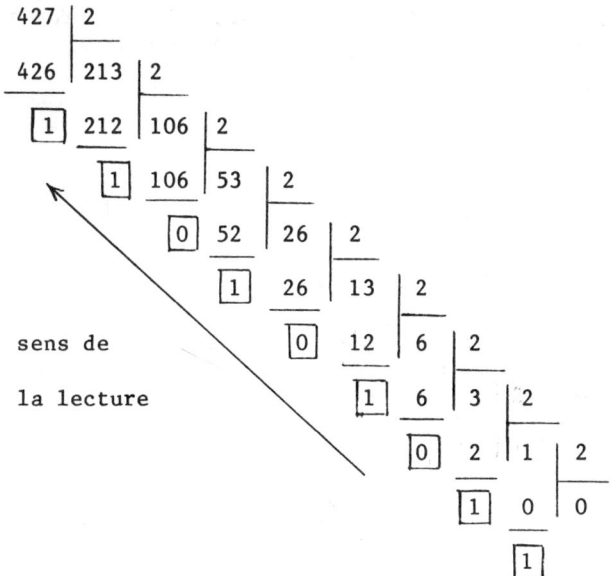

sens de

la lecture

Fig. 2 : Conversion décimal ⟶ binaire par divisions successives

La même méthode serait applicable pour les conversions décimal ⟶ octal et décimal ⟶ hexadécimal, mais est, en fait, très rarement utile, l'intérêt de l'octal et de l'hexadécimal résidant dans la simplicité de conversion binaire ⟶ octal ou binaire ⟶ hexadécimal présentée aux paragraphes précédents.

5.3. CODAGE

Tout traitement automatique d'une "information" implique en premier lieu que celle-ci soit "codée", c'est-à-dire représentée au moyen des supports d'information élémentaire que sont les "bits" à 2 états distincts, 0 et 1.

De façon générale, toute information en clair est constituée de trois types de caractères :

- des textes, ensembles de mots eux-mêmes constitués de "lettres",

- des nombres représentés par des "chiffres",

- et des "symboles" qui peuvent être de nature très diverse (signes de ponctuation, opérateurs arithmétiques, opérateurs logiques, commandes auxiliaires, etc...)

On distingue deux catégories de codes : les "codes numériques", qui permettent seulement le codage des nombres, et les "codes alphanumériques" qui permettent le codage d'une information quelconque (ensembles de lettres, de chiffres et de symboles).

Nous allons définir ci-dessous les codes les plus courants de chaque catégorie.

5.3.1. CODES NUMERIQUES

a) Code binaire naturel

Le code binaire naturel est le code dans lequel on exprime un nombre selon le système de numération binaire : c'est le code le plus simple, il est pondéré et il se prête parfaitement bien au traitement des opérations arithmétiques.

Toutefois, son interprétation directe n'est pas aisée et on peut considérer qu'il présente certains inconvénients :

Un premier inconvénient du code binaire naturel est qu'il nécessite une grande quantité de "bits" pour exprimer un nombre, dès que celui-ci est assez élevé. En effet, les poids successifs des "bits" à partir de la droite, sont :

1, 2, 4, 8, 16, 32, ...,

c'est-à-dire très faibles par rapport à ceux du système décimal par exemple :

1, 10, 100, 1000, 10000, 100000, ...

Ainsi un "mot binaire" de 4 bits ne pourra représenter qu'un nombre compris entre 0 et 15 : c'est ce qu'on appelle un "quartet".

Un mot binaire de 8 bits ne pourra représenter qu'un nombre compris entre 0 et 255 : c'est ce qu'on appelle un "octet".

Il faudra un mot de 10 bits pour exprimer un nombre compris entre 0 et 1023 (un peu plus de 1 000, c'est ce qu'on appelle un "kilo" en unité de capacité de traitement numérique).

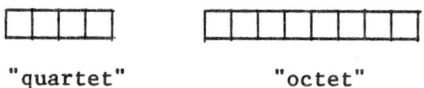

"quartet"   "octet"

Un autre inconvénient du code binaire naturel est qu'il peut introduire des erreurs lors du codage de grandeurs variant de façon ordonnée. Entre deux codes successifs, plusieurs bits pourront alors être amenés à changer simultanément :

Par exemple, entre le code 01 représentant le chiffre 1 et le code 10 représentant le chiffre suivant 2, le 1er et le 2ème bit devront changer simultanément ; physiquement, ceci est impossible ; il y a deux transitions intermédiaires possibles :

ou le 1er bit change d'abord : 01 $\longrightarrow$ (11) $\longrightarrow$ 10

ou le 2ème bit change d'abord : 01 $\longrightarrow$ (00) $\longrightarrow$ 10

On voit que, quelque soit la transition effective, il interviendra pendant un court instant un code parasite (11 ou 00) qui risque d'introduire une erreur.

b) Code binaire réfléchi

Pour pallier l'inconvénient précédent, on a conçu des codes tels qu'entre deux codages successifs, un seul bit change de valeur. Le code de ce type le plus utilisé est le code "binaire réfléchi", ou code GRAY. Il est construit de proche en proche, de telle sorte que chaque fois que l'on ajoute au code un bit sur sa gauche, on recopie au dessous des combinaisons existantes les mêmes combinaisons, mais en les écrivant dans l'ordre opposé.

Le tableau de la fig. 4 donne la correspondance entre le code binaire naturel et le code binaire réfléchi pour un "quartet".

Ce code n'est pas pondéré, il est surtout utilisé pour le codage d'informations fournies par des capteurs de position.

On peut noter qu'il est également utilisé pour ranger les combinaisons des valeurs binaires des variables dans un tableau de KARNAUGH, de façon à mettre en évidence les adjacences (voir paragraphe 1.6).

Décimal	Binaire naturel	Binaire réfléchi
0	0 0 0 0	0 0 0 0
1	0 0 0 1	0 0 0 1
2	0 0 1 0	0 0 1 1
3	0 0 1 1	0 0 1 0
4	0 1 0 0	0 1 1 0
5	0 1 0 1	0 1 1 1
6	0 1 1 0	0 1 0 1
7	0 1 1 1	0 1 0 0
8	1 0 0 0	1 1 0 0
9	1 0 0 1	1 1 0 1
10	1 0 1 0	1 1 1 1
11	1 0 1 1	1 1 1 0
12	1 1 0 0	1 0 1 0
13	1 1 0 1	1 0 1 1
14	1 1 1 0	1 0 0 1
15	1 1 1 1	1 0 0 0

Fig. 4 : Code binaire réfléchi

c) Codes décimaux

Les codes "décimaux" sont des codes dans lesquels on code séparément chaque chiffre du nombre. Comme il existe 10 chiffres, et que 10 est compris entre 2^3 et 2^4, il faudra au moins 4 bits pour les coder. 4 bits donnant la possibilité de 16 combinaisons pour 10 utiles, différents codes seront possibles selon les combinaisons utiles retenues :

Code "D.C.B" (décimal codé binaire) :

Dans le code D.C.B, on code chaque chiffre selon son équivalent binaire :

$0 \rightarrow 0000$, $1 \rightarrow 0001$, ..., $9 \rightarrow 1001$

Les 6 combinaisons de 1010 à 1111 ne sont pas utilisées.

La représentation d'un nombre se fait donc avec autant de groupes de 4 bits que ce nombre a de chiffres. Par exemple :

$$(9708)_{10} = (1001\ 0111\ 0000\ 1000)_{DCB}$$

On peut remarquer que ce code est pondéré, les poids des bits successifs en partant de la droite étant respectivement :

1, 2, 4, 8, 10, 20, 40, 80, 100, 200, 400, 800,.....

Code "excédent 3" :

Dans le code "excédent 3", on code chaque chiffre selon son équivalent binaire augmenté de trois :

$0 \rightarrow 0011, \quad 1 \rightarrow 0100, \quad 2 \rightarrow 0101 ,..., \quad 9 \rightarrow 1100$

On obtient ainsi, par exemple :

$$(9708)_{10} = (1100\ 1010\ 0011\ 1011)_{exc.3}$$

Ce code n'est pas pondéré, mais il présente l'avantage d'être "autocomplémentaire" (la complémentation des 4 bits d'un chiffre donne son complément à 9).

Code avec bit de parité :

Pour se prémunir contre des erreurs éventuelles de codage, on a conçu des codes "vérificateurs", dont le plus utilisé est le code "avec bit de parité". Dans ce code, on ajoute un 5ème bit au code de chaque chiffre et on fait en sorte que le nombre total de bits égaux à "1" soit toujours pair, quelque soit le chiffre codé :

Si le nombre initial de bits égaux à "1" est pair, on met le bit de parité à "0".

Si le nombre initial de bits égaux à "1" est impair, on met le bit de parité à "1".

La vérification est alors très simple : un circuit détecteur de parité doit toujours rester à "1".

5.3.2. CODES ALPHANUMERIQUES

Les codes "alphanumériques" sont des codes destinés à la transmission d'informations quelconques ; ils ont donc à représenter au moins 36 caractères (10 chiffres plus 26 lettres). Comme 36 est compris entre 2^5 et 2^6, ils devront comporter au moins 6 "bits". En fait, ils sont souvent à 8 "bits", d'une part pour avoir une certaine souplesse d'utilisation (codes de commande réservés), d'autre part pour permettre la détection des erreurs (avec un "bit de parité").

Nous en décrirons deux, parmi les plus utilisés :

a) Code A.S.C.I.I. (American Standard Code for Information Interchange)

Ce code comporte 7 "bits" d'informations et 1 "bit" de parité. Il est utilisé en particulier pour l'échange d'informations entre une Unité centrale et des périphériques en Informatique.

Son tableau de correspondance est donné sur la fig. 5.

Parité

	00	01	10	11
00000		espace	à	
00001		!	A	a
00010		"	B	b
00011		£	C	c
00100		$	D	d
00101		%	E	e
00110		&	F	f
00111		'	G	g
01000		(	H	h
01001	codes	)	I	i
01010		*	J	j
01011		+	K	k
01100		,	L	l
01101		–	M	m
01110		.	N	n
01111		/	O	o
10000		0	P	p
10001		1	Q	q
10010		2	R	r
10011		3	S	s
10100		4	T	t
10101	réservés	5	U	u
10110		6	V	v
10111		7	W	w
11000		8	X	x
11001		9	Y	y
11010		:	Z	z
11011		;	°	é
11100		<	ç	ù
11101		=		è
11110		>	∧	~
11111		?	—	effacement

Fig. 5 : Code A.S.C.I.I.

b) Code E.I.A

Ce code comporte également 7 "bits" d'information et 1 "bit" de parité. Il est plus particulièrement utilisé dans la commande numérique des machines-outils.

Son tableau de correspondance est donné sur la fig 6 (les codes non indiqués peuvent être utilisés pour des fonctions auxiliaires).

Parité	00	01	10	11
- - 0 - 0000	av. bande	–	ret. char.	
- - 0 - 0001	1	J		
- - 0 - 0010	2	K		
- - 0 - 0011	3	L		
- - 0 - 0100	4	M		
- - 0 - 0101	5	N		
- - 0 - 0110	6	O		
- - 0 - 0111	7	P		
- - 0 - 1000	8	Q		
- - 0 - 1001	9	R		
- - 0 - 1010		&		
- - 0 - 1011		%		
- - 0 - 1100				
- - 0 - 1101				
- - 0 - 1110				
- - 0 - 1111				
- - 1 - 0000	0	+		
- - 1 - 0001	/	A		
- - 1 - 0010	S	B		
- - 1 - 0011	T	C		
- - 1 - 0100	U	D		
- - 1 - 0101	V	E		
- - 1 - 0110	W	F		
- - 1 - 0111	X	G		
- - 1 - 1000	Y	H		
- - 1 - 1001	Z	I		
- - 1 - 1010	arrière	minusc.		
- - 1 - 1011	,	.		
- - 1 - 1100		Majusc.		
- - 1 - 1101				
- - 1 - 1110	TAB.			
- - 1 - 1111				effacement

Fig. 6 : Code E.I.A

EXERCICES SUR LE CHAPITRE 5

1. Exprimer en "binaire" :   a) le nombre décimal $(965)_{10}$
                                  b) le nombre octal $(607)_8$
                                  c) le nombre hexadécimal $(A8B)_{16}$

2. Exprimer en "octal" :   a) le nombre binaire $(10111010)_2$
                                 b) le nombre décimal $(1157)_{10}$
                                 c) le nombre hexadécimal $(F1F)_{16}$

3. Exprimer en "hexadécimal" : a) le nombre binaire $(10110110011101)_2$
                                    b) le nombre octal $(7106)_8$
                                    c) le nombre décimal $(3589)_{10}$

4. Coder les nombres décimaux $(92)_{10}$ et $(7904)_{10}$:

                                  a) en code binaire naturel
                                  b) en code D.C.B.
                                  c) en code "excédent 3"

5. Décoder en décimal le nombre exprimé par l'octet suivant :

| 1 | 0 | 0 | 1 | 0 | 1 | 1 | 1 | a) si cet octet est codé en binaire naturel
                                     b) s'il est codé en D.C.B.
                                     c) s'il est codé en "excédent 3".

6. Coder les 3 nombres décimaux $(31)_{10}$, $(32)_{10}$, $(33)_{10}$ en code binaire réfléchi.

Vérifier qu'un seul bit du codage change lorsque l'on passe de l'un à l'autre dans cet ordre.

7. Codage des nombres relatifs en binaire naturel (complémentation à 2)

Pour coder en binaire naturel un nombre N qui peut être positif ou négatif, on affecte au "bit" de poids le plus élevé (à gauche) la signification suivante : si ce "bit" est un "0", le nombre N est positif et sa valeur correspond au codage des autres bits normalement affectés du signe + ; si ce "bit" est un "1", le nombre N est négatif et sa valeur correspond au codage des autres bits normalement affectés du signe + mais au codage de ce bit affecté du signe −.

a) Quelles sont les plus grandes valeurs des nombres relatifs que l'on peut coder ainsi sur un "octet signé" (8 bits)?

b) Quels sont les nombres relatifs codés par les "octets signés" suivants ?

0	1	1	0	1	1	0	1

et

1	0	1	0	1	0	1	1

c) Coder sur un octet signé les nombres $(+105)_{10}$, $(-14)_{10}$ et $(-87)_{10}$

8. Codes alphanumériques

Ecrire son nom (en majuscules) et son prénom (en minuscules) :

> a) en code A.S.C.I.I
> b) en code E.I.A

On représentera les perforations à effectuer sur un ruban à 8 pistes, en incluant le bit de parité (une perforation correspond à un "1").

9. Addition en hexadécimal

Effectuer en héxadécimal l'addition des deux nombres hexadécimaux $(439B)_{16}$ et $(7AEC)_{16}$.

10. Multiplication en octal

Effectuer en octal la multiplication des deux nombres octaux $(65)_8$ et $(72)_8$.

Chapitre 6

CIRCUITS COMBINATOIRES FONDAMENTAUX

Un circuit combinatoire est un circuit dont la sortie S peut s'exprimer en fonction des seules variables d'entrée e_1, ..., e_n, indépendamment du temps ou de variables internes :

$$S = f (e_1, e_2, ..., e_n).$$

La fonction f s'exprime à l'aide des opérations fondamentales ET, OU, COMPLEMENTATION et peut donc être matérialisée à l'aide de portes logiques comme nous l'avons vu au chapitre 2. Cependant, certaines fonctions sont très souvent utilisées et, de ce fait, des boitiers de circuits intégrés spécialisés ont été conçus pour les matérialiser. L'utilisation de tels boitiers présente de nombreux avantages parmi lesquels on peut citer :

- simplification des études et des réalisations,
- diminution des prix de revient et de maintenance,
- diminution des cablages entre boitiers et augmentation de la fiabilité (en effet, une cause fréquente de panne d'un système électronique est la détérioration de contacts électriques entre boitiers).

Dans ce chapitre, nous allons présenter les circuits combinatoires les plus utilisés, et pour chacun d'eux, nous donnerons un schéma à portes logiques et un exemple de boitier. Tous ces boitiers nécessitent, comme tout circuit logique électronique, une alimentation continue (qui est généralement de 5 V pour beaucoup de circuits actuels) et une masse. Par ailleurs, ces boitiers sont munis d'une entrée de sélection, en général notée CS ("Chip Select"). Cette entrée auxiliaire CS permet à un organe de contrôle relié à plusieurs boitiers de choisir celui avec lequel il veut dialoguer.

Pour faciliter les réalisations, les dimensions et le nombre de broches des boitiers ont été normalisés : ceux-ci comportent 14, 16, 20, 24 ou 40 broches (réparties de façon symétrique sur les deux grands côtés) et l'écart entre deux broches adjacentes est de 2,54 mm.

Lorsque l'on compte le nombre de broches utiles d'un boitier, il ne faut pas oublier de rajouter aux broches "logiques" (correspondant aux entrées et aux sorties), les trois broches d'alimentation, de masse et de sélection de boitier.

6.1 DECODEUR

Un décodeur est un circuit comportant n entrées principales et 2^n sorties. A chaque combinaison des variables logiques appliquées aux entrées principales correspond une sortie. Etudions par exemple le décodage d'une information codée sur 4 bits. Nous supposerons que cette information représente un nombre N codé en binaire naturel avec quatre bits dcba.

Ce nombre N peut prendre 16 valeurs différentes entre 0 et 15. On veut obtenir un circuit ayant pour entrées les quatre bits dcba et ayant 16 sorties S_0, ..., S_{15}, telles que si la combinaison des bits dcba correspond au nombre N, la sortie S_N est égale à 1 et les 15 autres sorties sont égales à 0.

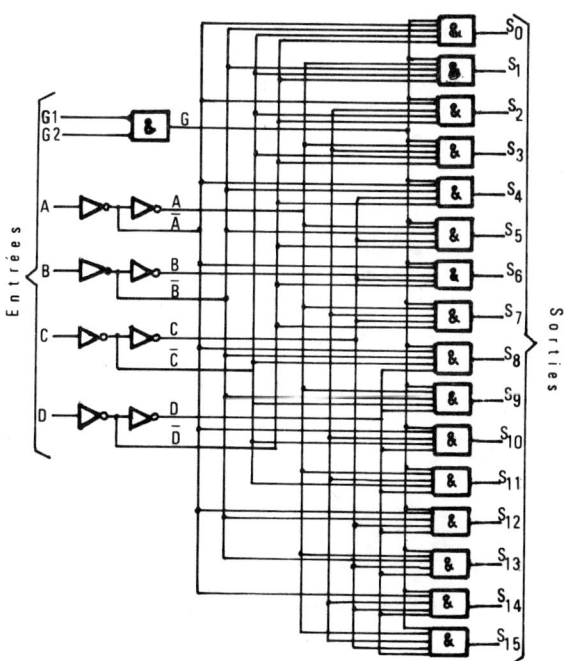

Fig. 1 : Schéma d'un décodeur

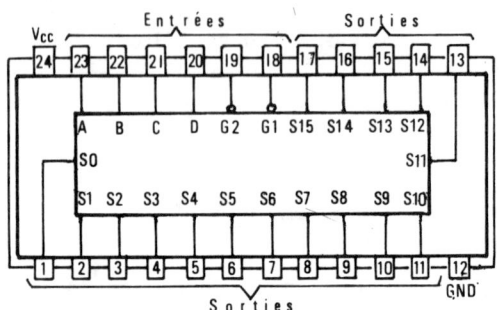

Fig. 2 : **Boitier associé au décodeur de la fig. 1**

Par exemple si dcba = 0101, N = 5, donc seule la sortie S_5 est à 1 et les autres sont à zéro. Pour réaliser S_5, on voit qu'il suffit de matérialiser la fonction S_5 = dcba. Pour réaliser les autres sorties, on procède de façon analogue, et il est facile d'en déduire le schéma complet du décodeur représenté fig.1. Le boitier contenant ce circuit devra posséder au minimum 16 + 4 broches logiques auxquelles il faut ajouter les trois broches complémentaires, soit un total de 23 broches. On prendra donc un boitier à 24 broches. Un exemple de boitier (pour lequel la 24ème broche a été utilisée en dédoublement de la broche de sélection : ces broches sont notées ici G_1 et G_2) est donné fig.2. Les chiffres et les lettres identifiant les entrées et sorties sur le boitier de la fig. 2 correspondent aux notations de la fig. 1.

Le circuit de la figure 1 représente le schéma général d'un décodeur à 4 entrées. En effet, on a considéré que les 4 bits dcba correspondaient à un nombre N codé en binaire naturel, mais on aurait pu considérer qu'ils correspondaient à un chiffre hexadécimal, ou à tout autre ensemble d'informations codées avec 4 bits : le schéma du décodeur serait inchangé (Voir à ce sujet l'exercice sur le décodage d'un nombre codé en complément à 2.)

Dans certains cas, le schéma de la figure 1 peut être simplifié. Ceci se produit en particulier lorsque toutes les combinaisons possibles des bits dcba ne sont pas utilisées (Voir à ce sujet l'exercice sur le décodage d'un digit d'un code DCB.)

Le schéma de la figure 1 montre qu'un décodeur est essentiellement constitué par un ensemble de portes ET. Ces portes peuvent être matérialisées très simplement à l'aide d'une matrice à diodes selon un schéma semblable à celui réalisant les fonctions f_1, f_2, f_3, f_4 sur la fig 30 du chapitre 2.

6.2 MULTIPLEXEUR

Un multiplexeur logique est un circuit permettant d'obtenir sur sa sortie (unique) la valeur logique présente sur l'une de ses entrées principales qui sera sélectionnée au moyen d'entrées auxiliaires appelées entrées d'adresse.

Etudions plus précisément la fonction de multiplexage à partir du cas particulier d'un multiplexeur à 4 voies représenté sur la figure 3. Ce circuit comporte quatre entrées principales ou voies e_0, e_1, e_2, e_3, deux entrées d'adresse b et a, et une sortie S. Le fonctionnement souhaité est le suivant : soit N le nombre décimal codé en binaire par les bits b et a. On veut que la sortie S soit égale à l'entrée e_N quand on affiche la valeur N sur les bits b et a. Par exemple : si ba = 10 et e_2 = 0, alors S = 0, ou si ba = 11 et e_3 = 1, alors S = 1.

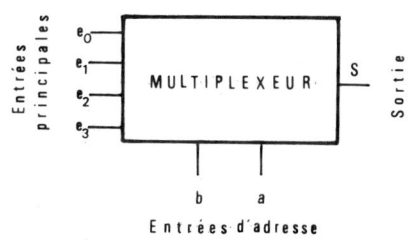

Fig.3 : Multiplexeur à quatre voies

Il est facile de voir que la fonction S peut s'écrire :

$$S = \bar{b}\,\bar{a}\,e_0 + \bar{b}\,a\,e_1 + b\,\bar{a}\,e_2 + b\,a\,e_3.$$

Sa matérialisation à l'aide de portes logiques s'obtient sans difficulté (somme logique de produits logiques). Les boîtiers commercialisés par les constructeurs de circuits intégrés contiennent le plus souvent :
- soit deux multiplexeurs 4 voies - 2 entrées d'adresse,
- soit un multiplexeur 8 voies - 3 entrées d'adresse,
- soit un multiplexeur 16 voies - 4 entrées d'adresse.

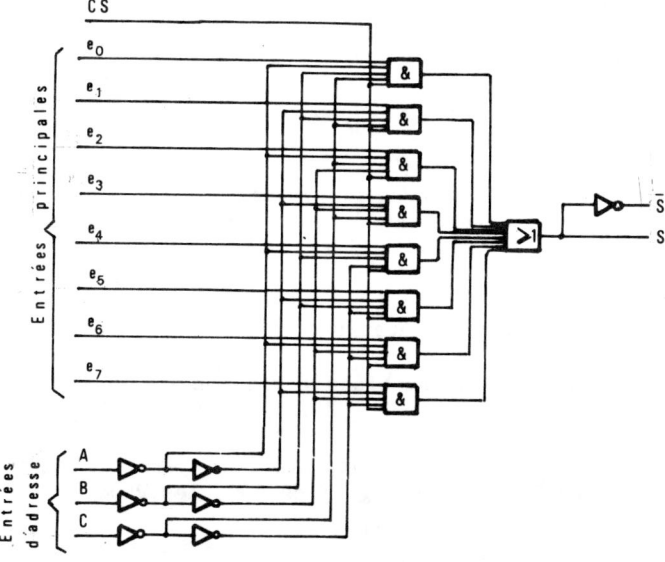

Fig. 4 : Multiplexeur 8 voies - 3 entrées d'adresse

A titre d'illustration nous donnons, figure 4, le schéma d'un multiplexeur 8 voies - 3 entrées d'adresse et, figure 5, le boitier correspondant. On voit sur la figure 4 qu'on a profité de la 16ème broche
disponible sur le boitier pour fournir à l'utilisateur S et $\bar{S}$.

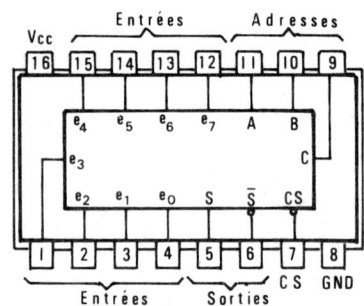

Fig.5 : Boitier associé au multiplexeur de la fig. 4

6.3 MEMOIRES MORTES A SEMI-CONDUCTEURS

Dans tout système automatisé, il est nécessaire de stocker des
informations. Par exemple, dans un calculateur, il faut stocker le
programme à effectuer, mais aussi les résultats de calculs intermédiaires ; dans un automatisme décrit par un grafcet, il faut stocker
la structure du grafcet, mais aussi les étapes actives à un instant
donné du cycle.

On voit qu'il intervient en général deux types d'information différentes à mémoriser :

- des informations fournies au système lors de sa conception et de
  sa mise au point (programmes, structures de grafcet, ...) et qui
  ne changeront pas pendant l'utilisation du système ;

- des informations évolutives pendant l'utilisation du système
  (résultats de calculs, étapes actives, ...).

A ces deux types d'informations correspondent deux types de mémoires :

- Les mémoires "mortes", encore appelées mémoires à lecture seule,
  parmi lesquelles on distingue les ROM, les PROM, les EPROM et les
  EEPROM ;

- les mémoires "vives", encore appelées mémoires à lecture-
  écriture, ou RAM.

Nous étudierons dans ce paragraphe les mémoires mortes, qui sont des circuits combinatoires. L'étude des mémoires vives, qui sont des circuits séquentiels, sera faite au chapitre 7.

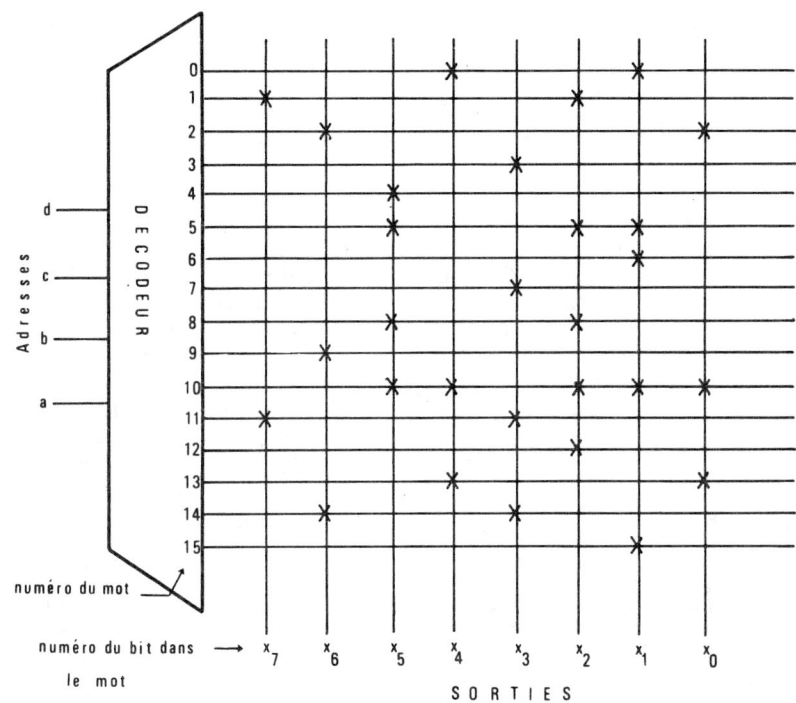

Fig. 6 : Schéma de principe d'une mémoire morte

La figure 6 donne le schéma de principe d'une mémoire morte de 16 mots de 8 bits. On voit sur ce schéma que cette mémoire possède quatre entrées d'adresse dcba permettant de sélectionner grâce au décodeur un mot de la mémoire. Ce mot est alors celui qui apparaîtra en sortie de la mémoire.

Sur la figure 6, les croix placées aux intersections des lignes et des colonnes symbolisent les 1 inscrits dans la mémoire. Par exemple si dcba = 0101, on sélectionne le mot 5 et on pourra donc lire en sortie de la mémoire :

$$x_7 \, x_6 \, x_5 \, x_4 \, x_3 \, x_2 \, x_1 \, x_0 = 00100110$$

La matérialisation d'un tel circuit peut se faire très simplement avec un réseau à diodes analogue à celui de la fig. 30 du chapitre 2. Les croix placées aux intersections de lignes et colonnes sont alors matérialisées par les diodes du réseau OU réalisant les fonctions F_i sur la figure 30. En effet, en étudiant les sorties de la mémoire bit à bit, il est facile de voir que ces sorties doivent être réalisées à l'aide d'un OU : par exemple, le bit x_6 doit être égal à 1 si le mot 2 ou le mot 9 ou le mot 14 est sélectionné dans la mémoire.

Lorsque l'on a voulu construire des mémoires mortes intégrées, on s'est très vite heurté au problème de leur programmation. En effet, programmer une mémoire morte, c'est choisir la valeur des bits de chacun des mots de la mémoire, c'est donc décider une fois pour toutes des intersections de lignes et de colonnes où doivent être placées les diodes. Les constructeurs ont donc développé successivement plusieurs types de mémoires mortes, que nous nous proposons de décrire brièvement ci-dessous.

a) - Les **ROM** (de l'anglais Read Only Memory) sont apparues les premières sur le marché : l'utilisateur fournit au constructeur l'organisation de mémoire qu'il souhaite : nombre de mots, nombre de bits de chaque mot et valeur de chaque bit de chaque mot. Le constructeur réalise alors un masque spécial pour fabriquer ce circuit particulier. Il est évident que le coût d'étude de ce masque est élevé, que les délais de fabrication sont longs et que cette solution manque de souplesse. En effet, une fois programmée, le contenu de la ROM ne peut plus être modifié. Par contre, les ROM ont une densité d'intégration très élevée et une fois le masque réalisé, la fabrication d'un grand nombre de circuits identiques peut être très rapide et très fiable. A l'heure actuelle, l'emploi des ROM est donc réservé aux productions en grande série.

b) - Les **PROM** (Programmable ROM) ont permis d'améliorer la souplesse d'utilisation : le constructeur place à priori des diodes à toutes les intersections de lignes et de colonnes, puis il indique à l'utilisateur comment détruire les diodes inutiles à l'aide d'un appareil appelé programmateur de PROM. Il suffit de sélectionner le mot contenant la diode inutile par son adresse, de sélectionner le bit de ce mot par la sortie correspondante et d'envoyer une impulsion de courant assez intense dans la diode correspondante pour la détruire. Les caractéristiques de cette impulsion sont données par le constructeur. Puisque l'utilisateur programme lui-même la PROM, il pourra l'avoir à sa disposition dans des délais bien plus courts que pour une ROM, mais, en cas d'erreur, la modification d'un programme est évidemment impossible.

c) - Les **EPROM** (Erasable PROM) vont apporter une solution à ce dernier problème : dans ces mémoires, les diodes ont été remplacées par des transistors MOS à grille flottante. Initialement, tous les transistors MOS ont leur grille déchargée, ce qui entraîne qu'ils ne laissent passer aucun courant. Par un procédé analogue à la programmation d'une PROM, on peut stocker des charges sur les grilles de MOS sélectionnés, ce qui a pour effet de les rendre conducteurs. On peut donc inscrire des "1" dans la mémoire aux positions sélectionnées. Les charges stockées sur les grilles s'y maintiennent tant que le composant n'est pas soumis à l'effet de radiations ultra-violettes : on peut donc effacer le contenu d'une EPROM en l'exposant à de telles radiations.

d) - Les **EEPROM** (Electrically Erasable PROM), récemment apparues sur le marché, sont des EPROM dont la programmation et l'effacement sont facilités par une métallisation supplémentaire à la surface du composant. On peut alors modifier électriquement de façon sélective le contenu d'une EEPROM : une modification ne se traduit plus par un effacement complet et une reprogrammation de toute la mémoire comme c'est le cas pour une EPROM.

Pour terminer cette présentation des mémoires mortes, nous donnons un exemple de boitier mémoire, figure 7. Les caractéristiques principales d'une mémoire sont son type (ici une EPROM), sa capacité, c'est-à-dire le nombre total de bits qu'on peut y stocker (ici 16k bits, soit 16×2^{10} bits, soit 16×1024 bits), son organisation (ici 2k mots de 8 bits). Comme pour les composants précédents, on trouve sur ce boitier une broche $\overline{CS}$ de sélection de boitier, les broches V_{cc} et GND d'alimentation et de masse, ainsi que les broches V_{pp} et PGM servant à la programmation. Les broches A0 à A10 correspondent aux adresses et Q1 à Q8 aux sorties. Pour l'effacement de la mémoire, la fenêtre rectangulaire sur le dessus du boitier doit être soumise à un rayonnement ultra-violet.

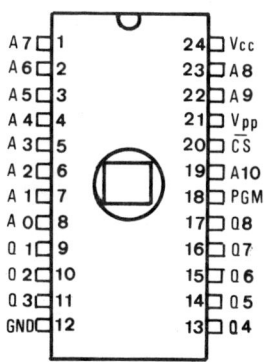

Fig. 7 : Exemple de boitier d'EPROM

6.4 CIRCUITS ARITHMETIQUES

Les circuits arithmétiques logiques sont des circuits spécialisés dans la réalisation des opérations courantes (addition, soustraction, multiplication, ...). Ils se situent à la frontière entre la logique booléenne et l'informatique. Nous entreverrons leur utilisation dans le dernier chapitre de cet ouvrage lorsque nous aborderons la microprogrammation. Nous nous bornerons ici à présenter un comparateur et un additionneur.

6.4.1. COMPARATEUR

Soient A et B deux nombres codés en binaire naturel. Soient a_i les bits du nombre A et b_j ceux du nombre B. Un comparateur est un circuit ayant A et B (c'est-à-dire les a_i et les b_j) comme entrées et ayant trois sorties SG, SE et SP, telles que :

$$SG = 1 \quad si \quad A > B$$
$$SE = 1 \quad si \quad A = B$$
$$SP = 1 \quad si \quad A < B$$

Les équations logiques d'un tel circuit sont faciles à établir et seront étudiées en exercice. Le schéma de la figure 8 représente, par exemple, un comparateur permettant de comparer deux chiffres hexadécimaux $A = a_3\ a_2\ a_1\ a_0$ et $B = b_3\ b_2\ b_1\ b_0$. Pour comparer A et B, on commence par comparer a_3 et b_3 :

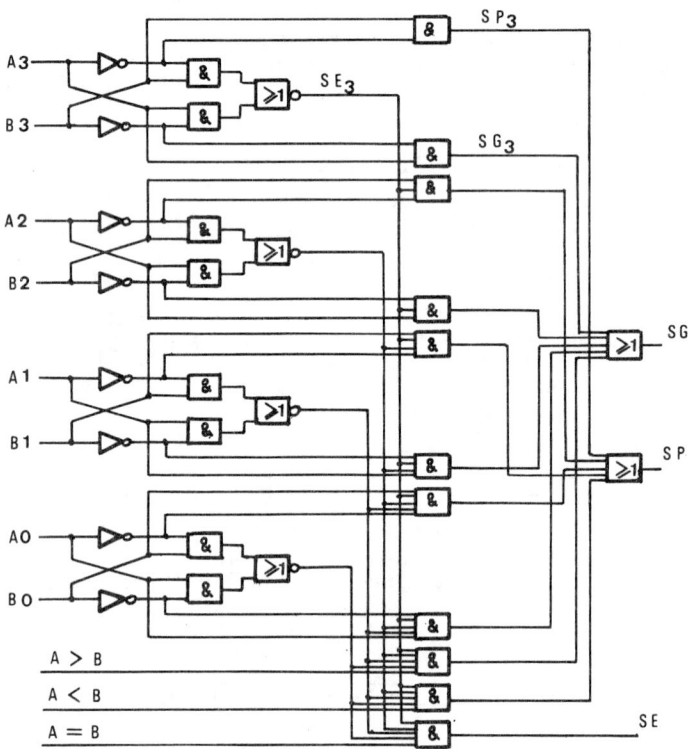

Fig. 8 : Schéma d'un comparateur

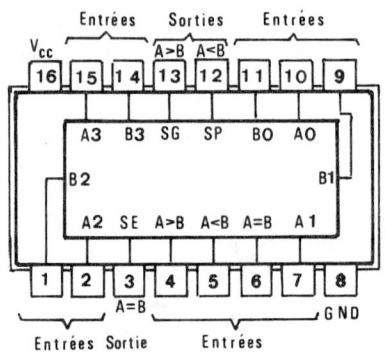

Fig. 9 : Boîtier associé au comparateur de la fig.8

- si $a_3 > b_3$ alors A $>$ B   :   SG = 1,
- si $a_3 < b_3$ alors A $<$ B   :   SP = 1,
- si $a_3 = b_3$ il faut comparer a_2 et b_2.

Sur la figure 8, les fonctions SP_3, SE_3 et SG_3 donnent le résultat de la comparaison de a_3 et b_3. On voit que SE_3 est réutilisé lors de la comparaison de a_2 et b_2 et ainsi de suite.

Pour permettre de comparer des nombres de plus de quatre bits, ce circuit possède également trois entrées notées A $>$ B, A = B, A $<$ B auxquelles il suffit de connecter le résultat des comparaisons des bits de poids inférieur. Un boitier correspondant à ce circuit est dessiné figure 9.

6.4.2. ADDITIONNEUR

Comme pour tout système de numération, on peut définir l'addition de deux bits a et b à l'aide d'une table qui est représentée sur la figure 10. Le résultat comportera un bit de somme s et éventuellement un bit de retenue r : sur la figure 10, nous avons fait figurer les deux valeurs s et r dans tous les cas (même lorsque le bit r représentant la retenue est à zéro). Un circuit logique réalisant l'addition de a et b aura donc deux entrées a et b et deux sorties s et r.

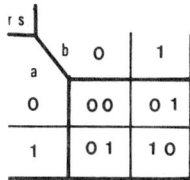

Fig.10 : Table d'addition

De la table de la figure 10, on déduit les valeurs des sorties s et r considérées comme des variables binaires fonction de a et b. Les expressions logiques de ces fonctions sont :

$$s = a \oplus b$$
$$r = a.b$$

De façon plus générale, l'addition de deux nombres binaires naturels comportant un nombre quelconque de bits se fera bit à bit en partant de la droite. Par exemple, pour deux nombres A et B de quatre bits, l'addition s'écrira :

$$\text{Retenues :} \quad r_4 \ r_3 \ r_2 \ r_1$$

$$
\begin{array}{llll}
& \text{A} & : & a_4 \ a_3 \ a_2 \ a_1 \\
+ & \text{B} & : + & b_4 \ b_3 \ b_2 \ b_1 \\
\hline
= & \text{S} & : = & s_5 \ s_4 \ s_3 \ s_2 \ s_1
\end{array}
$$

A chaque étape de l'addition on aura donc à ajouter trois chiffres a_i, b_i et r_{i-1} pour obtenir d'une part s_i et d'autre part r_i. Plusieurs circuits ont été proposés pour réaliser ces opérations. Deux d'entre eux seront étudiés en exercice à la fin de ce chapitre.

6.5 MATERIALISATION D'UNE FONCTION COMBINATOIRE QUELCONQUE

Nous avons déjà dit au début de ce chapitre qu'il était intéressant de remplacer des cablages entre boitiers de portes logiques par des ensembles intégrés plus complexes, et nous avons étudié un certain nombre de circuits permettant de réaliser des fonctions particulières. Le problème que nous allons aborder dans ce paragraphe est la matérialisation d'une fonction quelconque. Nous allons voir qu'il est possible d'utiliser pour cela soit des multiplexeurs, soit des décodeurs, soit des mémoires mortes, soit de nouveaux composants spécialement conçus pour cette application : les "PAL".

6.5.1. UTILISATION D'UN MULTIPLEXEUR

Nous présenterons la méthode à partir d'un exemple, celui de la fonction de quatre variables F(a, b, c, d) définie par le tableau de Karnaugh de la figure 11, dont l'expression algébrique minimale est la suivante (voir paragraphe 1.6.) :

$$F = bd + \bar{c}\bar{d} + ab + \bar{a}\bar{b}c.$$

F $\quad$ c $\quad\quad$ d a $\;$ b	0 0	0 1	1 1	1 0
0 0	1	0	1	1
0 1	1	1	1	0
1 1	1	1	1	1
1 0	1	0	0	0

Fig.11 : Tableau de Karnaugh de F

Nous allons matérialiser cette fonction à l'aide d'un multiplexeur à 8 voies, tel que celui que nous avons présenté sur la figure 4, redessiné de façon schématique sur la figure 12. Pour ce faire, nous séparerons les quatre variables en deux blocs : d'une part un bloc de trois, a, b, c, qui seront cablées directement sur les trois entrées d'adresse du multiplexeur, d'autre part la variable restante d, qui sera cablée d'une certaine façon sur les entrées principales. (Ce choix est arbitraire ; nous aurions pû choisir de cabler par exemple b, c, d, sur les entrées d'adresse et a sur les entrées principales, ou tout autre choix.)

Pour déterminer le cablage de d sur les voies du multiplexeur, il faut écrire F sous la forme d'une somme de monômes, chacun de ces monômes faisant intervenir les trois variables a, b, c, (cablées sur les entrées d'adresse). Pour cela, l'expression algébrique minimale n'est d'aucune utilité ; on peut, par contre, partir de la première forme canonique (voir paragraphe 1.4) de F, puis regrouper les termes correspondant aux mêmes combinaisons des variables : a, b, c, :

$$F = \bar{a}\,\bar{b}\,\bar{c}\,\bar{d} + \bar{a}\,\bar{b}\,c\,(d + \bar{d}) + \bar{a}\,b\,\bar{c}\,(d + \bar{d}) + \bar{a}\,b\,c\,d$$

$$+ a\,b\,\bar{c}\,(d + \bar{d}) + a\,b\,c\,(d + \bar{d}) + a\,\bar{b}\,\bar{c}\,\bar{d}$$

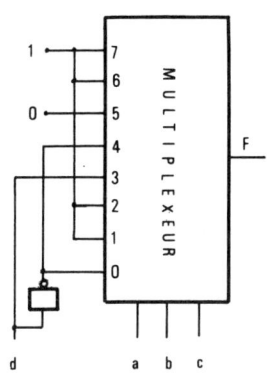

Fig.12 : Implantation de F à l'aide d'un multiplexeur

Le cablage de d sur la figure 12 se déduit directement de cette expression. Le 1er terme de F contient $\bar{a}\ \bar{b}\ \bar{c}$, ce qui sélectionne l'entrée 0 du multiplexeur, sur laquelle il faut donc cabler $\bar{d}$, le 2ème terme de F sélectionne l'entrée 1, sur laquelle il faut donc cabler $d + \bar{d}$, c'est-à-dire 1, ... L'entrée 5 du multiplexeur qui n'est sélectionnée par aucun terme de F doit être mise à zéro.

La généralisation du procédé est immédiate. Considérons par exemple une fonction G dépendant de sept variables : $x_6\ x_5\ x_4\ x_3\ x_2\ x_1\ x_0$.

Nous découperons l'ensemble des variables en deux blocs : les trois variables $x_6\ x_5\ x_4$ d'une part, et les quatre variables restantes $x_3\ x_2\ x_1\ x_0$ de l'autre. Nous exprimerons G comme une somme de monômes en $x_6\ x_5\ x_4$:

$$G = \bar{x}_6\ \bar{x}_5\ \bar{x}_4 \cdot g_0 + \bar{x}_6\ \bar{x}_5\ x_4 \cdot g_1 + \ldots + x_6\ x_5\ x_4 \cdot g_7$$

les fonctions g_i dépendant des variables $x_3\ x_2\ x_1\ x_0$. Nous cablerons $x_6\ x_5\ x_4$ sur les 3 entrées d'adresses d'un multiplexeur à 8 voies et les fonctions g_i sur les entrées principales de ce multiplexeur. Les fonctions g_i pourront d'ailleurs elles-mêmes être réalisées à l'aide de multiplexeurs, si elles ont une expression complexe.

6.5.2 UTILISATION D'UN DECODEUR

$a_1\ a_0$ \ $b_1\ b_0$	0 0	0 1	1 1	1 0
0 0	S E	S P	S P	S P
0 1	S G	S E	S P	S P
1 1	S G	S G	S E	S G
1 0	S G	S G	S P	S E

Fig.13 : Table d'un comparateur

Nous présenterons à nouveau la méthode à partir d'un exemple, celui de la comparaison de deux nombres binaires (vu de façon générale au paragraphe 6.4.1) dans le cas particulier où ces nombres ne comportent que deux bits : $A = a_1\ a_0$ et $B = b_1\ b_0$. Nous aurons trois fonctions à matérialiser : SG, SE et SP. La table de la figure 13 indique laquelle de ces trois fonctions est égale à 1 pour chacune des combinaisons possibles des variables a_1, a_0, b_1, et b_0. A partir de cette table, il est facile de trouver la première forme canonique de chacune des trois fonctions :

$$SE = \overline{a_1}\ \overline{a_0}\ \overline{b_1}\ \overline{b_0} + \overline{a_1}\ a_0\ \overline{b_1}\ b_0 + a_1\ a_0\ b_1\ b_0 + a_1\ \overline{a_0}\ b_1\ \overline{b_0}$$

$$SG = \overline{a_1}\ a_0\ \overline{b_1}\ \overline{b_0} + a_1\ a_0\ \overline{b_1}\ \overline{b_0} + a_1\ a_0\ \overline{b_1}\ b_0 + a_1\ a_0\ b_1\ \overline{b_0}$$

$$+ a_1\ \overline{a_0}\ \overline{b_1}\ \overline{b_0} + a_1\ \overline{a_0}\ \overline{b_1}\ b_0$$

$$SP = \overline{a_1}\ \overline{a_0}\ \overline{b_1}\ b_0 + \overline{a_1}\ \overline{a_0}\ b_1\ b_0 + \overline{a_1}\ \overline{a_0}\ b_1\ \overline{b_0} + \overline{a_1}\ a_0\ b_1\ b_0$$

$$+ \overline{a_1}\ a_0\ b_1\ \overline{b_0} + a_1\ \overline{a_0}\ b_1\ b_0$$

La méthode consiste à faire correspondre à chaque monôme d'une forme canonique une sortie du décodeur : pour réaliser les fonctions, il
suffit donc de relier les sorties du décodeur correspondant aux monômes d'une fonction à une porte OU. On obtient ainsi le cablage représenté sur la figure 14, où les trois fonctions SE, SG et SP sont matérialisées en sortie des portes OU.

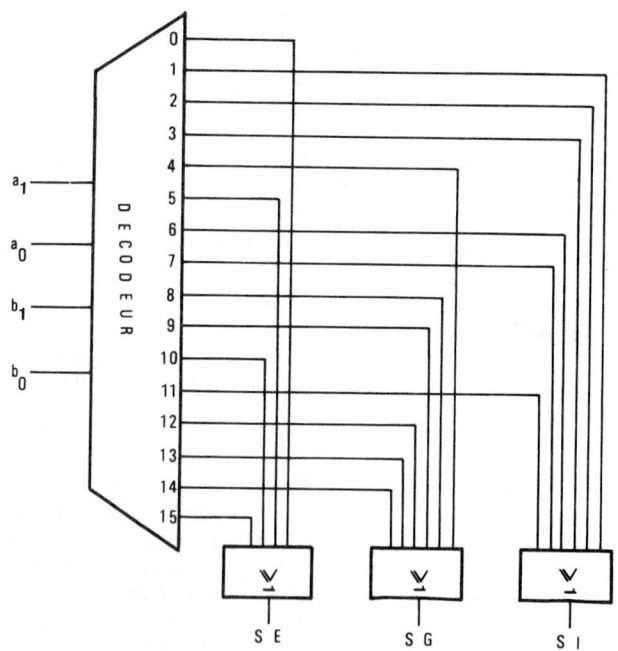

Fig.14 : **Implantation du comparateur à l'aide
d'un décodeur**

Bien évidemment, l'exemple précédent est un exemple d'école (puisqu'il existe des boitiers comparateurs), mais il faut en retenir le
principe de la matérialisation d'une fonction combinatoire quelconque
au moyen d'un décodeur : il suffit d'écrire la première forme canoni-

que de la fonction, d'appliquer les variables d'entrée sur un décodeur et de relier sur un OU les sorties du décodeur correspondant aux monômes de la forme canonique.

6.5.3 UTILISATION D'UNE MEMOIRE MORTE

Si nous considérons à nouveau le schéma de la figure 14, nous pouvons y reconnaître le schéma d'une mémoire morte : un décodeur suivi d'un réseau OU, (voir figure 6). On peut donc remplacer le cablage des OU en sortie du décodeur par la programmation d'une mémoire morte. Cette troisième méthode de matérialisation d'une fonction combinatoire quelconque peut s'avérer intéressante dans certains cas. Toutefois l'utilisation d'une mémoire morte pour matérialiser une fonction impose d'écrire sa première forme canonique. Ceci peut s'avérer très gênant lorsque le nombre de variables est important. En effet, considérons par exemple la fonction F de dix variables x_0, ..., x_9 dont l'expression minimale est :

$$F = x_0 + x_1 \overline{x_2} + \overline{x_3} + x_4 \overline{x_5} x_6 + \overline{x_4} x_7 + x_6 \overline{x_8} x_9$$

Il faudrait pour l'implanter selon la méthode précédente, utiliser une mémoire de 2^{10} = 1024 mots de un bit et calculer la valeur à donner à chacun de ces 1024 mots pour programmer la mémoire. On a donc cherché à réaliser un nouveau composant permettant d'implanter facilement une fonction du type de F, c'est-à-dire faisant intervenir un nombre de variables qui peut être élevé, mais peu de monômes. Ces composants sont les PAL combinatoires.

6.5.4 UTILISATION D'UNE PAL COMBINATOIRE

On peut considérer que le fonctionnement d'une PAL (programmable array logic) est "l'opposé" de celui d'une mémoire morte. En effet une mémoire morte est constituée d'un réseau ET fixe formant le décodeur et d'un réseau OU programmable. Au contraire, une PAL sera formée d'un réseau OU fixe et d'un réseau ET programmable.

Avec une notation par croix analogue à celle de la figure 6, pour les connexions programmables, et une notation par losange pour les connexions fixes, les figures 15 et 16 mettent en évidence cette opposition entre PROM et PAL. Sur ces deux figures le réseau de gauche est le réseau ET (ce qui est rappelé par les symboles ET placé sur les lignes horizontales), et le réseau de droite est le réseau OU, (ce qui est rappelé par les symboles OU placés sur les lignes verticales).

Les PAL les plus utilisées ont un réseau OU permettant de regrouper 4 ou 8 termes produits, chaque terme produit pouvant faire intervenir jusqu'à seize variables d'entrée. Sur un tel circuit la fonction F précédente se matérialiserait aisément et directement à partir de son expression minimale. (L'exercice 11 montre comment peut être écrit la programmation d'une PAL).

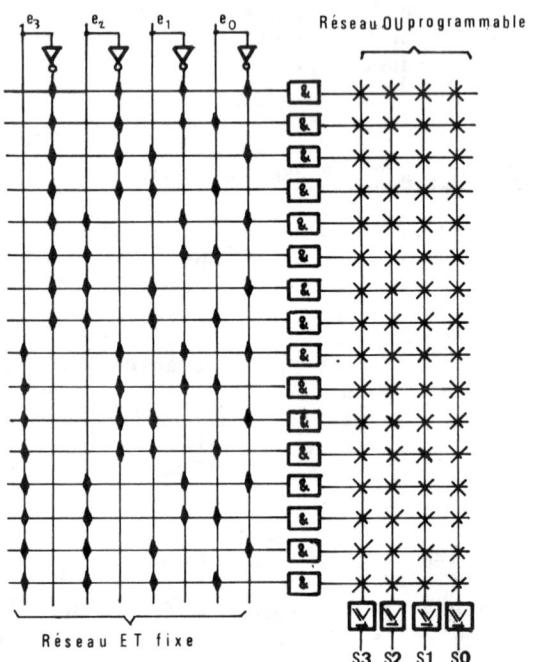

Fig.15 : Réseau PROM

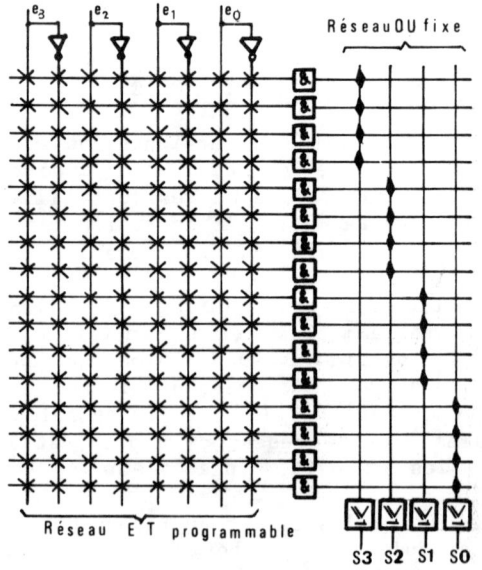

Fig.16 : PAL de 4 entrées et 4 sorties, avec 16 termes intermédiaires

EXERCICES SUR LE CHAPITRE 6

1. Décodage d'un nombre en complément à 2

On considère le schéma de la fig. 1 de ce chapitre. Les bits dcba codent les nombres -8 à +7 en code complément à 2. Indiquer sur chaque sortie du décodeur le nombre que cette sortie décode.

2. Décodeur DCB

On considère le chiffre n écrit avec quatre bits d, c, b, a, en code DCB. On veut réaliser un circuit S_8 dont la sortie vaut 1 si n = 8 et 0 si n $\neq$ 8. Remplir le tableau de Karnaugh de S_8. En utilisant le fait que les combinaisons des bits dcba correspondant aux nombres 10 à 15 ne se présentent jamais, donner l'expression la plus simple possible de S_8 en fonction de dcba.

Généralisation : réaliser S_i tel que S_i = 1 si n = i et S_i = 0 si n $\neq$ i. Dessiner le décodeur.

d	c	b	a	Chiffre
0	0	1	1	0
0	1	0	0	1
0	1	0	1	2
0	1	1	0	3
0	1	1	1	4
1	0	0	0	5
1	0	0	1	6
1	0	1	0	7
1	0	1	1	8
1	1	0	0	9

3. Décodeur excédent 3

On définit le code excédent 3 pour coder les chiffres par le tableau de la fig. 17. Reprendre l'exercice précédent avec ce nouveau code.

Fig.17 : **Code excédent 3**

4. Comparateurs

1. Soient a et b deux variables binaires. Donner les équations logiques du circuit dont les sorties sont SG, SE et SP telles que SG = 1 si a > b, SE = 1 si a = b, SP = 1 si a < b.

2. Soient maintenant deux nombres binaires de deux bits $A = a_1 \, a_0$ et $B = b_1 \, b_0$. Expliquer pourquoi on peut écrire :

$$SG = a_1 \, \overline{b_1} + (a_1 \, b_1 + \overline{a_1} \, \overline{b_1}) \, a_0 \, \overline{b_0}$$

$$SP = b_1 \, \overline{a_1} + (a_1 \, b_1 + \overline{a_1} \, \overline{b_1}) \, b_0 \, \overline{a_0}$$

$$SE = (a_1 \, b_1 + \overline{a_1} \, \overline{b_1}) \cdot (a_0 \, b_0 + \overline{a_0} \, \overline{b_0})$$

3. Remplir les tableaux de Karnaugh de SG, SI et SE. Montrer qu'on peut donner de SG et SI des expression plus simples que les expressions précédentes.

4. Comment peuvent se généraliser les expressions de SG, SI, et SE de la question 2 pour des nombres binaires de trois bits :
$A = a_2 \, a_1 \, a_0$ et $B = b_2 \, b_1 \, b_0$.

5. Additionneur n° 1

On se propose de concevoir un circuit permettant de faire la somme de deux nombres binaires naturels A et B écrits comme au paragraphe 6.4.2.

1. Donner les tableaux de Karnaugh de s_i et r_i en fonction de a_i, b_i et r_{i-1}.

2. Donner les expressions de r_i et de $\overline{r_i}$.

3. Donner les expressions de s_i et de $\overline{s_i}$.

4. Montrer qu'on peut écrire :

$$s_i = a_i \, \overline{r_i} + b_i \, \overline{r_i} + r_{i-1} \, \overline{r_i}$$

$$+ r_{i-1} \, a_i \, b_i \, , \text{ et}$$

$$\overline{s_i} = \overline{a_i} \, r_i + \overline{b_i} \, r_i + \overline{r_{i-1}} \, r_i$$

$$+ \overline{r_{i-1}} \, \overline{a_i} \, \overline{b_i}$$

5. Etudier le schéma de la fig.18. Quelle est l'utilité de l'entrée r_0 et de la sortie r_4 ?

6. Additionneur n° 2 (à retenue anticipée).

Comme dans l'exercice précédent, on se propose d'étudier un circuit permettant de faire la somme de deux nombres binaires naturels A et B écrits comme au chapitre 6.4.2

1. Vérifier que le schéma de la fig.19 représente bien la fonction OU EXCLUSIF.

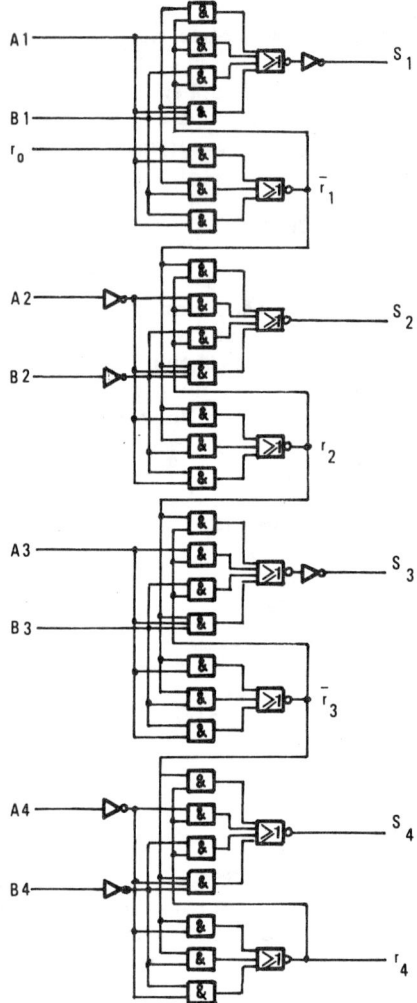

Fig.18 : Additionneur n° 1

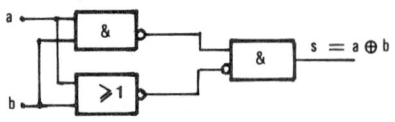

Fig.19 : Schéma d'un OU EXCLUSIF

2. En s'aidant des résultats des questions 1 et 2 de l'exercice précédent, montrer que l'on peut écrire :

$$\overline{r_i} = \overline{r_{i-1}} \cdot \overline{a_i \ b_i} + \overline{(a_i + b_i)}$$

3. A l'aide de l'expression précédente, écrire r_2 en fonction de r_1, a_2 et b_2 puis en fonction de r_0, a_1, b_1, a_2 et b_2.

4. Etudier le fonctionnement du circuit dessiné figure 20.

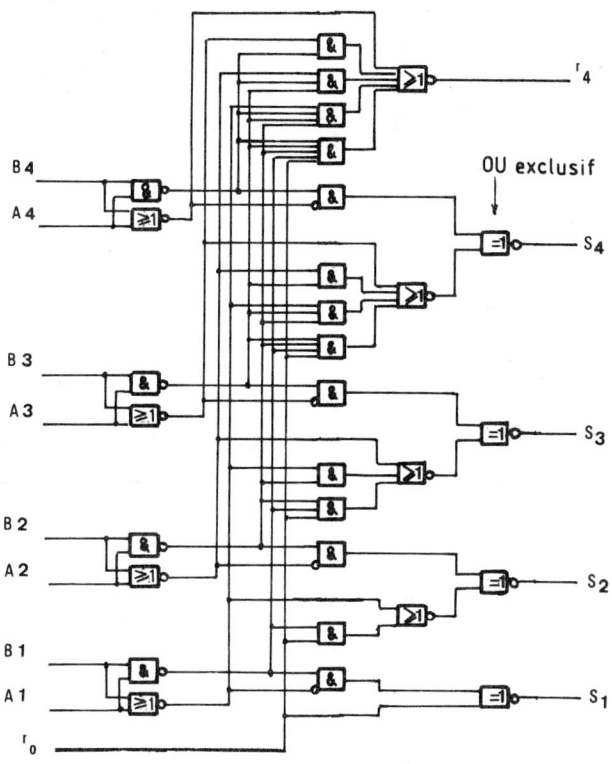

Fig.20 : Additionneur à retenue anticipée

7. Matérialisation d'une fonction de quatre variables à l'aide d'un multiplexeur

On considère la fonction F définie par le tableau de Karnaugh de la fig.11, au paragraphe 6.5.1. Donner le schéma d'implantation de cette fonction obtenu avec un multiplexeur 8 voies sur lequel on cable la variable a sur les entrées principales et les variables b, c, d sur les entrées d'adresse, b étant sur l'entrée de poids le plus fort et d sur celle de poids le plus faible.

8. Matérialisation d'une fonction de 6 variables à l'aide d'un multiplexeur.

On considère la fonction F suivante :

$$F = \overline{a}\,c\,d + b\,\overline{c}\,(e + a\,\overline{f}) + d\,\overline{f}\,(\overline{a}\,e + a\,\overline{e}) + \overline{a}\,\overline{b}\,\overline{c}\,\overline{e}\,f.$$

Adresse a b c d	Entrée principale	e f 00	01	11	10	Fonctions de e et f à cabler
0 0 0 0	0	0	0	0	0	0
0 0 0 1	1	0	0	0	1	$e\,\overline{f}$
0 0 1 0	2					
0 0 1 1	3					
0 1 0 0	4					
0 1 0 1	5					
0 1 1 0	6					
0 1 1 1	7					
1 0 0 0	8					
1 0 0 1	9					
1 0 1 0	10					
1 0 1 1	11					
1 1 0 0	12					
1 1 0 1	13					
1 1 1 0	14					
1 1 1 1	15					

Fig.21 : Fonctions à cabler sur les entrées du multiplexeur

Compléter le tableau de la figure 21 et en déduire le schéma d'implantation de F à l'aide d'un multiplexeur sur lequel les quatre variables a, b, c, d sont cablées sur les entrées d'adresse, et les fonctions des variables e et f sur les entrées principales.

9. Affichage d'un nombre

Le mot M = abcd représente un nombre décimal compris entre 0 et 15, codé en binaire naturel. On veut afficher la valeur de ce nombre à l'aide de deux afficheurs "7 segments". Les segments des afficheurs sont numérotés comme indiqué sur la figure 22. Pour réaliser cet affichage, on dispose, outre les deux afficheurs, d'une mémoire morte de 16 mots de 8 bits. On cablera sur les entrées d'adresses de cette mémoire les variables a, b, c, d. Les bits b_1 à b_7 de la mémoire serviront à commander les 7 seg-

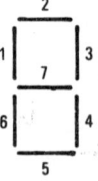

Fig.22 : Numérotation des segments d'un afficheur

ments de l'afficheur des unités. Le bit b_8 servira à afficher le un éventuel des dizaines (segments 3 et 4 du deuxième afficheur, commandés par la même fonction).

On demande d'écrire les 16 mots à inscrire dans cette mémoire.

10. Transcodeur binaire naturel/DCB

Un équipement fournit des informations codées en binaire naturel de 000 à 999. Ces informations doivent être transmises à un appareil conçu pour travailler en code décimal codé binaire. On se propose de réaliser un interface transformant le binaire naturel en DCB. On veut pour cela utiliser des mémoires mortes, mais on ne dispose que de mémoires de 256 mots de douze bits.

1. Avec combien de bits sont codés les nombres 000 à 999 en binaire naturel ?

2. Combien faut-il de mémoires du type précédent pour stocker les valeurs DCB de ces nombres ?

3. Les mémoires possèdent une broche CS de sélection de boîtier (CS = 1 si le boîtier doit être sélectionné). Donner une répartition des nombres à convertir entre les diverses mémoires et le schéma en Nand d'un circuit permettant de sélectionner la mémoire dans laquelle se trouve le nombre à convertir.

4. Donner la valeur hexadécimale du premier et du dernier mot de chaque mémoire.

11. Matérialisation de fonctions à l'aide d'une matrice PAL

On considère la matrice PAL de la figure 16. A chaque connexion programmable du réseau ET est associée une variable binaire valant 1

F_1 e_1	0	0	1	1		F_2 e_1	0	0	1	1		F_3 e_1	0	0	1	1
e_0	0	1	1	0		e_0	0	1	1	0		e_0	0	1	1	0
e_3 e_2						e_3 e_2						e_3 e_2				
0 0	1	1	0	0		0 0	0	1	1	1		0 0	1	1	1	0
0 1	1	1	1	1		0 1	0	1	1	1		0 1	1	1	0	1
1 1	0	0	1	0		1 1	1	0	0	0		1 1	1	0	1	0
1 0	0	0	0	0		1 0	0	0	0	0		1 0	0	1	0	1

Fig.23 : Fonctions à matérialiser à l'aide d'une matrice PAL

si la connexion doit être maintenue et 0 si la connexion doit être supprimée. La programmation du réseau ET pourra donc être caractérisée par deux caractères hexadécimaux (l'un associé aux variables e_2 et e_3 et à leurs compléments, l'autre associé aux variables e_0 et e_1 et à leurs compléments).

On veut matérialiser à l'aide de cette matrice PAL les trois fonctions F1, F2, et F3 définies par leur tableau de Karnaugh figure 23.

- Donner les expressions logiques de ces trois fonctions
- Donner les valeurs hexadécimales de chaque ligne de la matrice PAL en précisant sur quelle sortie seront disponibles les fonctions.

A-t-on besoin de composants extérieurs à la matrice PAL ? Lesquels ?

Chapitre 7

CIRCUITS SÉQUENTIELS FONDAMENTAUX

La réalisation du circuit de commande d'un automatisme, et notamment sa matérialisation électronique à partir d'un GRAFCET, repose très souvent sur l'utilisation de circuits "séquentiels", c'est à dire qui font intervenir le temps. Nous étudierons ici les circuits les plus utilisés, à savoir ceux qui permettent de réaliser des transferts d'informations (les "registres"), ceux qui sont utilisés pour le stockage d'informations évolutives ("les mémoires vives"), et ceux qui permettent d'effectuer des comptages (les "compteurs asynchrones" et les "compteurs synchrones"). Ces circuits étant pratiquement tous réalisés à partir de "bascules", nous définirons d'abord deux types de bascules, les bascules "SR" et les bascules "JK".

7.1 BASCULES "SR"

Le circuit représenté par le logigramme de la fig. 1 constitue le circuit de base d'une "bascule SR à enclenchement prioritaire". Il comporte 2 entrées, S et R ("set" et "reset" en anglais) et une sortie Q dont la valeur à chaque instant est réintroduite (mémorisée) dans le 2ème NAND de l'entrée R.

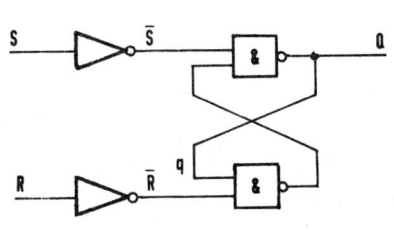

Fig. 1 : Logigramme d'une bascule SR

En appelant q la valeur antérieure de la sortie Q, cette bascule réalise l'équation logique :

$$Q = S + q.\overline{R}$$

Le tableau de Karnaugh de Q et la fonction ainsi réalisée dans chaque cas sont donnés ci-dessous :

Q S R	q	0	1	Fonction réalisée par Q
0 0		0	1	Maintien de la valeur antérieure
0 1		0	0	Maintien à 0 ou passage à 0
1 1		1	1	Forçage à 1 si enclenchement prioritaire
1 0		1	1	Passage à 1 ou maintien à 1

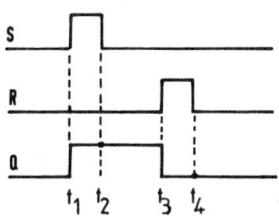

Fig. 2 : Diagramme temporel d'une bascule SR

L'intérêt d'une bascule SR réside dans le fait qu'elle joue le rôle d'une "mémoire élémentaire". En effet, lorsqu'on applique une commande sur R ou S, la sortie Q change de valeur et elle y reste ultérieurement (lorsque la commande n'est plus appliquée). Par exemple, sur le diagramme temporel de la fig. 2, on voit que la sortie Q passe à 1 à l'instant t_1 (lorsque S passe à 1), mais qu'elle ne repasse pas à 0 à l'instant t_2 (lorsque S passe à 0). De même, Q passe à 0 à l'instant t_3 (lorsque R passe à 1) mais ne repasse pas à 1 à l'instant t_4 (lorsque R passe à 0).

Lors de l'utilisation d'une bascule, le problème qui se pose pratiquement est le suivant : connaissant l'état actuel de la sortie q, et souhaitant obtenir l'état futur Q, quelles doivent être les valeurs des commandes à appliquer sur les entrées S et R ? La table utile est alors une "table de fonctionnement", que l'on déduit facilement des spécifications de la bascule.

q	Q	S	R
0	0	0	-
0	1	1	-
1	1	-	0
1	0	0	1

Par exemple, la table ci-contre est la table de fonctionnement d'une bascule SR à enclenchement prioritaire. On y voit que certaines commandes, représentées par un tiret "-", sont "indifférentes".

Remarque : La bascule SR définie précédemment est dite "à enclenchement prioritaire" parce que Q est forcée à 1 dans le cas d'une commande S = 1, R = 1. Une bascule "à déclenchement prioritaire" est une bascule dont la sortie Q serait forcée à 0 dans ce cas (voir exercice n°1).

Synchronisation d'une bascule SR : Bascule SRT

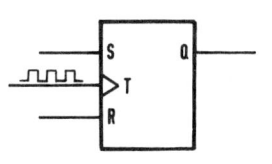

Fig. 3 : Bascule SRT

Une bascule SR est rarement utilisée comme précédemment, mais beaucoup plus souvent sous la forme synchronisée, dite SRT (fig. 3). Elle comporte alors une entrée supplémentaire appelée "entrée d'horloge" T (pour "trigger" en anglais), et les commutations de la sortie Q ne sont possibles qu'à certains instants définis par les impulsions appliquées sur cette entrée d'horloge.

Par exemple, sur le diagramme temporel de la fig. 4, pour des commandes sur les entrées S et R telles que celles qui sont dessinées,

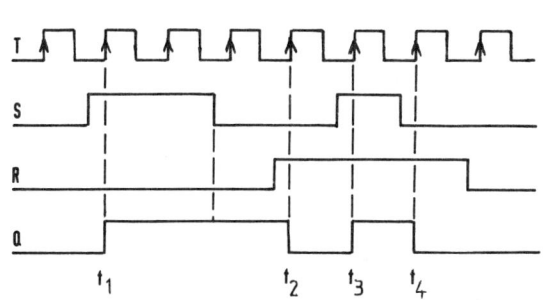

Fig. 4 : Diagramme temporel d'une bascule SRT

la sortie Q ne commutera qu'aux instants définis par les fronts montants des impulsions d'horloge T : la valeur de Q change aux instants t_1, t_2, t_3, t_4 des fronts de T et non pas aux instants où sont appliquées les commandes. Par ailleurs, l'évolution de Q correspond aux spécifications de la bascule, comme le lecteur peut le vérifier.

7.2 BASCULES "JK"

Une bascule JK (fig. 5) est une bascule qui comporte 2 entrées, J et K, dont la sortie Q doit réaliser les fonctions suivantes :

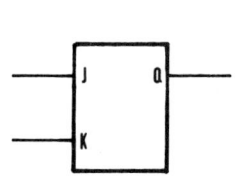

Fig. 5 : Bascule JK

J	K	Fonction réalisée par Q
0	0	Maintien de la valeur antérieure
0	1	Maintien à 0 ou passage à 0
1	1	Changement d'état une seule fois
1	0	Passage à 1 ou maintien à 1

q	Q	J	K
0	0	0	-
0	1	1	-
1	1	-	0
1	0	-	1

q	Q	J=K
0	0	0
0	1	1
1	1	0
1	0	1

Il est tout à fait possible d'effectuer la synthèse d'une telle bascule ; cela conduit toutefois à des circuits logiques assez compliqués que nous ne développerons pas ici.

Nous donnerons seulement, ci-contre, la "table de fonctionnement" d'une bascule JK, comme nous l'avons fait par une bascule SR.

On peut remarquer que, pour chacun des quatre cas possibles, une des commandes, J ou K, est indifférente. Si on impose alors à la bascule de fonctionner avec J = K, on obtient la table simplifiée ci-contre qui correspond aux fonctions suivantes :

J = K	Fonction réalisée par Q
0	Maintien de la valeur antérieure
1	Changement d'état une seule fois

Synchronisation d'une bascule JK : bascule "JKT"

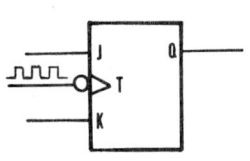

Fig. 6 : Bascule JKT

De la même façon que pour une bascule SR, une bascule JK est souvent utilisée sous forme synchronisée, dite JKT, avec une entrée d'horloge supplémentaire T (fig. 6).

Elle est alors bloquée lorsque T = 0, et elle fonctionne comme une bascule JK lorsque T = 1.

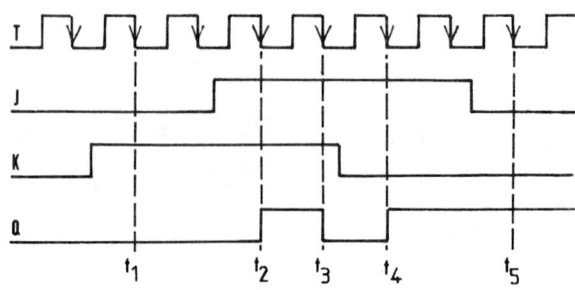

Fig. 7 : Diagramme temporel d'une bascule JKT

La fig. 7 montre un exemple de diagramme temporel d'une telle bascule, dont la sortie Q ne commute qu'aux instants définis par les
fronts descendants des impulsions d'horloge. On y voit en particulier
que la sortie Q change de valeur aux instants t_2 et t_3 (pour lesquels
J = K = 1) et qu'elle se maintient à sa valeur antérieure à l'instant
t_5 (pour lequel J = K = 0).

7.3 MODES DE COMMUTATION DES BASCULES SYNCHRONES

Il existe de nombreux types de bascules, que l'on représente généralement dans les schémas logiques par un rectangle, dont les diverses
bornes sont repérées par une lettre et éventuellement un symbole supplémentaire (fig. 8).

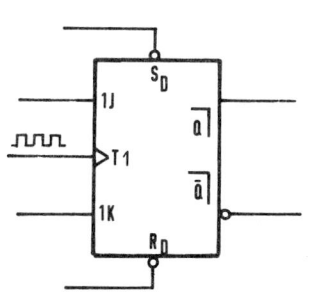

Fig. 8 : Symbole de bascule

- A la droite du rectangle figurent les
sorties : Q et sa valeur complémentaire $\overline{Q}$
(par exemple, le symbole ⌐ signifie ici
commutation avec blocage des entrées).

- A la gauche du rectangle figurent les
entrées : à coté de l'entrée d'horloge T,
on trouve les entrées qui sont synchronisées par cette horloge (par exemple ici
1J et 1K sont synchronisées par
l'entrée T1).

- De plus, on trouve en général 2 autres
entrées asynchrones (indépendantes de
l'entrée d'horloge) qui permettent respectivement la mise à 1 et la remise à 0 de
la sortie Q de façon prioritaire : ces
entrées sont notées respectivement S_D et R_D (ou encore RAU et RAZ, ou
encore "preset" et "clear" en anglais), on les appelle les "entrées
de forçage".

Par ailleurs, il est presque toujours nécessaire de préciser le mode de commutation d'une bascule synchrone, ce mode étant déterminant
pour l'évaluation des performances globales d'un circuit logique séquentiel à base de bascules. Nous donnons ci-dessous trois modes clas-
siques de commutation :

Commutation "sur impulsion" ("pulse triggered" en anglais)

Dans ce mode (fig. 9), les entrées doivent être actives avant le
début de l'impulsion d'horloge et rester actives pendant toute la durée de l'impulsion : elles sont prises en compte pendant l'intervalle
de temps débutant à l'instant $t_1 + t_p$ (t_p après le début t_1 de
l'impulsion) et finissant à l'instant t_2 (fin de l'impulsion). La
sortie Q évolue à l'instant $t_2 + t_p$ (t_p après la fin de l'impulsion).

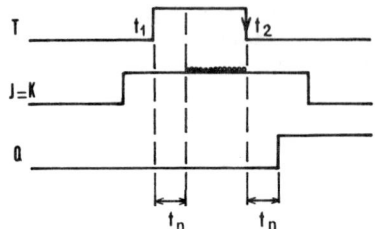

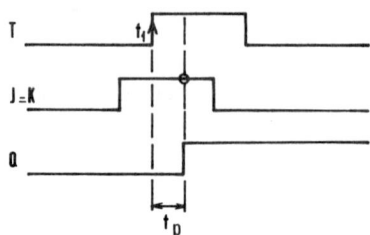

Fig. 9 : Commutation
sur impulsion

Fig. 10 : Commutation sur front

<u>Commutation "sur front", montant ou descendant</u> ("edge triggered, posi-
tive or negative en anglais)

Dans ce mode (fig. 10), les entrées doivent être actives avant le
début de l'impulsion d'horloge : elles sont prises en compte à
l'instant $t_1 + t_p$ (t_p après l'instant t_1 du front sensible) et la
sortie Q évolue à cet instant. Les entrées peuvent varier librement
après leur prise en compte.

<u>Commutation "avec blocage des entrées"</u> ("data lock-out" en anglais)

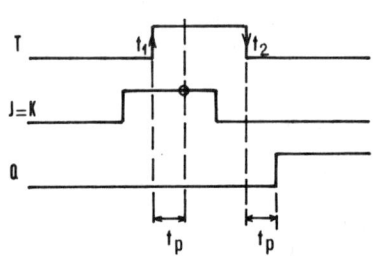

Dans ce mode (fig. 11), les entrées doivent être actives avant le
début de l'impulsion d'horloge : elles sont prises en compte à
l'instant $t_1 + t_p$ (t_p après
l'instant t_1 du front montant). Les
entrées peuvent varier ensuite librement, et la sortie Q évolue à
l'instant $t_2 + t_p$ (t_p après
l'instant t_2 du front descendant de
l'impulsion d'horloge).

Fig. 11 : Commutation avec
blocage des entrées

7.4 REGISTRES

D'une façon générale, un registre est un circuit permettant
d'enregistrer provisoirement un "mot" binaire en vue de son transfert
ultérieur dans un autre circuit (pour traitement, stockage, affichage,
etc...). Un registre est constitué par autant de bascules élémentaires
qu'il y a de "bits" dans le mot (4 pour un "quartet", 8 pour un
"octet", etc...).

7.4.1 TYPES DE REGISTRES

On distingue quatre types principaux de registres, selon les modes
utilisés pour l'écriture (on dit aussi l'enregistrement) et la lecture
du mot.

a) Registre à écriture et lecture "parallèle"

Dans ce mode de fonctionnement, tous les bits du mot sont traités simultanément, une entrée E commande l'écriture des bits et une entrée L en commande la lecture. La fig. 12 montre le principe d'un tel registre à 4 bits, à bascules SR. Chaque bit, tel que A, est associé sur une fonction ET avec la commande d'écriture E et présenté sur l'entrée S d'une bascule. Le bit complémentaire, $\overline{A}$, est également associé avec la commande d'écriture E et présenté sur l'entrée R de la même bascule. Ainsi, en l'absence de commande d'écriture (E = 0), les entrées de la bascule vaudront S = 0 R = 0 et sa sortie Q se maintiendra à sa valeur antérieure. Dès que l'on appliquera une commande d'écriture (E = 1), les entrées de la bascule prendront les valeurs S = A, R = $\overline{A}$ et sa sortie prendra la valeur Q = A (elle conservera cette valeur par la suite si E repasse à 0). On aura ainsi enregistré, en sortie des 4 bascules, les valeurs des 4 bits A, B, C, D.

La lecture se fait selon un principe analogue : chaque sortie de bascule Q est associée sur un ET avec la commande de lecture L. Tant que L = 0, toutes les sorties du registre, $Q_A Q_B Q_C Q_D$, sont à 0. Dès que l'on appliquera une commande de lecture (L = 1, laquelle doit évidemment être postérieure à la commande d'écriture), on retrouvera sur les sorties du registre la configuration binaire ABCD des bits enregistrés lors de la dernière commande d'écriture.

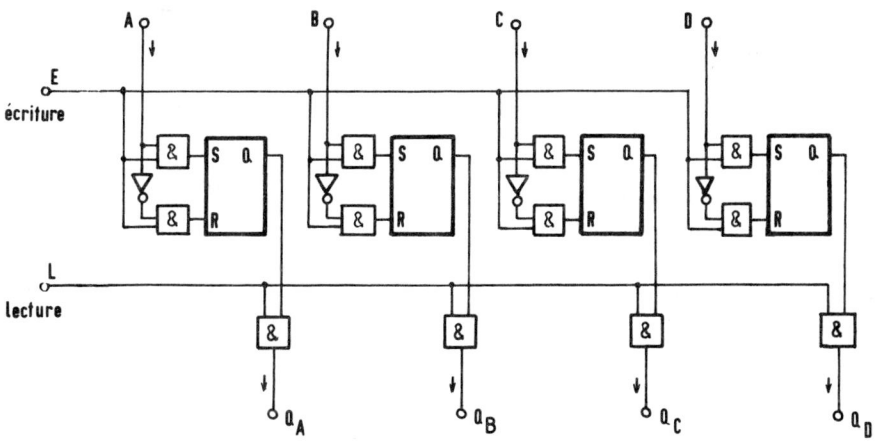

Fig. 12 : Registre à écriture et lecture parallèle

Le mode que nous avons décrit est un mode "asynchrone" (sans entrée d'horloge). Dans la pratique, les registres sont très souvent utilisés en mode synchrone, comme nous allons le voir maintenant.

b) Registre à écriture "série" et lecture "parallèle"

Dans ce mode de fonctionnement, les "bits" du mot à enregistrer

sont présentés les uns après les autres à l'entrée de la 1ère bascule,
ils se propagent ensuite dans le registre par décalage successif au
rythme de l'entrée d'horloge (commune à toutes les bascules) et la
lecture se fait lorsque tous les "bits" ont été enregistrés, de la même façon que précédemment, c'est à dire simultanément.

La fig. 13 montre le principe d'un tel registre à 4 bits, à
bascules JK :

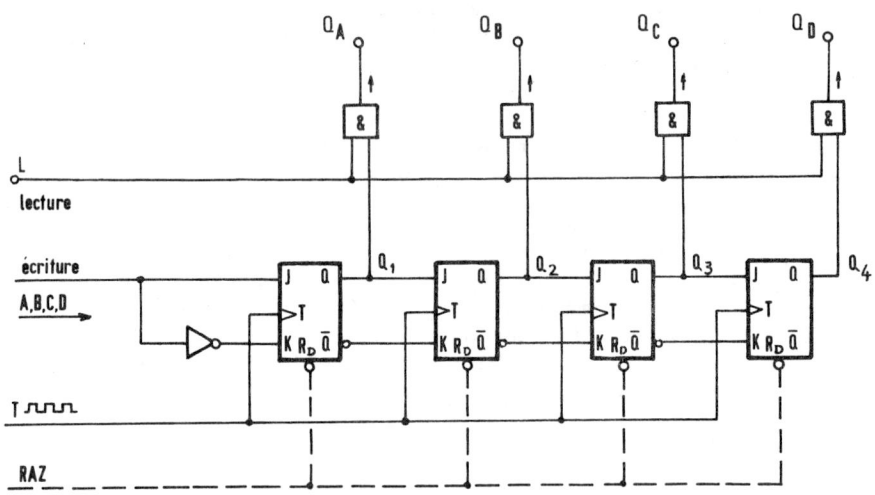

Fig. 13 : Registre à écriture série et lecture parallèle

A l'instant t_1 (1ère impulsion d'horloge), le 1er bit D du mot
étant présent sur l'entrée J de la 1ère bascule, sa sortie Q commutera
à cette valeur, 0 ou 1 selon le cas (revoir le fonctionnement d'une
bascule JK). A l'instant t_2 (2ème impulsion d'horloge), le 2ème bit du
mot sera commuté sur la sortie Q de la 1ère bascule et le 1er bit du
mot sera commuté sur la sortie Q de la 2ème bascule, etc...

On retrouvera donc, après 4 impulsions d'horloge, les 4 bits du mot
sur les 4 sorties Q des bascules : la lecture pourra être faite en appliquant à la 5ème impulsion d'horloge une commande sur l'entrée L.

On peut noter que le fait de lire le contenu du registre n'en provoque pas la remise à zéro : si on veut vider le registre, on devra
effectuer une commande auxiliaire de remise à zéro sur toutes les entrées R_D de forçage à zéro des bascules.

c) Registre à écriture "parallèle" et lecture "série"

Ce mode de fonctionnement est symétrique du précédent (fig.14) :
l'écriture simultanée des 4 "bits" A,B,C,D du mot peut être faite par
les entrées S_D de forçage à 1 des bascules (associés par des fonctions
"ET" à la commande d'écriture E).

La lecture se fait "bit" après "bit" au rythme des impulsions
d'horloge sur la sortie Q de la 4ème bascule (le ler bit sorti étant
D, puis C, puis B, puis A). Après la 4ème impulsion d'horloge, toutes
les sorties Q des bascules sont revenues à 0 : le registre est vidé de
son contenu et il est disponible pour un nouvel enregistrement.

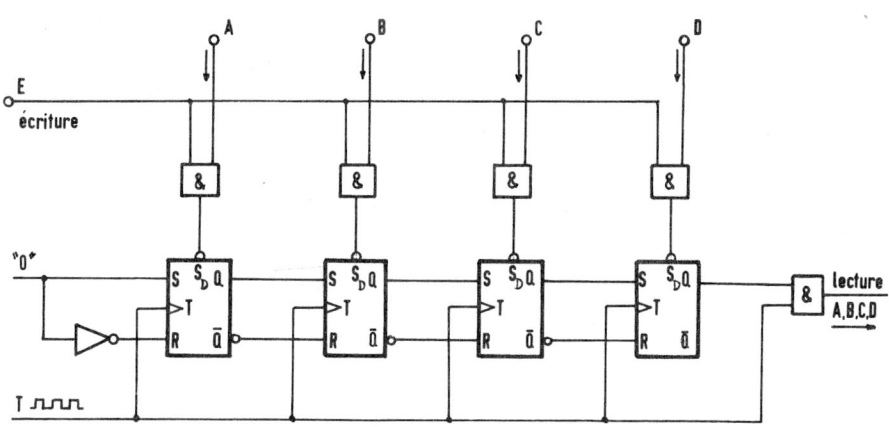

Fig. 14 : Registre à écriture parallèle et lecture série

d) Registre à écriture et lecture "série"

Dans ce mode de fonctionnement, les "bits" sont présentés les uns
après les autres sur l'entrée J (ou S) de la 1ère bascule et sortent
les uns après les autres, dans le même ordre, sur la sortie Q de la
dernière bascule. Il y a alors un décalage entre l'apparition d'un
"bit" donné sur la sortie du registre et sa présentation à l'entrée du
registre, d'autant d'impulsions d'horloge que le registre comporte de
bascules.

Ce mode est très utilisé comme dispositif d'introduction d'un retard dans la transmission d'informations série : le registre est alors
utilisé comme un "registre à décalage".

7.4.2 UTILISATION D'UNE DOUBLE HORLOGE

Il est souvent nécessaire, dans les circuits complexes, de s'assurer
des instants précis d'utilisation de telle variable par rapport à telle autre. On a alors recours à une double commande d'horloge dont les
impulsions T_1 et T_2 ont la même fréquence, mais sont décalées les unes
des autres d'un certain temps τ.

Le principe de réalisation d'une telle commande biphase au moyen
d'une bascule JKT et de deux fonctions ET est représenté sur la
fig. 15 : la sortie T_1 réalise l'équation logique T.Q, alors que la

sortie T_2 réalise l'équation logique $T.\bar{Q}$. La fréquence des impulsions T_1 et T_2 est alors égale à la moitié de celle des impulsions T.

Un exemple d'utilisation d'une double horloge est représenté sur la fig. 16, dans le cas d'un registre à écriture série et lecture parallèle : pour être certain que les bascules du registre ont pris leurs valeurs au moment de la lecture, on pourra imposer que celle-ci se fasse aux instants de validité de T_2 alors que l'écriture sera imposée aux instants de validité de T_1.

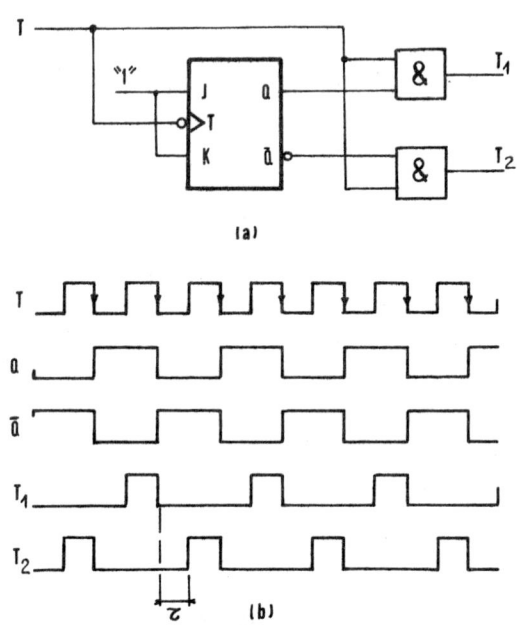

Fig. 15 : Double horloge
(a) Circuit (b) Diagramme temporel

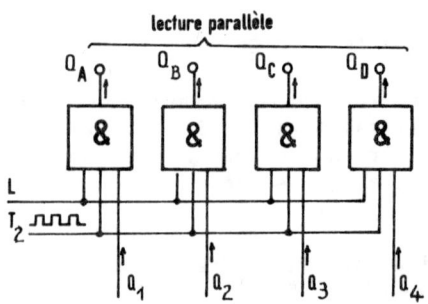

Fig. 16 : Exemple d'utilisation de T_2

7.4.3 REGISTRE UNIVERSEL

Pour terminer ce paragraphe de présentation des registres, nous donnerons ci-dessous un exemple de registre "universel" réalisé industriellement, dont toutes les spécifications sont fournies par le constructeur. Ce registre est dit universel car il peut fonctionner selon tous les modes définis précédemment (entrées : série ou parallèle, sorties : série ou parallèle). Son fonctionnement peut être analysé à partir d'une part de son schéma logique, représenté sur la fig. 17, et d'autre part du diagramme temporel d'une séquence typique d'utilisation, représenté sur la fig. 18.

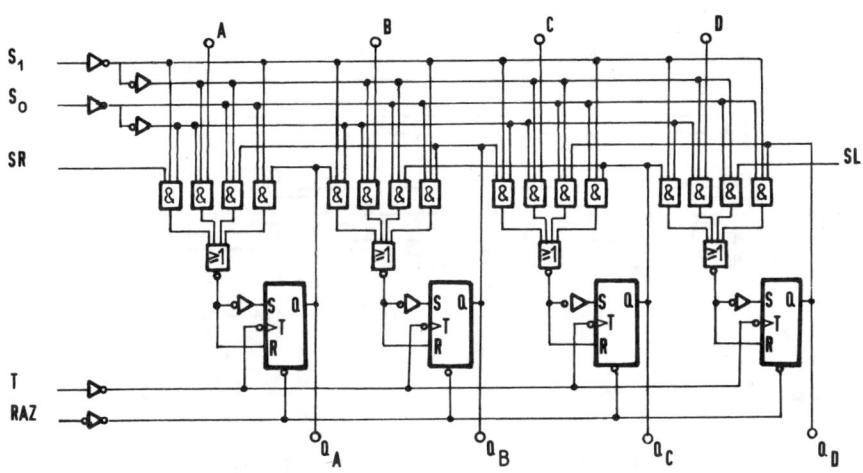

Fig. 17 : Schéma logique d'un registre universel

Les divers modes de fonctionnement du registre sont sélectionnés à l'aide de deux entrées de contrôle, S_0 et S_1.

L'écriture parallèle est réalisée en positionnant les entrées de contrôle S_0 et S_1 toutes les deux à 1. Les données appliquées en A, B, C, D apparaissent alors en sorties des bascules $Q_A Q_B Q_C Q_D$, après le front montant de l'impulsion d'horloge.

Le décalage du contenu du registre $Q_A Q_B Q_C Q_D$ peut s'obtenir soit vers la droite, soit vers la gauche. Les décalages s'effectuent de manière synchrone sur le front montant de l'impulsion d'horloge.

- Le décalage à droite est obtenu pour $S_0 S_1 = 10$. Les données série, pour ce mode, doivent être entrées sur l'entrée SR.

- Le décalage à gauche est obtenu pour $S_0 S_1 = 01$, les données série devant alors être présentées sur l'entrée SL.

Lorsque les deux entrées de contrôle S_0S_1 sont à zéro, le registre est bloqué, c'est à dire que les sorties des bascules conservent leur état antérieur.

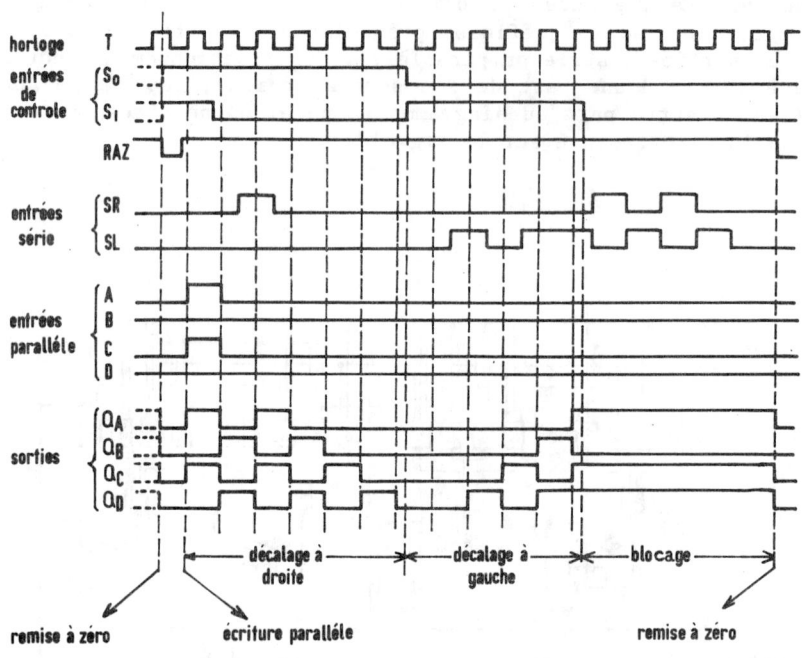

Fig. 18 : **Séquence typique d'utilisation**

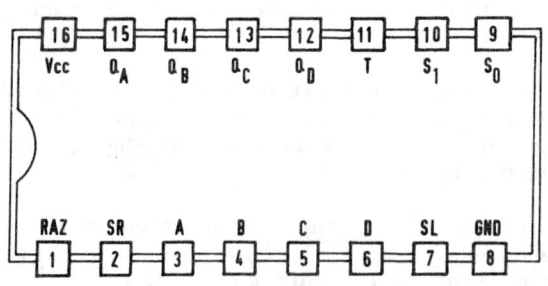

Matériellement, ce registre uiversel est présenté dans un boitier à 16 broches, dont le schéma est représenté sur la fig. 19 : il donne la correspondance entre les variables des fig. 17 et 18 et les numéros des broches.

Fig. 19 : **Boitier de registre universel**

7.5 MEMOIRES VIVES

Comme nous l'avons vu au paragraphe 6.3, une mémoire vive sert à stocker des informations binaires qui évoluent au cours du fonctionnement de l'automate ou du calculateur. Ces mémoires vives, aussi appelées à lecture-écriture, ou encore RAM (pour "Random Access Memory" en anglais), sont organisées en mots binaires (qui peuvent être de 1 bit, de 4 bits, de 8 bits, etc...). Chacun de ces mots peut être sélectionné à l'aide d'un décodeur, sur les entrées duquel on fournit l'adresse (codée en binaire) du mot sur lequel on veut agir. La valeur de chaque mot peut être lue en sortie de la mémoire mais, à la différence des mémoires mortes, peut être également modifiée : on peut "écrire" dans la mémoire. En général, tous les bits d'un même mot sont utilisés simultanément, soit en lecture, soit en écriture : on peut alors considérer que chaque mot de la mémoire fonctionne comme un registre à écriture parallèle (entrée des données) et à lecture parallèle (sortie des données), mais dont les commandes E et L doivent satisfaire à certaines conditions.

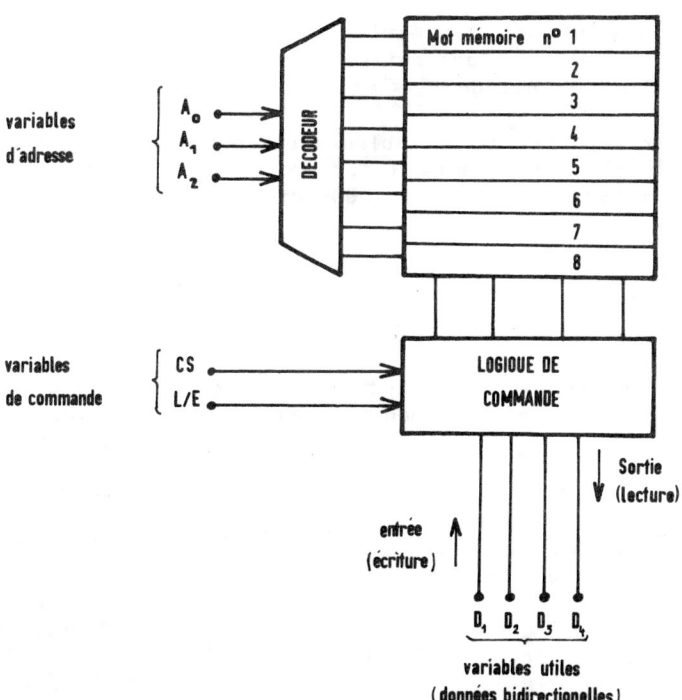

**Fig. 20 : Structure générale d'une mémoire vive
(8 mots de 4 bits)**

La structure générale d'une mémoire vive est représentée sur la fig. 20, elle fait apparaître les trois catégories de variables qui y interviennent habituellement:

a) les variables d'adresse $A_0, A_1, A_2, \ldots$, qui sont, comme pour une mémoire morte, les entrées du décodeur qui permet de sélectionner un mot-mémoire (s'il y a n entrées d'adresse, il y a 2^n mots-mémoire).

b) les variables de commande, qui permettent d'assurer le fonctionnement logique de la mémoire. On trouve :

    - Une entrée de sélection de boîtier, CS, ("chip select" en anglais) qui commande la mise au repos de la mémoire (si CS = 0) ou sa mise en activité de lecture ou d'écriture (si CS = 1).

    - Une entrée de sélection de mode, L/E, (ou R/W pour "Read/ Write" en anglais) qui commande la lecture du mot-mémoire sélectionné (si L/E = 1) ou l'écriture d'un nouveau contenu dans ce même mot (si L/E = 0).

c) les variables utiles, $D_1, D_2, D_3, D_4, \ldots$ qui représentent les données sigificatives de tel ou tel problème en cours de traitement.

    Ces données, pouvant être écrites ou lues dans la mémoire selon l'état de la commande logique qui est en cours, apparaîtront donc sur les mêmes bornes : on dit qu'il s'agit de données "bidirectionnelles".

    Ces trois catégories de variables correspondent pratiquement, dans des ensembles plus importants (microprocesseurs, micro-ordinateurs, etc...), aux informations binaires qui circulent en parallèle dans ce qu'on appelle les "bus" :

        - le "bus" des adresses
        - le "bus" des commandes
        - le "bus" des données (bidirectionnel)

Un exemple de boîtier de mémoire vive à 18 broches est représenté sur la fig. 21, avec la correspondance entre les variables et les numéros de broche : il s'agit d'une mémoire statique de 4096 bits, organisée en 1024 mots de 4 bits (soit 1k-quartet), qui utilise 10 variables d'adresse (de A_0 à A_9) pour sélectionner un des 2^{10} quartets qui sera traité sur les bornes D_1 à D_4, lu ou écrit selon la valeur de L/E.

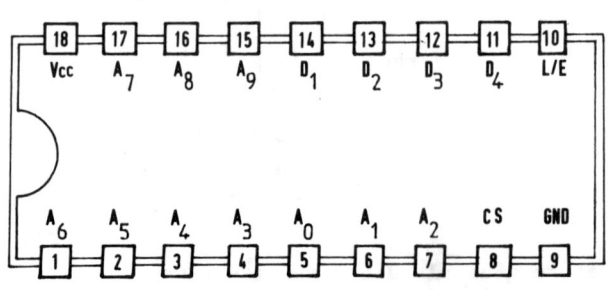

Fig. 21 : Boîtier de mémoire vive
(1024 mots de 4 bits)

7.6 COMPTEURS

D'une façon générale, un compteur électronique est un circuit logique constitué par l'association de plusieurs bascules permettant de compter un certain nombre d'impulsions à une certaine fréquence.

Un compteur est dit "asynchrone" lorsque les états de ses bascules évoluent successivement, les sorties de l'une étant appliquées aux entrées de l'autre.

Un compteur est dit "synchrone" lorsque les états de ses bascules évoluent simultanément, au rythme de l'entrée d'horloge (alors commune à toutes les bascules).

Un compteur est dit "modulo M" lorsqu'il peut compter M impulsions, de 0 à M-1, et qu'il est remis à zéro par la Mième.

Nous étudierons d'abord un compteur du type asynchrone, puis deux compteurs du type synchrone, et enfin un compteur programmable.

7.6.1 COMPTEUR ASYNCHRONE MODULO 16

Lorsque le nombre d'impulsions à comter, M, est exactement égal à une puissance de 2, soit $M = 2^n$, le compteur est constitué de n bascules. La fig. 22 montre par exemple le principe d'un compteur asynchrone modulo 16 : il comporte 4 bascules JKT, toutes les entrées J et K sont à "1" et chaque sortie Q_i est branchée sur l'entrée d'horloge T_{i+1} de la bascule suivante.

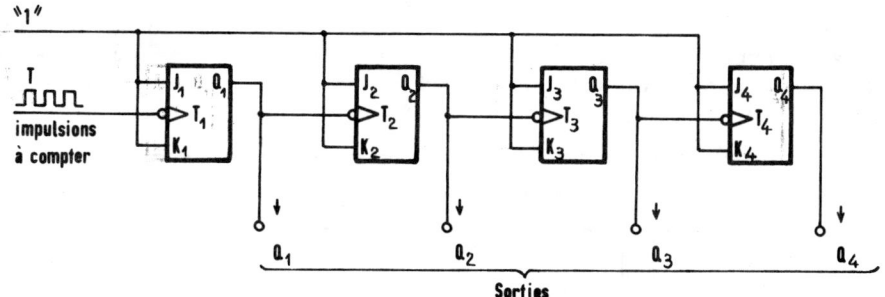

Fig. 22 : Compteur asynchrone modulo 16

Les impulsions à compter sont présentées sur l'entrée d'horloge de la 1ère bascule. La commutation des bascules se faisant "sur front descendant", les sorties Q_1, Q_2, Q_3, Q_4 prennent les valeurs indiquées sur le diagramme temporel de la fig. 23.

Chaque bascule change d'état lors des fronts descendants de la sortie Q de la bascule précédente, ce qui correspond à une division par 2 de la fréquence des impulsions à l'entrée. De plus, on voit que le "mot" $Q_4Q_3Q_2Q_1$ représente, à chaque instant, le codage en binaire pur du nombre d'impulsions reçues depuis la remise à zéro du compteur : par exemple, après la treizième impulsion, le mot $Q_4Q_3Q_2Q_1$ vaut 1101, c'est à dire 13 en binaire, etc...

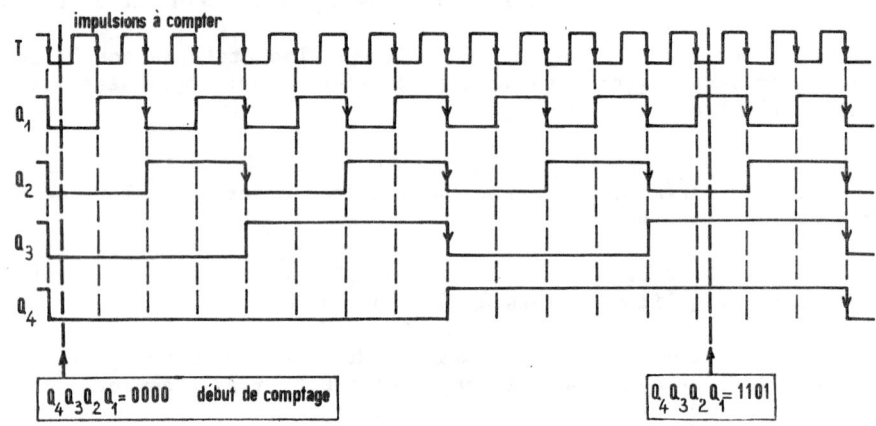

Fig. 23 : Codage du nombre d'impulsions de T sur $Q_4Q_3Q_2Q_1$

Remarque : Dans le décodage du mot $Q_4Q_3Q_2Q_1$, on doit prendre garde à l'écart de une unité entre l'instant décodé et le numéro de l'impulsion : la 1ère impulsion décode le nombre 0, la 2ème impulsion le nombre 1, ..., et la 16ème le nombre 15. Ainsi, un compteur modulo 16 permet en réalité de compter de 0 à 15 en binaire.

7.6.2. COMPTEURS SYNCHRONES

Dans un compteur synchrone, toutes les entrées d'horloge des bascules sont attaquées simultanément par les impulsions de comptage, et l'évolution des sorties Q_i doit représenter le chiffre à compter.

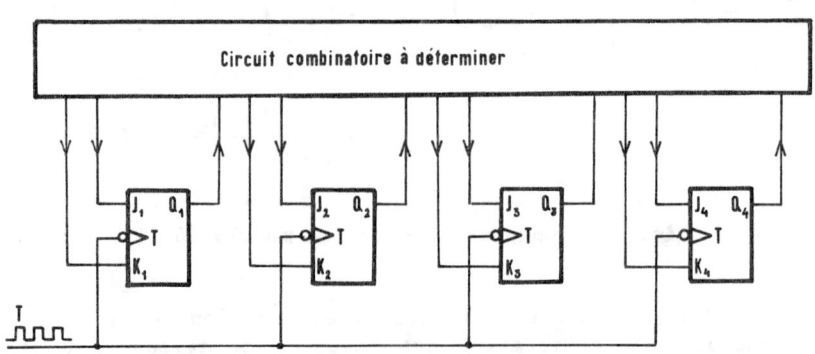

Fig. 24 : Structure d'un compteur synchrone

Le problème est donc, d'une façon générale, de déterminer le circuit combinatoire dont les entrées sont les sorties Q_i des bascules, et dont les sorties sont les commandes à appliquer aux entrées synchronisées des bascules, pour que leur évolution corresponde à la fonction souhaitée pour le compteur (fig. 24).

Cette synthèse peut être faite, connaissant le type de bascules utilisées (SRT ou JKT), soit en établissant les tableaux de KARNAUGH des entrées des bascules, soit à partir des diagrammes temporels de leurs sorties. Nous allons en donner deux exemples.

a) Compteur synchrone modulo 16

Prenons l'exemple d'un compteur modulo 16 (comptant de 0 à 15) comportant 4 bascules JKT dont les entrées J et K sont supposées reliées à la même valeur logique ($J_1 = K_1$) : dans ce mode de fonctionnement simplifié, les sorties Q_1 changeront alors d'état à chaque front descendant appliqué sur l'entrée d'horloge.

Les sorties Q_1, Q_2, Q_3, Q_4 devront réaliser le diagramme temporel représenté précédemment sur la fig. 23. En supposant que J_1 et K_1 soient toujours maintenus à l'état "1", on voit sur ce diagramme que :

– Q_2 devra changer d'état sur <u>tous</u> les fronts descendants de Q_1 : cela peut être réalisé par l'équation logique combinatoire :

$$J_2 = K_2 = Q_1$$

– Q_3 devra changer d'état lorsque les 2 sorties Q_1 et Q_2 auront simultanément un front descendant. Cela peut être réalisé par l'équation :

$$J_3 = K_3 = Q_1 . Q_2$$

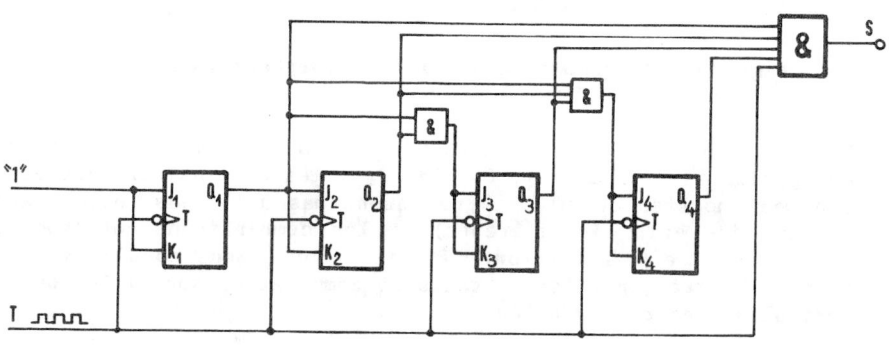

Fig. 25 : Compteur synchrone modulo 16

- Q_4 devra changer d'état lorsque les 3 sorties Q_1 et Q_2 et Q_3 auront simultanément un front descendant, d'où :

$$J_4 = K_4 = Q_1 \cdot Q_2 \cdot Q_3$$

On obtient ainsi le schéma de ce compteur, représenté sur la fig. 25.

On peut y adjoindre la sortie $S = Q_1 \cdot Q_2 \cdot Q_3 \cdot Q_4 \cdot T$, qui délivrera une impulsion en fin de comptage, au moment où toutes les sorties Q_i repasseront à 0 pour un nouveau cycle.

b) Compteur synchrone modulo 10 (décade synchrone)

Prenons maintenant l'exemple d'un compteur modulo 10 (comptant de 0 à 9) en utilisant toujours des bascules JKT à entrées J et K couplées et avec $J_1 = K_1 = 1$.

Pour un tel compteur, quatre bascules seront nécessaires (puisque $2^3 = 8$ est inférieur à 10 et $2^4 = 16$ supérieur à 10), et les quatre sorties Q_1, Q_2, Q_3, Q_4 devront évoluer selon le diagramme temporel représenté sur la fig. 26.

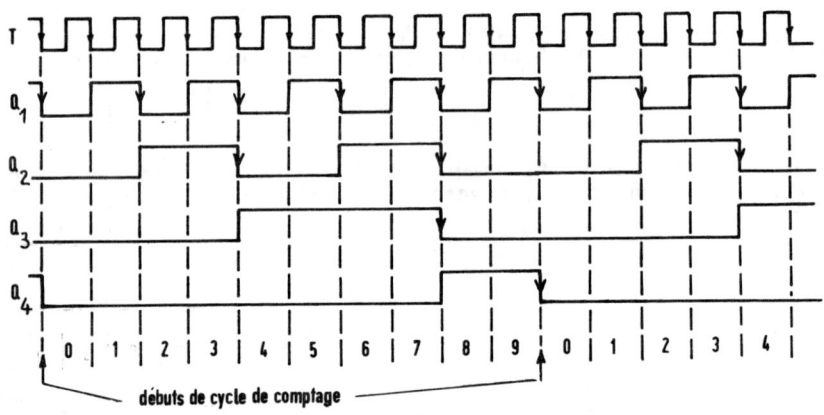

Fig. 26 : Diagramme temporel d'un compteur modulo 10

Portons dans un tableau de KARNAUGH toutes les valeurs possibles de codage des 4 variables Q_1, Q_2, Q_3, Q_4 : les combinaisons correspondant aux nombres de 10 à 15 ne seront pas utilisées (elles représentent des états indifférents) et les combinaisons correspondant aux nombres de 0 à 9 seront définis, pour chaque couple JK de variable d'entrée, par les instants de commutation souhaités pour les variables Q correspondantes.

Le tableau de KARNAUGH des valeurs de J_2 et K_2 est représenté sur la fig. 27 : Q_2 doit commuter aux instants définis par les chiffres 1, 3, 5, 7 : J_2 et K_2 devront donc être égaux à "1" à ces instants là.

J_2 — $Q_4 Q_3$ \ $Q_2 Q_1$	00	01	11	10
00	0	1	1	0
01	0	1	1	0
11	–	–	–	–
10	0	0	–	–

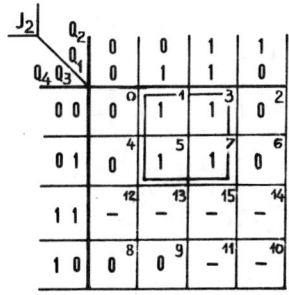

Fig. 27 : Tableau de Karnaugh de J2

On en déduit leur équation logique :

$$J_2 = K_2 = Q_1 \cdot \bar{Q}_4$$

De la même façon, les tableaux de KARNAUGH des valeurs de J_3 et K_3 d'une part, de J_4 et K_4 d'autre part, sont représentés sur les fig. 28 et 29.

Q_3 doit commuter aux instants définis par les chiffres 3 et 7, d'où l'équation de J_3 et K_3 (avec le regroupement indiqué) :

$$J_3 = K_3 = Q_1 \cdot Q_2$$

J_3 — $Q_4 Q_3$ \ $Q_2 Q_1$	00	01	11	10
00	0	0	1	0
01	0	0	1	0
11	–	–	–	–
10	0	0	–	–

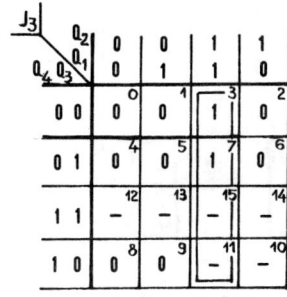

Fig. 28 : Tableau de Karnaugh de J_3

J_4 — $Q_4 Q_3$ \ $Q_2 Q_1$	00	01	11	10
00	0	0	0	0
01	0	0	1	0
11	–	–	–	–
10	0	1	–	–

Fig. 29 : Tableau de Karnaugh de J_4

Q_4 doit commuter aux instants définis par les chiffres 7 et 9, d'où l'équation de J_4 et K_4 (avec les regroupements indiqués) :

$$J_4 = K_4 = Q_1 \cdot Q_4 + Q_1 \cdot Q_2 \cdot Q_3$$

On en déduit le schéma de ce compteur, représenté sur la fig. 30.

On peut noter que les équations logiques des J_i K_i et le schéma du compteur auraient pu aussi être obtenus par l'analyse du diagramme temporel de la fig. 26 (comme on l'a fait pour le compteur synchrone modulo 16 à partir du diagramme de la fig. 23) :

- Q_1 doit commuter sur tous les fronts descendants de T ; ceci est réalisé si $J_1 = K_1 = 1$

- Q_2 doit commuter sur tous les fronts descendants de Q_1 sauf sur celui qui correspond au front descendant de Q_4 ; ceci est réalisé si $J_2 = K_2 = Q_1 \overline{Q}_4$

- Q_3 doit commuter sur tous les fronts descendants simultanés de Q_1 et de Q_2 ; ceci est réalisé si $J_3 = K_3 = Q_1 \cdot Q_2$

- Q_4 doit commuter soit sur le front descendant simultané de Q_1, Q_2 et Q_3, soit sur le front descendant de Q_1 qui correspond à son propre front descendant (de Q_4) ; ceci est réalisé si :

$$J_4 = K_4 = Q_1 \cdot Q_2 \cdot Q_3 + Q_1 \cdot Q_4$$

On retrouve bien les résultats précédents.

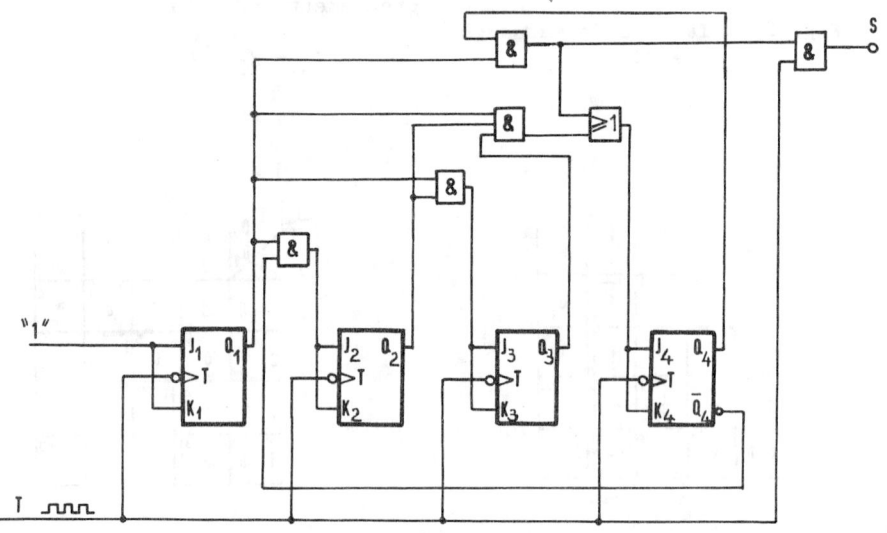

Fig. 30 : Compteur synchrone modulo 10

7.6.3. COMPTEUR PROGRAMMABLE

Nous présentons ci-dessous un exemple de réalisation industrielle d'un compteur "programmable". Un tel compteur regroupe dans un même boitier deux fonctions, celle de comptage et celle de stockage, dans un registre à entrées parallèles et sorties parallèles. L'avantage d'un tel regroupement apparaîtra plus en détail au chapitre 9. Nous dirons simplement ici que l'utilisation en registre permet de stocker n'importe quel nombre dans le compteur avant de commencer le comptage: on dit qu'on "prépositionne" le compteur, ou encore qu'on le "programme", d'où son nom.

Le schéma de la fig. 31 représente le schéma logique du circuit et le diagramme temporel de la fig. 32 représente une séquence typique d'utilisation.

Le compteur étudié est un compteur modulo 16 présentant la particularité d'avoir deux entrées d'horloge : l'une, CO, permettant le comptage (suite des nombres binaires naturels dans l'ordre croissant) et l'autre, DE, le décomptage (suite dans l'ordre décroissant). Ces deux horloges ne doivent pas être utilisées simultanément et l'horloge non utilisée doit être à l'état haut ("1" logique).

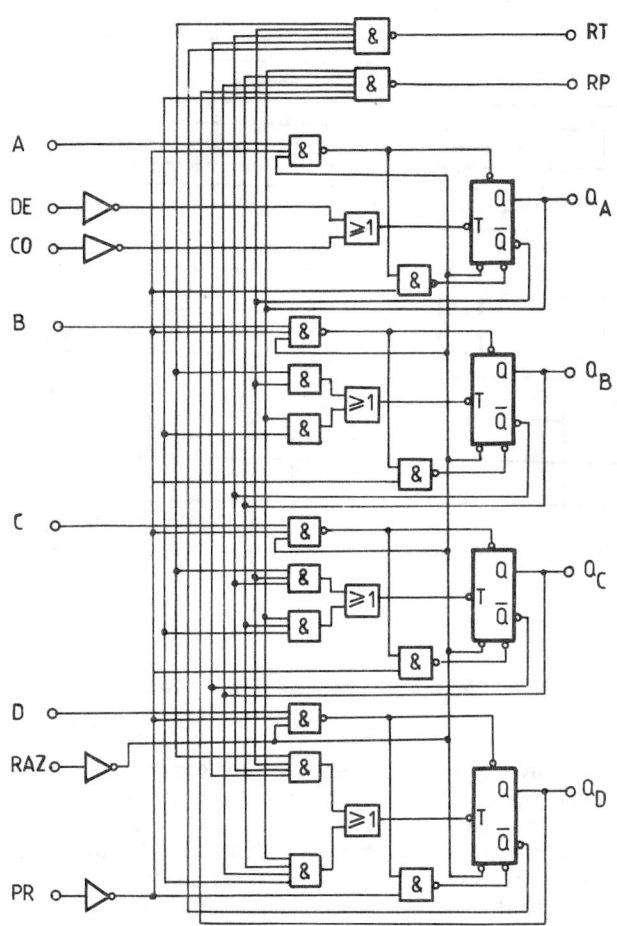

Fig. 31 : Schéma logique d'un compteur programmable

Etudions la séquence d'utilisation de la fig. 32. Une impulsion positive sur l'entrée de remise à zéro RAZ positionne toutes les sorties des bascules Q_D Q_C Q_B Q_A à zéro. Les entrées de données DCBA étant

positionnées à une valeur souhaitée (ici DCBA = 1101, ce qui correspond au nombre décimal 13), une impulsion négative sur l'entrée PR de
prépositionnement permet d'obtenir le transfert de ces données en sortie des bascules (ici Q_D Q_C Q_B Q_A = 1101) :

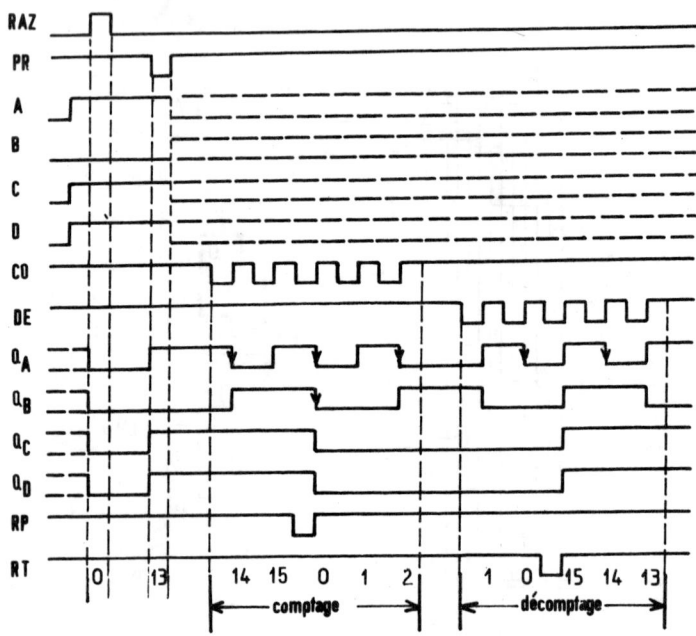

Fig. 32 : Séquence typique d'utilisation

Les impulsions envoyées sur l'entrée de comptage, CO, font alors
évoluer les sorties Q_D Q_C Q_B Q_A. Lorsque le contenu du compteur passe
de 15 à 0, une sortie supplémentaire, dite "de report", RP, (ou BO
pour "Borrow" en anglais) fournit une impulsion. La séquence présente
ensuite une phase de décomptage : les impulsions envoyées sur l'entrée
de décomptage, DE, font évoluer les sorties Q_D Q_C Q_B Q_A dans l'ordre
décroissant et, lorsque le contenu du compteur passe de 0 à 15, une
autre sortie supplémentaire, dite de "retenue", RT, (ou CY pour
"Carry" en anglais) fournit une impulsion. Ces deux sorties supplémentaires (de report et de retenue) permettent ainsi de "cascader" plusieurs circuits identiques si l'on souhaite étendre la gamme de
comptage.

Matériellement, ce compteur est présenté dans un boitier à 16 broches : la fig. 33 donne la correspondance entre les variables des fig. 31 et 32 et les numéros des broches.

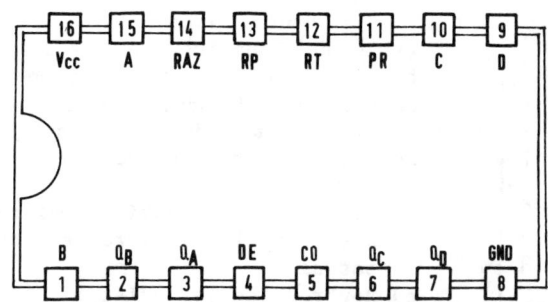

Fig. 33 : Boitier de compteur programmable

EXERCICES SUR LE CHAPITRE 7

1. Bascule SR à déclenchement prioritaire.

On veut construire une bascule dont la table de fonctionnement soit celle du tableau ci-contre : fonctionnement identique à celui d'une bascule SR sauf pour le cas S=R=1, où on impose un passage à 0 quelque soit la valeur antérieure q de la sortie Q.

SR \ q	0	1
00	0	1
01	0	0
11	0	0
10	1	1

a) Déterminer l'équation logique de Q.
b) Dessiner le logigramme NAND de cette bascule.
c) Montrer que ce logigramme peut être obtenu à partir de celui d'une bascule SR à enclenchement prioritaire par adjonction d'une seule liaison sur celui-ci.

2. Registre à décalage à écriture et lecture "série"

a) Dessiner le schéma d'un registre à décalage à écriture et lecture série à 4 bascules SRT à commutation sur front montant.

b) Dessiner les diagrammes temporels des sorties Q_1, Q_2, Q_3, Q_4, lors de la transmission du nombre décimal 12 codé en binaire pur.

3. Commande d'un cycle de fabrication

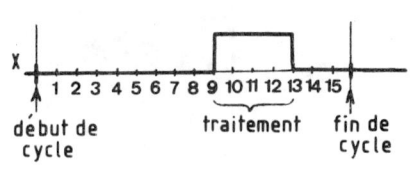

Un cycle de fabrication répétitif dont la durée totale est de 16 secondes comporte un traitement X qui doit commencer 9 sec. après le début du cycle et s'arrêter 13 sec. après le début du cycle (durée du traitement 4 secondes);

L'ordre d'effectuer ce traitement (X=1) est obtenu au moyen d'un compteur asynchrone comportant 4 bascules JKT à commutation sur front descendant, la 1ère étant attaquée par des impulsions de fréquence 1 Hertz.

a) Montrer que le décodage des instants de début et de fin du traitement peut être effectué au moyen de fonctions "ET" dont les entrées sont certaines valeurs de Q_1, $\overline{Q_1}$, Q_2, $\overline{Q_2}$, Q_3, $\overline{Q_3}$, Q_4 ou $\overline{Q_4}$.

b) Montrer que l'ordre X peut être obtenu sur la sortie Q d'une bascule SR à déclenchement prioritaire, dont les entrées seraient les sorties des fonctions "ET" précédentes.

c) Dessiner le schéma général du circuit de commande.

4. Commande d'un système automatique d'empaquetage de stylos

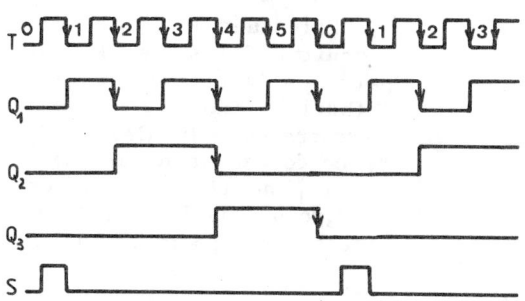

On veut empaqueter par groupes de six des stylos arrivant, en fin de fabrication, sur un tapis entraîné à vitesse constante. En passant devant une cellule photoélectrique, chaque stylo coupe son faisceau lumineux et engendre une impulsion.

On envisage de déterminer l'ordre S d'empaquetage au moyen d'un compteur synchrone à 3 bascules JKT dont les entrées JK sont couplées ($J_1 = K_1 = $ "1", $J_2 = K_2$, $J_3 = K_3$) et dont toutes les entrées d'horloge sont attaquées par les impulsions engendrées par les stylos.

a) Déterminer les équations logiques des entrées J_2, K_2 et J_3, K_3 en fonction des sorties des bascules Q_1, $\overline{Q}_1$, Q_2, $\overline{Q}_2$, Q_3, $\overline{Q}_3$.

b) Dessiner le schéma général du circuit de commande, en précisant où apparaît la sortie S de commande d'empaquetage.

5. Compteur à présélection

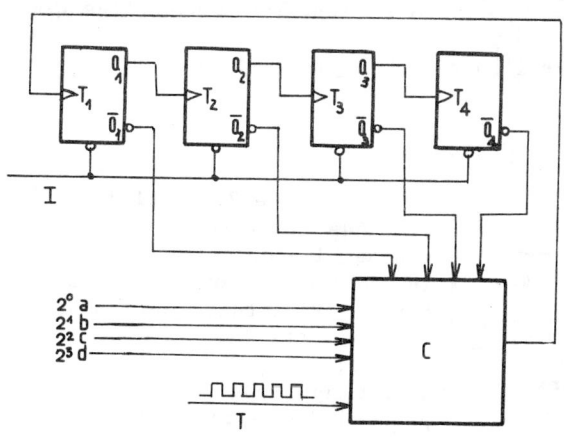

On veut arrêter définitivement un compteur asynchrone modulo 16 lorsqu'il a compté un certain nombre d'impulsions (compris entre 0 et 15), présélectionné par un affichage en binaire sur des interrupteurs a,b,c,d.

Proposer un schéma à portes logiques élémentaires pour le circuit C qui permette de réaliser ce fonctionnement.

6. Montre à quartz

a) Proposer un schéma de compteur synchrone modulo 24.

b) Proposer un schéma de compteur synchrone modulo 60.

c) Proposer un bloc-diagramme fonctionnel des commandes d'affichage des secondes, des minutes, des heures et des jours sur une montre électronique pilotée par un quartz de fréquence 65,536 kHz.

7. Double-horloge à impulsions multiples

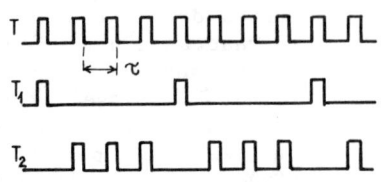

Effectuer la synthèse d'un circuit à 2 bascules JKT qui, à partir d'impulsions de période τ (horloge primaire T), délivre deux trains d'impulsions T_1 et T_2 conformes au dessin ci-contre (T_1 de période 4τ et T_2 par groupes de 3 impulsions décalées par rapport à T_1).

8. Commande d'une temporisation

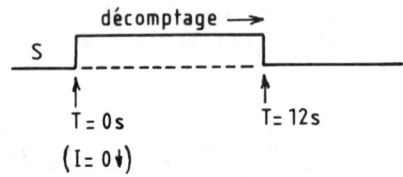

Pour matérialiser une temporisation de 12 secondes, on dispose d'une entrée d'horloge T de fréquence 1 Hertz, et on utilise un compteur programmable du type décrit au paragraphe 7.6.3.

Les entrées de données D,C,B,A contiennent la <u>durée</u> de la temporisation, la fonction utilisée est celle de <u>décomptage</u> (entrée DE) et l'initialisation est assurée par une impulsion I (active si I=0) appliquée sur l'entrée de prépositionnement PR.

a) Quelles sont les valeurs de D,C,B,A ?
b) Quelle est l'équation logique de S en fonction des sorties Q_D, Q_C, Q_B, Q_A du compteur ?
c) Comment doit-on alimenter l'entrée DE à partir de S et T ?

9. Diviseur de fréquence à présélection

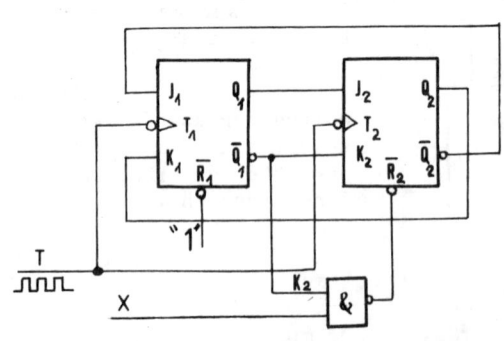

On associe 2 bascules JKT à commande synchrone selon le schéma ci-contre. Chaque bascule comporte une entrée asynchrone prioritaire de remise à zéro $\bar{R}$, active si $\bar{R}=0$. On suppose que $\bar{R}_1=1$ et $\bar{R}_2=\bar{K}_2 + \bar{X}$, où X est une commande qui peut prendre la valeur 0 ou la valeur 1.

a) En supposant qu'à l'instant initial J_1 et J_2 passent à 1 et K_1 et K_2 passent à 0, déterminer l'évolution au cours du temps de J_1, J_2, K_1, K_2 pour X=0 puis pour X=1.

b) En déduire la périodicité de K_2 et le rapport entre la fréquence de T et celle de K_2, pour X=0 puis pour X=1.

Chapitre 8

MATÉRIALISATION D'UN GRAFCET PAR UN SÉQUENCEUR CABLÉ

8.1. PRINCIPE : ASSOCIATION ETAPE-BASCULE

Dans ce chapitre, ainsi que dans les suivants, nous étudierons le problème de la matérialisation d'un grafcet, c'est-à-dire le problème de la réalisation pratique de l'automate. Nous montrerons comment les circuits étudiés aux chapitres 6 et 7 peuvent être utilisés à cette fin.

La première méthode de synthèse que nous développerons dans les paragraphes suivants consiste à réaliser ce qu'on appelle un "séquenceur". Cette méthode s'appuie sur le principe suivant : nous savons qu'un grafcet est constitué par un ensemble d'étapes ; à chacune de ces étapes, on associe une variable X_i qui est égale à "1" si l'étape est active et à "0" si elle est inactive (voir § 4.5) ; on matérialisera cette variable X_i par la variable de sortie Q_i d'une bascule. La synthèse de l'automate est alors le problème du calcul des entrées (R_i, S_i (ou J_i, K_i) de ces bascules, et des sorties de l'automate en fonction des X_i.

Nous envisagerons successivement le cas d'un grafcet linéaire, puis celui d'un grafcet comportant des sélections de séquences, et enfin celui d'un grafcet ayant des séquences simultanées.

8.2. CAS D'UN GRAFCET LINEAIRE

Nous présenterons la méthode à partir d'un exemple : celui du déplacement vertical d'une tête de perçage, dont nous supposerons que la broche tourne en permanence. Considérons (figure 1) le moteur E qui entraine la tête de perçage. Il est commandé par quatre contacteurs :

- un contacteur D, commandant la descente de la tête ;

- un contacteur M commandant sa remontée ;
- un contacteur PV de rotation du moteur en petite vitesse ;
- un contacteur GV de rotation en grande vitesse.

Trois contacts de fin de course b_0, b_1, et b_2 permettent de différencier les phases du cycle souhaité. On veut une descente rapide de
la tête de b_0 à b_1, puis une descente lente de b_1 à b_2 et enfin une
remontée rapide de b_2 à b_0. Le départ du cycle est commandé par un
bouton poussoir m ; en fin de cycle la tête s'immobilise en position
haute en attente d'une nouvelle commande m.

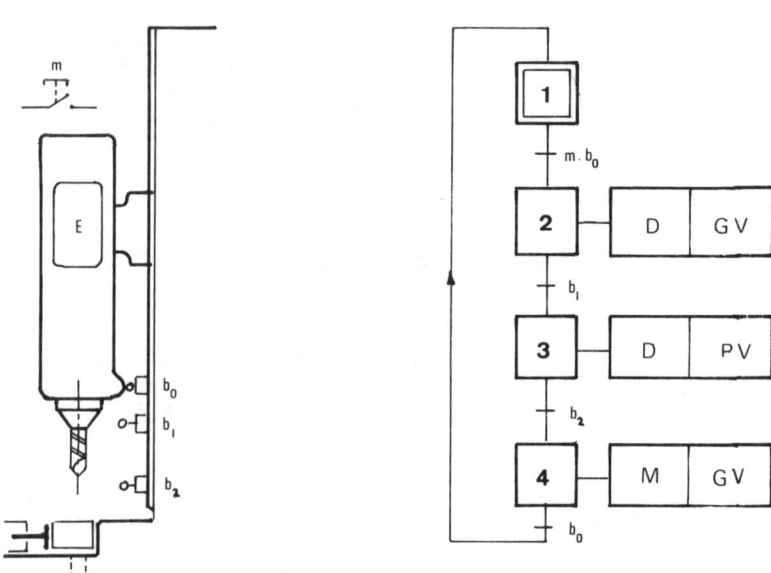

Fig. 1 : Tête de perçage   Fig. 2 : Grafcet du mouvement
                                    de la tête de perçage

Le grafcet de niveau 2 correspondant à l'énoncé ci-dessus est donné
sur la figure 2. Il comprend quatre étapes ; il faudra donc quatre
bascules pour le matérialiser. Nous utiliserons des bascules RS.
Etudions par exemple le fonctionnement souhaité pour la bascule 2 associée à l'étape 2 : sa sortie X_2 doit passer à un lorsque $X_1 = 1$ et que
$mb_0 = 1$; l'entrée S_2 de mise à un de X_2 doit donc être commandée par
le produit $X_1 mb_0$. Elle doit être remise à zéro lorsque l'étape 3 devient active, donc lorsque X_3 passe à 1 : l'entrée R_2 de remise à zéro
de X_2 doit donc être commandée par X_3.

Le raisonnement précédent est basé d'une part sur les règles
d'évolution d'un grafcet (revoir paragraphe 4.4) et d'autre part sur
le mode de fonctionnement d'une bascule RS (revoir paragraphe 7.1).

En raisonnant de façon identique pour les autres bascules, on
obtient aisément les expressions des diverses fonctions S_i et R_i. Il
faut ensuite étudier la matérialisation des sorties de l'automate

(variables d'action). Prenons, par exemple, le cas du contacteur D : il doit être actionné lorsque l'étape 2 ou l'étape 3 est active. On peut donc écrire très simplement $D = X_2 + X_3$. Les autres sorties se matérialisent de même à l'aide de fonctions OU reliant les X_i associés aux étapes pour lesquelles ces sorties sont actionnées.

Il reste enfin à résoudre le dernier problème d'implantation du grafcet : celui du marquage initial. En effet, lors de la mise sous tension d'un dispositif électronique, les sorties X_i des bascules se positionnent de façon aléatoire soit à zéro soit à un. Il faut donc ici assurer la mise à un de X_i et la remise à zéro de toutes les autres bascules. Pour être sûr de la remise à zéro, nous utiliserons des bascules RS à déclenchement prioritaire. Comme les entrées R_i des bascules sont déjà utilisées pour l'évolution du cycle du séquenceur, il est nécessaire d'insérer des fonction OU sur ces entrées pour préparer l'initialisation I. On obtient finalement la table 1 résumant les fonctions S_i et R_i de commande des bascules, et le schéma de la figure 3.

$S_1 = X_4\ b_0 + I$	$R_1 = X_2$
$S_2 = X_1\ m\ b_0$	$R_2 = X_3 + I$
$S_3 = X_2\ b_1$	$R_3 = X_4 + I$
$S_4 = X_3\ b_2$	$R_4 = X_1 + I$

Table 1 : Equations logiques des
commandes des bascules

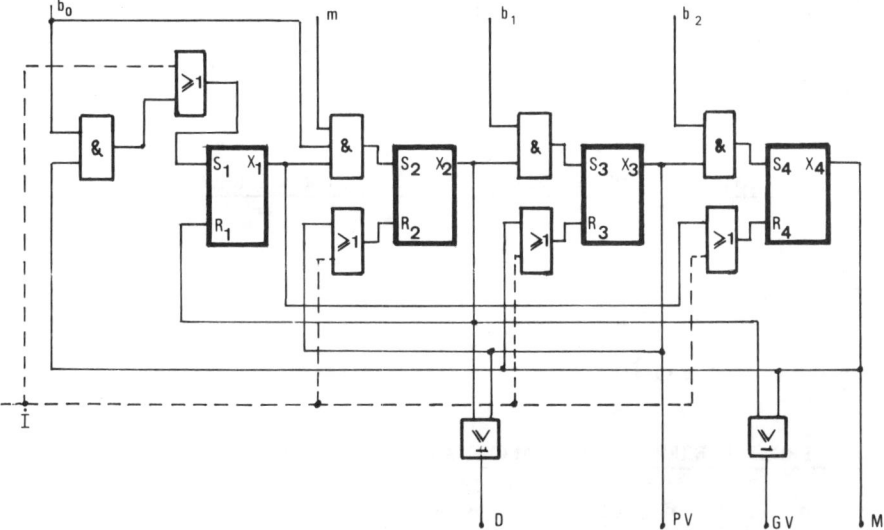

Fig. 3 : Schéma d'implantation du grafcet de la fig. 2

La commande d'initialisation I ne doit surtout pas être confondue avec la commande m de début de cycle. La commande I intervient lors de la mise sous tension du dispositif pour mettre à un la bascule associée à l'étape initiale et remettre à zéro les autres, alors que la commande m est une commande provoquant le démarrage du cycle lorsque l'opérateur le souhaite. Actuellement, dans les circuits évolués, la commande I est assurée automatiquement.

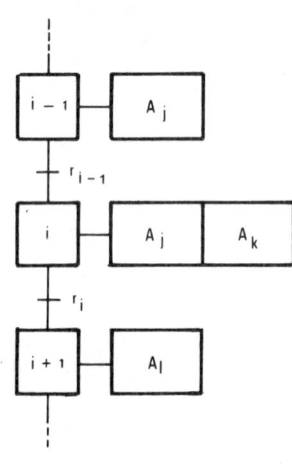

Fig. 4 : Séquence de Grafcet à implanter

Les règles d'implantation d'un grafcet linéaire par la méthode précédente sont donc les suivantes (fig. 4) :

1 - A chaque étape est associée une bascule. Si l'étape i est active, la sortie X_i de la bascule associée est égale à un ; si elle est inactive, X_i est égal à zéro.

2 - La mise à un de X_i est assurée par l'équation logique $S_i = X_{i-1} \cdot r_{i-1}$, où r_{i-1} désigne la réceptivité associée à la transition reliant l'étape i-1 à l'étape i.

3 - La remise à zéro de X_i est assurée par l'équation logique $R_i = X_{i-1} + I$, où I désigne la commande servant à l'initialisation du dispositif. Si X_1 est la bascule correspondant à l'étape initiale, I sera appliqué sur S_1 et non sur R_1.

4 - Une sortie A_j de l'automate sera réalisée à l'aide de la somme logique des sorties X_k des bascules correspondant aux étapes où A_j doit être active.

Envisageons maintenant le cas d'un grafcet avec aiguillage.

8.3. CAS D'UN GRAFCET AVEC SELECTION DE SEQUENCE

Nous présenterons deux exemples successifs de grafcet avec sélection de séquence. Le premier exemple nous permettra d'expliciter la méthode et le second nous permettra d'exposer la solution d'une difficulté particulière survenant lorsqu'une boucle d'un grafcet possède moins de trois étapes.

8.3.1. PREMIER EXEMPLE DE GRAFCET AVEC SELECTION DE SEQUENCE

On se propose d'étudier le poste de transfert représenté figure 5. Une goulotte l'alimente par gravité. Le vérin (A) place les pièces à un rythme régulier sur le plateau P. Le rythme est réglé par les étrangleurs placés sur les orifices d'échappement du distributeur à double pilotage (A+ et A-) : une modification du réglage de ces étrangleurs, entraine une modification de la vitesse de la tige du vérin (A) et donc une modification de la durée d'un cycle. le vérin (B), commandé par le distributeur à double pilotage (B+, B-) pousse la pièce sur le tapis (T) dès que le vérin (A) a repris sa position de repos.

Le début du fonctionnement a lieu lors d'une action sur le bouton poussoir m à condition que le contact d_0 indique que la goulotte est alimentée. Le cycle s'arrête soit lorsque la goulotte n'est plus ali- mentée, soit si un interrupteur k est placé en position k = 1.

Le grafcet correspondant à cet énoncé est donné fig. 6.

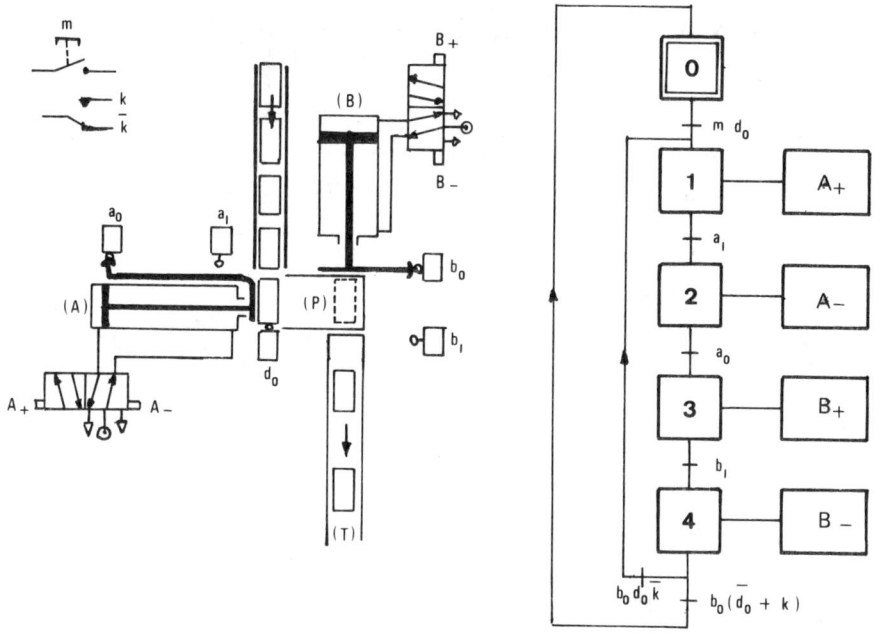

Fig. 5 : Poste de transfert   Fig. 6 : Grafcet du fonctionnement
du poste de transfert

Quelques modifications doivent être apportées à la méthode décrite au paragraphe précédent pour tenir compte de la sélection de séquence après l'étape 4 et de la réunion de séquences avant l'étape 1.

1) La remise à zéro de X_4 doit être assurée quelle que soit la transition franchie lorsqu'on quitte l'étape 4. Si on franchit la transition faisant passer à l'étape 0, c'est X_0 qui doit assurer la remise à zéro de X_4 ; si on franchit la transition faisant passer à l'étape 1, c'est X_1 qui doit assurer cette remise à zéro. L'entrée R_4

de la bascule associée à l'étape 4 sera donc commandée par : $R_4 = X_0 + X_1 + I$, où I représente encore la commande d'initialisation.

2) De façon analogue, la mise à un de X_1 doit être assurée quelle que soit la transition franchie entraînant l'activation de l'étape 1. Si l'étape précédemment active est l'étape 0, la condition d'évolution du grafcet est X_0 m d_0 ; si l'étape précédemment active est l'étape 4 la condition d'évolution est X_4 b_0 d_0 $\overline{k}$. L'entrée S_1 de mise à un de X_1 sera donc commandée par $S_1 = X_0$ m $d_0 + X_4$ b_0 d_0 $\overline{k}$.

Ces modifications étant étudiées, le reste de la méthode s'emploie sans changement et conduit finalement à la table 2 donnant les commandes S_i et R_i des bascules, et au schéma de la figure 7.

$$
\begin{aligned}
S_0 &= X_4\ b_0\ (\overline{d}_0 + k) + I & R_0 &= X_1 \\
S_1 &= X_0\ m\ d_0 + X_4\ b_0\ d_0\ \overline{k} & R_1 &= X_2 + I \\
S_2 &= X_1\ a_1 & R_2 &= X_3 + I \\
S_3 &= X_2\ a_0 & R_3 &= X_4 + I \\
S_4 &= X_3\ b_1 & R_4 &= X_0 + X_1 + I
\end{aligned}
$$

Table 2 : Equations logiques de commande des bascules

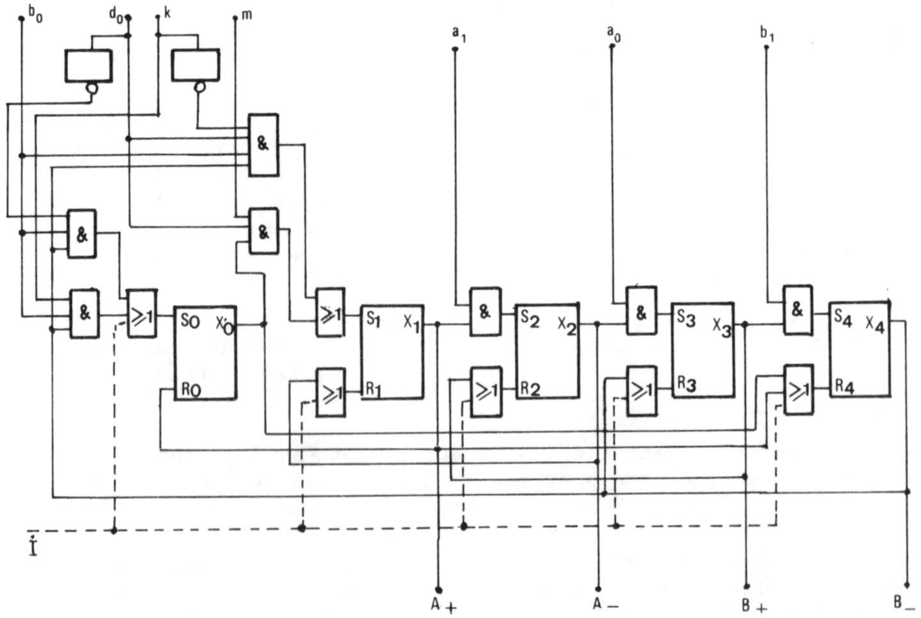

Fig. 7 : Schéma d'implantation du grafcet de la fig. 6

8.3.2. DEUXIEME EXEMPLE DE GRAFCET AVEC SELECTION DE SEQUENCES

Un puisard sert à collecter les eaux de pluies, celles-ci s'infiltrant peu à peu dans le sol autour de la cavité du puisard. pour éviter tout débordement d'eau en cas d'afflux trop important, on a placé deux pompes P_1 et P_2 et un détecteur de niveau comme indiqué

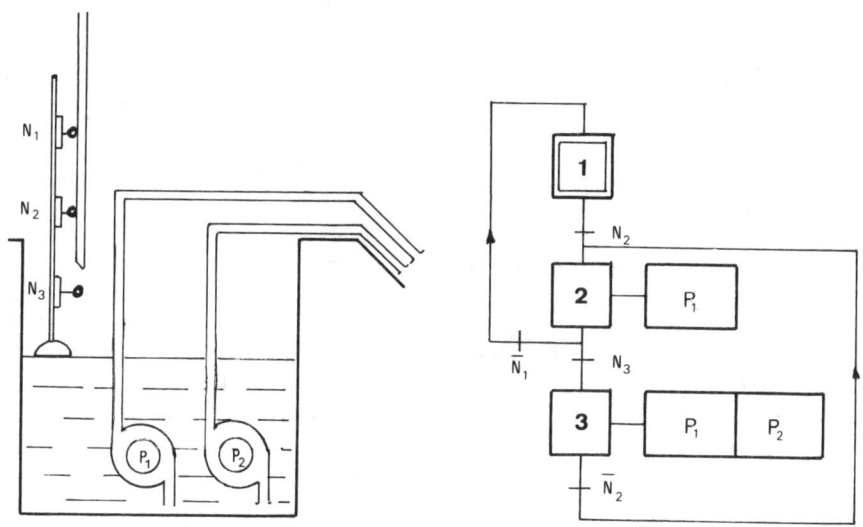

Fig. 8 : Equipement du puisard   Fig. 9 : Grafcet du fonctionnement
des pompes du puisard

sur la figure 8. Le fonctionnement souhaité est le suivant :

- Si le niveau d'eau N est inférieur à N_1 (les trois contacts N_1, N_2 et N_3 sont relachés), aucune des deux pompes ne fonctionne ;

- Supposons que le niveau N monte ; quand N atteint N_2 la pompe P_1 se met en marche ;

  - Si le niveau redescend, P_1 s'arrête quand N atteint N_1 ;

  - Si le niveau continue de monter, P_2 se met en marche lorsque N atteint N_3 ;

  - Lorsque les deux pompes fonctionnent et que le niveau N atteint N_2, on arrête P_2, mais on laisse fonctionner P_1.

La figure 9 donne le grafcet correspondant à ce problème.

L'application de la méthode précédente conduit à la table 3 fournissant les commandes S_i et R_i des bascules, et au schéma de principe de la figure 10.

$$S_1 = X_2\,\overline{N}_1 + I \qquad\qquad R_1 = X_2$$
$$S_2 = X_1\,N_2 + X_3\,\overline{N}_2 \qquad R_2 = X_1 + X_3 + I$$
$$S_3 = X_2\,N_3 \qquad\qquad\qquad R_3 = X_2 + I$$

Table 3 : Equations logiques de commande des bascules

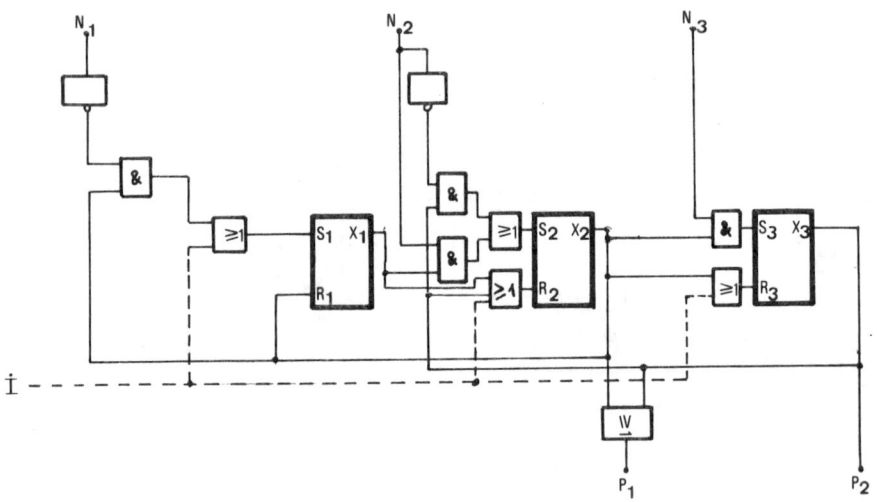

Fig. 10 : Schéma d'implantation du grafcet de la fig. 9

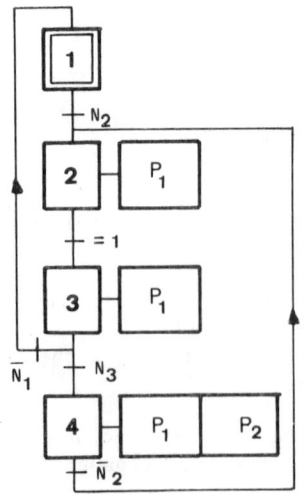

Fig. 11 : Grafcet modifié
du fonctionnement des pompes

L'étude du schéma de la figure 10 montre qu'il ne peut pas fonctionner correctement. En effet, étudions la transition Etape 1 → Etape 2. Quand $X_1 = 1$ (étape 1 active), on déduit de la table 3 que $R_2 = 1$. Lorsque $N_2\,X_1 = 1$ (condition d'activation de l'étape 2), la bascule 2, qui est une bascule à déclenchement prioritaire, ne passera pas à un à cause de R_2. Le problème est le même pour l'enclenchement de X_3 (l'utilisation de bascule à enclenchement prioritaire poserait des problèmes de même nature lors des remises à zéro). Il faut donc bien savoir que <u>tout grafcet n'est pas "cablable" sans précaution</u>. Le problème vient du fait que X_1 sert à la mise à un de X_2 lors de la transition étape 1 → étape 2 et à la remise à zéro de X_2 lors de la transition étape 2 → étape 1. Pour éviter ce problème, il faut interdire à une même variable X1 d'être cablée à la fois sur Sj et sur Rj. Une façon simple d'obtenir ce résultat est d'utiliser des "étapes fantômes" de telle sorte que toute boucle du grafcet comporte au moins trois étapes.

Le grafcet de la figure 9 est alors transformé en celui de la figure 11 auquel correspond la table 4 et le schéma de cablage de la figure 12, pour lequel il n'y a plus de problèmes de fonctionnement.

$$S_1 = X_3\ \overline{N}_1 + I \qquad\qquad R_1 = X_2$$
$$S_2 = X_1\ N_2 + X_4\ \overline{N}_2 \qquad R_2 = X_3 + I$$
$$S_3 = X_2 \qquad\qquad\qquad R_3 = X_1 + X_4 + I$$
$$S_4 = X_3\ N_3 \qquad\qquad\quad R_4 = X_2 + I$$

Table 4 : Equations logiques de commande des bascules

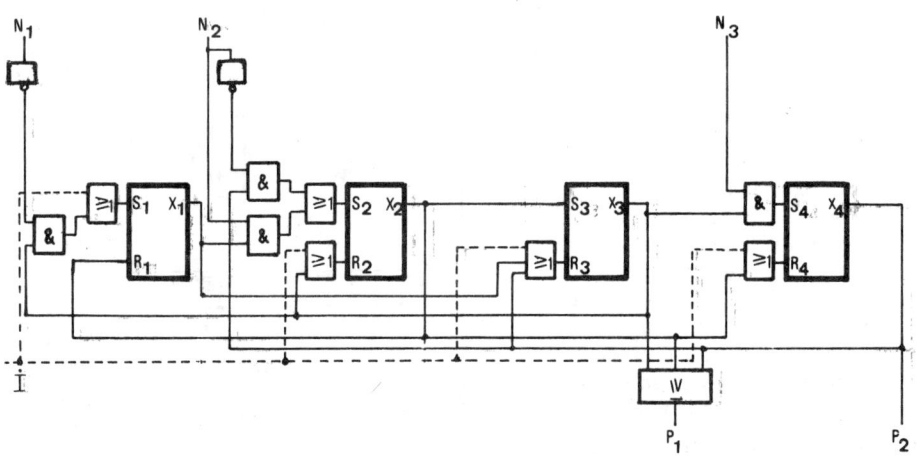

Fig. 12: Schéma d'implantation du grafcet de la fig. 11

8.4. CAS D'UN GRAFCET AYANT DES SEQUENCES SIMULTANEES

Pour ce dernier cas, nous présenterons également la méthode à partir d'un exemple. Considérons le schéma de la figure 13. On veut obtenir la dissolution d'un produit pulvérulent P_0 dans un solvant S_0. Le mélange doit contenir un volume V de solvant S_0 mesuré par un compteur volumétrique CV, et une quantité Q de produit P_0 mesurée par pesée sur

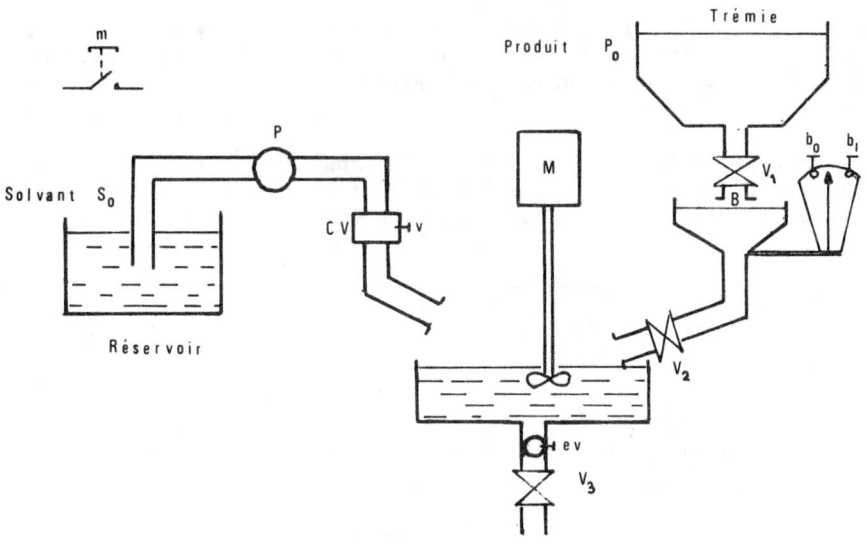

Fig. 13 : Schéma du poste de mélange

une bascule B. Le compteur volumétrique délivre une information v telle que $v = 0$ si le volume débité depuis le début du cycle est inférieur à V et $v = 1$ si ce volume est supérieur ou égal à V. Le solvant est extrait d'un réservoir par une pompe P. le dosage du produit P_0 avec la bascule B est effectué en commandant deux vannes monostables V_1 et V_2 fermées au repos ($V_1 = V_2 = 0$). On ouvre tout d'abord V_1 ($V_1 = 1$) pour que le produit P_0 contenu dans la trémie se déverse sur le plateau de la bascule B. Quand la quantité Q voulue est atteinte, un contact b_1 passe de 0 à 1. On laisse alors V_1 se refermer et on ouvre V_2 pour que P_0 se déverse dans le mélangeur. Un contact b_0 est actionné lorsque la bascule B est

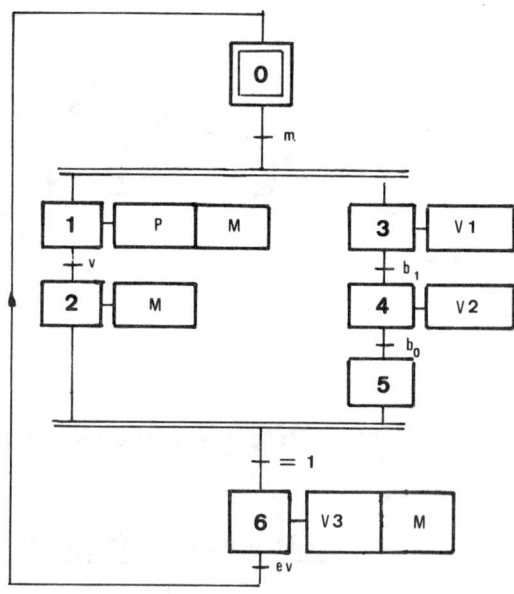

Fig. 14 : Grafcet du fonctionnement du poste de mélange

vide. Une vanne V_3 permet l'évacuation du produit fini. La fin de la vidange du mélangeur est testée par une variable ev. Un moteur M sert à l'agitation du mélange : il est mis en marche (M = 1) en début de cycle et s'arrête lorsque l'évacuation est terminée. Le début de cycle est commandé par un contact m.

La figure 14 donne un grafcet de niveau 2 correspondant à cet énoncé. Ce grafcet comporte sept étapes ; nous aurons donc besoin de sept bascules pour l'implanter. Il faut étudier plus particulièrement ici la matérialisation de la remise à zéro de l'étape 0 après l'activation des étapes 1 et 3, et celle de la mise à un de l'étape 6 lors du franchissement de la transition sur laquelle se terminent les deux séquences simultanées.

- L'étape 0 ne doit être désactivée que lorsqu'on est sûr que les étapes 1 et 3 ont été activées toutes les deux. Pour cela, la bascule B_0, de sortie X_0, devra être remise à zéro par X_1 et par X_3. Il faudra donc que la fonction R_0 comporte le terme $X_1 X_3$: tant que les deux bascules B_1 et B_3 ne sont pas mises à un, la bascule B_0 n'est pas remise à zéro.

- L'étape 6 doit être activée lorsque l'étape 2 et l'étape 5 sont actives simultanément et que la réceptivité associée à la transition est égale à un (ce qui est toujours le cas dans notre exemple). La fonction S_6 devra donc comporter ici le terme $X_2 X_5$. Dans le cas général, si la réceptivité associée à la transition était une condition logique c, la fonction S_6 comprendrait le terme $X_2 X_5 c$.

Le traitement des autres fonctions R_i ou S_i se fait sans difficulté et on obtient finalement la table 5 et le schéma de cablage associé, fig. 15.

$S_0 = X_6$ ev $+$ I	$R_0 = X_1 X_3$
$S_1 = X_0$ m	$R_1 = X_2 + I$
$S_2 = X_1$ v	$R_2 = X_6 + 1$
$S_3 = X_0$ m	$R_3 = X_4 + I$
$S_4 = X_3 b_1$	$R_4 = X_5 + I$
$S_5 = X_4 b_0$	$R_5 = X_6 + I$
$S_6 = X_2 X_5$	$R_6 = X_0 + I$

Table 5 : Equations logiques de commande des bascules

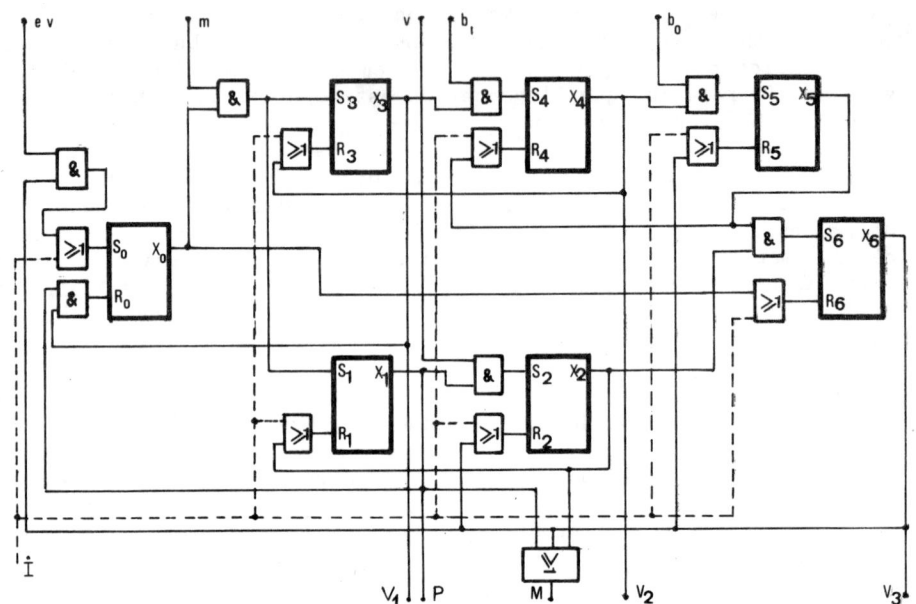

Fig. 15 : Schéma d'implantation du grafcet de la fig. 14

8.5. CONCLUSION

Ce chapitre nous a permis d'étudier la matérialisation d'un grafcet par un séquenceur électronique câblé. L'idée fondamentale est d'associer à chaque étape une bascule dont la sortie X_i est égale à un si l'étape est active et à zéro sinon. Quel que soit le type de grafcet envisagé, la synthèse de l'automate se ramène alors essentiellement à l'écriture des fonctions R_i et S_i de commande des bascules. La seule difficulté de la méthode est le traitement des boucles comportant moins de trois étapes. On a vu que l'introduction d'étapes fantômes permettait de résoudre ce problème.

Il faut mentionner que l'un des intérêts principaux de cette méthode réside dans la facilité de maintenance de l'automate ainsi conçu. En effet le cablage réalisé reproduit très fidèlement la structure du grafcet, et ce grafcet est une traduction du cahier des charges. De ce fait, il est aisé pour un service de maintenance de posséder les documents décrivant le fonctionnement de l'automatisme et permettant de localiser rapidement un défaut éventuel.

Nous avons défini au chapitre 3 la notion de variables d'état, ces variables permettant de différencer les diverses étapes les unes des autres. Nous avons défini le mot d'état M d'un automatisme comme le mot formé par la concaténation dans un ordre donné de l'ensemble des variables d'état. Pour la méthode étudiée dans ce chapitre, le mot d'état est constitué par l'ensemble des variables X_i de sortie des bascules associées aux étapes. La dimension de ce mot d'état croît donc comme le nombre d'étapes du grafcet envisagé. Or la dimension de ce mot est directement lié à la complexité de l'automate à réaliser : plus le mot comporte de variables, plus le cablage de l'automate est important et donc délicat. De ce fait, des améliorations pourront être apportées à cette méthode :

- tout d'abord, toute simplification du grafcet entrainant une diminution du nombre d'étapes permettra une simplification de la réalisation de l'automate. De ce point de vue, les remarques faites au paragraphe 4.9 sont importantes.

- ensuite, nous verrons au chapitre 9 qu'il est possible pour certains grafcets (du type graphe d'état) d'obtenir une complexité de l'automate qui croisse moins vite que le nombre d'étapes du grafcet.

- enfin nous verrons au chapitre 10 qu'il est possible de remplacer le cablage de l'automate par la programmation de certains composants, ce qui permet des réalisations plus fiables, plus facilement modifiables et moins onéreuses à concevoir et à maintenir.

Mentionnons pour terminer que, pour des installations de taille modeste, des composants électriques ou pneumatiques spécialement étudiés pour l'emploi de cette méthode ont été développés industriellement. Ces composants réalisent la fonction bascule associée à une fonction OU sur les entrées R_i et une fonction ET sur les entrées S_i. Des embases particulières facilitent les connexions entre composants.

EXERCICES SUR LE CHAPITRE 8

Exercice 1 :

La figure 31 du chapitre 4 donne deux grafcets possibles pour traduire l'évolution d'un cycle carré. Dans chacun des cas donner :

- les équations logiques des commandes R_i et S_i des bascules et des
sorties A et B du séquenceur ;

- le schéma d'implantation.

Exercice 2 :

Reprendre le texte de l'exercice 2 du chapitre 4 et le grafcet
obtenu. Donner les équations logiques des commandes R_i et S_i des
bascules, et celles des sorties du séquenceur.

Exercice 3 :

Mêmes questions pour l'exercice 3 du chapitre 4.

Exercice 4 :

Mêmes questions pour l'exercice 5 du chapitre 4.

Exercice 5 :

Mêmes questions pour l'exercice 6 question a du chapitre 4.

Chapitre 9

MATÉRIALISATION D'UN GRAFCET PAR UN COMPTEUR PROGRAMMABLE

9.1 PRINCIPE : ASSOCIATION NUMERO D'ETAPE - CONTENU D'UN COMPTEUR

L'idée d'associer au numéro d'une étape le nombre contenu dans un compteur permet de réaliser une économie substantielle de matériel par rapport à la solution adoptée au chapître précédent. En effet supposons qu'un grafcet comporte environ 250 étapes ; il faudrait 250 bascules pour le matérialiser avec la solution du chapître 8. Or pour compter de 0 à 255, il faut seulement 8 bascules ($2^8 = 256$) : nous allons voir qu'un compteur comportant 8 bascules est suffisant avec la solution que nous allons développer maintenant.

Le nombre contenu dans le compteur à un instant donné correspondra à l'étape active à cet instant. Le contenu du compteur sera envoyé sur un décodeur ; la sortie sensibilisée de ce décodeur sera donc caractéristique de l'étape du grafcet active à cet instant.

Comme le compteur ne peut contenir qu'un seul nombre à un instant donné, le grafcet ne pourra avoir qu'une seule étape active à cet instant. Ceci exclut la possibilité de traiter par cette méthode des grafcets possédant des séquences simultanées. (Un grafcet n'ayant qu'une étape active à un instant donné est appelé parfois un graphe d'état. La méthode s'applique donc aux graphes d'état). Cependant nous avons vu au § 4.9 que tout grafcet ayant des séquences simultanées pouvait se décomposer en un ensemble de grafcets partiels couplés par le test de l'activité de certaines étapes. En associant un compteur à chaque grafcet partiel, on aura donc une possibilité de contourner cette difficulté. Une autre façon de la contourner sera vue au chapître suivant en utilisant les principes de la programmation.

Comme pour le chapître précédent, nous illustrerons la méthode à l'aide d'un exemple.

9.2 PRESENTATION DE L'EXEMPLE ETUDIE

Le problème proposé reprend l'énoncé du problème traité au paragraphe 8.3.1 en le complétant. Rappelons brièvement cet énoncé, et donnons les modifications souhaitées.

Des pièces arrivant en ligne dans une goulotte, doivent être disposées par rangs de 3 sur un tapis qui les achemine vers l'opération suivante. Le schéma du dispositif est dessiné figure 1. Le bouton poussoir m permet d'obtenir le démarrage d'un cycle.

L'interrupteur bipolaire k permet de choisir entre le fonctionnement cycle par cycle (k = 1), et le fonctionnement continu (k = 0). En outre, un interrupteur bipolaire c valant 0 en marche normale permet, lorsque c = 1, de n'envoyer qu'une seule pièce à la fois, centrée sur le tapis.

Le grafcet de la fig.2 représente une solution possible de ce problème. Nous aurions pu en tracer un autre sans les étapes 9 et 10. Cependant nous justifierons l'emploi de ces deux étapes au paragraphe 9.6.

Nous utiliserons pour la matérialisation de ce grafcet le compteur programmable présenté au paragraphe 7.6.3. L'utilisation d'un autre compteur modifierait éventuellement les équations à écrire, et donc les fonctions à réaliser pour les entrées de comptage ou de prépositionnement, mais les idées fondamentales seraient inchangées.

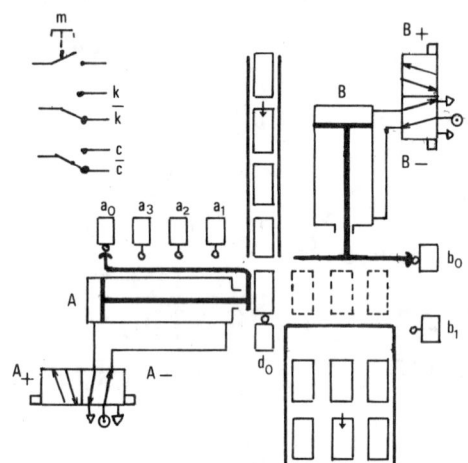

Fig. 1 : Schéma du poste de transfert étudié

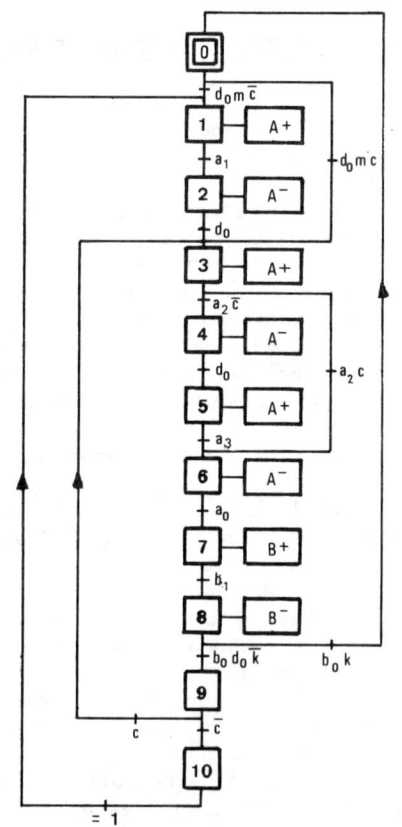

Fig. 2 : Grafcet du problème étudié

Nous aurons à considérer deux situations différentes :

    1) passage d'une étape i à l'étape i + 1 ;

    2) passage d'une étape i à une étape j différente de i + 1.

Nous supposerons, pour commencer le raisonnement, que le système est initialisé, c'est-à-dire que le compteur contient le nombre 0 ($Q_D Q_C Q_B Q_A$ = 0000). Enfin nous disposons d'une horloge T1 délivrant des impulsions périodiques.

9.3 INCREMENTATION OU PREPOSITIONNEMENT

9.3.1 Passage d'une étape i à l'étape i + 1

Etudions par exemple le passage de l'étape 4 à l'étape 5 par le franchissement de la transition à laquelle est associée la réceptivité d_0.

Le raisonnement permettant de déterminer les fonctions de commande du compteur est basé sur les règles d'évolution d'un grafcet. Celles-ci nous indiquent que l'activation de l'étape 5 est faite lorsque la transition en amont de cette étape est franchie, c'est-à-dire lorsque l'étape 4 est active et que la réceptivité d_0 est égale à 1. Si le système est à l'étape 4, le compteur contient le nombre 4 (en binaire 0100) et la sortie S_4 du décodeur associé au compteur est sensibilisée (cf. fig. 3).

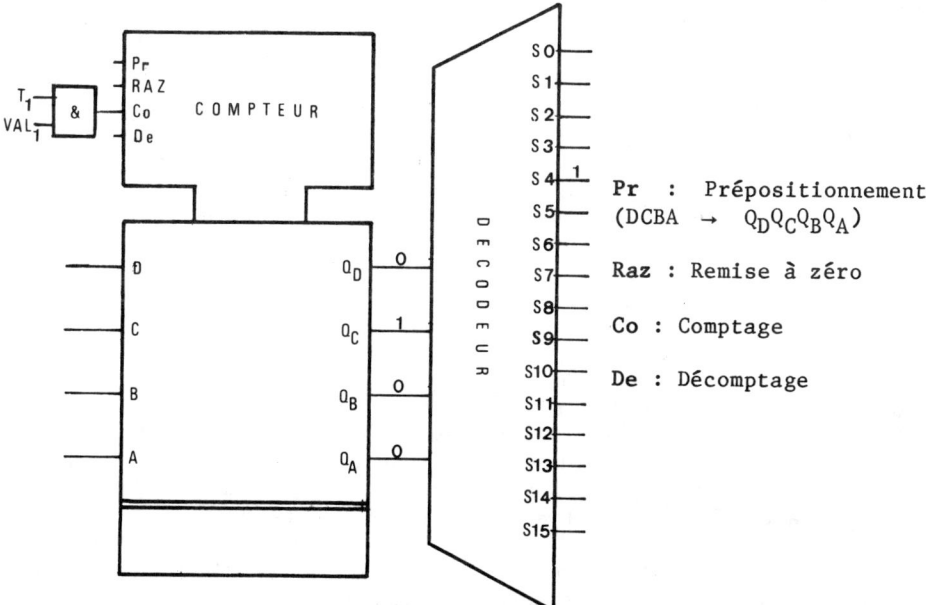

Fig. 3 : Association compteur-décodeur pour la matérialisation d'un grafcet

La fonction commandant l'évolution du compteur devra donc comporter le terme S_4d_0. L'évolution souhaitée ici pour le compteur est une incrémentation de 1 de son contenu (4 → 5). Pour cela, il faut envoyer une impulsion sur son entrée de comptage Co.

L'horloge T1 délivre des impulsions périodiques. Il ne faut laisser arriver ces impulsions sur l'entrée de comptage qu'aux instants où le contenu du compteur doit être incrémenté de un. On utilise pour cela une fonction ET à deux entrées comme indiqué sur la figure 3.

La fonction VAL1 (validation, parfois notée EN pour "enable" en anglais) qui commandera l'incrémentation du compteur devra être égale à 1 lorsqu'une impulsion T1 devra passer vers le compteur et à 0 le reste du temps. Donc pour la transition de l'étape 4 à l'étape 5, la fonction VAL1 devra comporter le terme S_4d_0. L'étude de l'ensemble des transitions du grafcet de la figure 2 dont le franchissement doit se traduire par l'incrémentation (de un) du contenu du compteur, conduit à écrire la fonction VAL1 suivante :

$$VAL1 = S_0d_0m\bar{c} + S_1a_1 + S_2d_0 + S_3a_2\bar{c} + S_4d_0 + S_5a_3 + S_6a_0 + S_7b_1 + S_8b_0d_0\bar{k} + S_9\bar{c}$$

Remarque : la fonction VAL1 précédente correspond à l'activation de certaines étapes du grafcet. La désactivation de ces étapes se fait de façon obligatoire lorsque le contenu du compteur est modifié. Il n'y a donc pas lieu dans cette méthode d'envisager ce problème.

9.3.2 Passage d'une étape i à l'étape j $\neq$ i + 1

Prenons comme exemple le passage de l'étape 3 à l'étape 6 par franchissement de la transition à laquelle est associée la réceptivité a_2c. Lors du franchissement de cette transition, le contenu du compteur doit passer de 3 (= 0011) à 6 (= 0110). Il ne s'agit plus d'une simple incrémentation comme au paragraphe précédent, mais d'une modification complète du contenu du compteur. De ce fait nous utiliserons le mode de chargement en parallèle du compteur. Ceci nécessite la mise à un de l'entrée de prépositionnement Pr. Comme pour l'entrée de comptage du paragraphe précédent, cette mise à un sera obtenue par l'intermédiaire d'un ET sur les entrées duquel nous appliquerons d'une part les impulsions d'horloge T1 et d'autre part une fonction VAL2 que nous élaborerons. Pour le passage de l'étape 3 à l'étape 6, le prépositionnement doit avoir lieu lorsque l'étape 3 est active et que la réceptivité a_2c devient vraie. La fonction VAL2 doit donc contenir le terme S_3a_2c. Par ailleurs, le nombre chargé dans le compteur lorsque l'entrée de prépositionnement est sensibilisée, est le nombre présent à ce moment-là sur les entrées A, B, C et D. Il faut donc avoir préparé pendant que l'étape 3 est active le nombre 6 (A = 0, B = 1, C = 1, D = 0) qui correspond au numéro de l'étape que l'on veut activer si cette transition est franchie.

Pour réaliser les fonctions A, B, C et D, on utilisera les "1" logiques présents sur les sorties du décodeur : par exemple, on voit ici que les fonctions B et C devront contenir le terme S_3.

Le même raisonnement peut s'appliquer à toutes les transitions du grafcet de la fig. 2 qui ne correspondent pas à une incrémentation de un du compteur. On peut alors tracer le tableau de la fig. 4 ci-dessous. La première ligne de ce tableau donne l'expression de la fonction VAL2. La deuxième ligne donne sous chaque terme de VAL2 le numéro de l'étape qui doit être activée si ce terme devient égal à 1, et les quatre lignes suivantes donnent la traduction binaire de ce numéro, qui devra être utilisée pour réaliser les fonctions A, B, C, D.

VAL2 =	$S_0 d_0 mc$ +	$S_3 a_2 c$ +	$S_8 b_0 k$ +	$S_9 c$ +	S_{10}
numéro d'étape	3	6	0	3	1
D	0	0	0	0	0
C	0	1	0	0	0
B	1	1	0	1	0
A	1	0	0	1	1

Fig. 4 : Tableau de définition de VAL2, A, B, C et D

Pour obtenir les expressions de A, B, C et D, il suffit alors de lire le tableau de la fig. 4 ligne par ligne et, pour chaque 1 de ce tableau, mettre dans l'expression (de A, B, C ou D) le terme S_i de l'étape active correspondante, c'est-à-dire celui qui figure dans le terme de VAL2 en tête de la colonne du tableau considérée.

On obtient donc pour notre exemple :

$$D = 0 \; ; \; B = S_0 + S_3 + S_9 \; ; \; C = S_3 \; ; \; A = S_0 + S_9 + S_{10}.$$

9.4 SCHEMA DE PRINCIPE

Le paragraphe précédent nous a permis de concevoir les fonctions VAL1 et VAL2 traduisant l'évolution du grafcet. Nous aurons donc à matérialiser ces deux fonctions combinatoires. L'utilisation de multiplexeurs est ici intéressante. En effet, ces fonctions se présentent sous la forme d'une somme de monômes, chacun de ces monômes faisant intervenir un S_i correspondant à une combinaison possible des variables Q_j de sortie du compteur. Si l'on câble les Q_j sur les entrées d'adresse d'un multiplexeur, il suffira donc de câbler la réceptivité du grafcet qui est multipliée par S_i sur l'entrée principale E_i correspondante. Par exemple, pour matérialiser le terme $S_5 a_3$ de la fonction VAL1, la réceptivité a_3 sera câblée sur l'entrée E_5 : lorsque la combinaison $Q_D Q_B Q_C Q_A$ = 0101 correspondant au chiffre 5 sera présente

dans le compteur, c'est à dire lorsque l'étape 5 du grafcet sera active, cette combinaison, appliquée sur les entrées d'adresse du multiplexeur 1, sélectionnera l'entrée 5, et on obtiendra en sortie du
multiplexeur 1 la valeur de a_3 : la fonction VAL1 sera donc bien égale
à 1 lorsque l'étape 5 est active et que a_3 passe à 1, ce qui est le
fonctionnement souhaité.

Il suffit maintenant de savoir résoudre les problèmes de
l'initialisation de l'automate et de la matérialisation de ses sorties
pour obtenir un schéma d'implantation complet du grafcet.

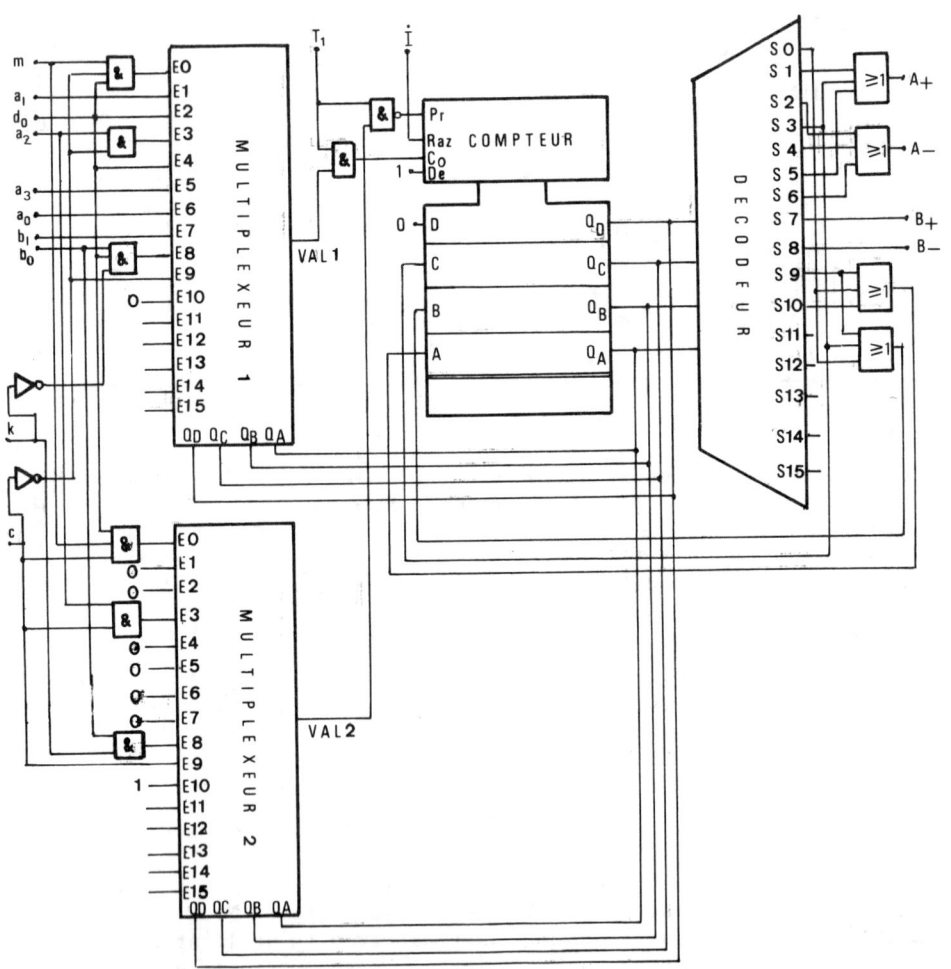

Fig. 5 : Schéma de principe de l'implantation du grafcet de la fig.2

En ce qui concerne l'initialisation, dans notre exemple, l'étape initiale est notée "0". Le compteur utilisé possédant une entrée de remise à zéro, il suffira d'appliquer un "1" sur cette entrée lors de la mise sous tension du dispositif pour que l'initialisation soit effectuée. Si l'on souhaitait initialiser le fontionnement à une valeur autre que "0", il suffirait d'utiliser l'entrée de prépositionnement et d'appliquer sur A, B, C, D la valeur binaire du numéro correspondant à l'étape initiale.

En ce qui concerne les sorties de l'automate, leur matérialisation s'obtient aisément à partie des sorties S_i du décodeur. Le raisonnement est identique à celui fait au paragraphe 8.2 pour obtenir la matérialisation des sorties d'un automate à partir des sorties des bascules le constituant. Prenons, par exemple, le cas de la sortie A_- : celle-ci est active si l'une des étapes 2 ou 4 ou 6 est active ; on réalise donc :

$$A_- = S_2 + S_4 + S_6.$$

De même on obtient :

$$A_+ = S_1 + S_3 + S_5 \quad ; \quad B_+ = S_7 \quad ; \quad B_- = S_8.$$

On obtient finalement le schéma de principe dessiné fig 5. Ce schéma est un schéma de principe. En effet, le cablage d'un tel circuit conduit à un système comportant des aléas que nous étudierons au paragraphe suivant.

Remarque : Sur le schéma de la fig 5 nous avons placé un Nand (à la place d'un ET) pour réaliser la fonction de prépositionnement à partir de VAL2 et T1 car, pour le compteur utilisé, c'est une mise à zéro de l'entrée de prépositionnement qui rend celle-ci active, comme indiqué sur la fig. 32 du chapître 7.

9.5 ALEAS DE FONCTIONNEMENT

Les sorties du décodeur et du compteur utilisées fig. 5 servent à modifier le contenu du compteur lui-même. Nous formons donc un "système bouclé" et, de ce fait, nous avons des risques d'aléas de fonctionnement. Nous allons les mettre en évidence sur un exemple. Considérons le passage de l'étape 7 ($Q_D Q_C Q_B Q_A$ = 0111) à l'étape 8 ($Q_D Q_C Q_B Q_A$ = 1000).

Supposons tout d'abord que le compteur fonctionne isolément, son entrée de comptage Co étant alimentée directement par l'horloge T1. Lors du passage de 7 à 8, chaque bascule du compteur évoluant à sa propre vitesse, on pourrait, par exemple, avoir en sortie du compteur l'évolution en fonction du temps dessinée sur la figure 6.

Le temps de réponse des circuits électroniques, très court, (typiquement de l'ordre de quelques dizaines de nano-secondes à quel-

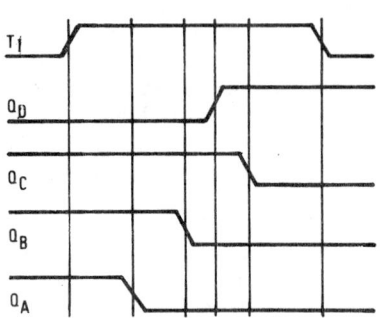

Fig. 6 : Evolution des sorties $Q_D Q_C Q_B Q_A$

ques micro-secondes selon la technologie employée) mais non négligeable, impose au constructeur de préciser la durée minimale de l'impulsion appliquée sur l'entrée de comptage Co qui permette de garantir un bon fonctionnement.

Reprenons maintenant le schéma de la fig. 5, et supposons que la durée minimale de l'impulsion sur Co soit celle dessinée pour Tl sur la figure 7. Examinons l'allure de l'impulsion effectivement appliquée sur l'entrée Co lors du franchissement de la transition de réceptivité b_1 faisant passer de l'étape 7 à l'étape 8.

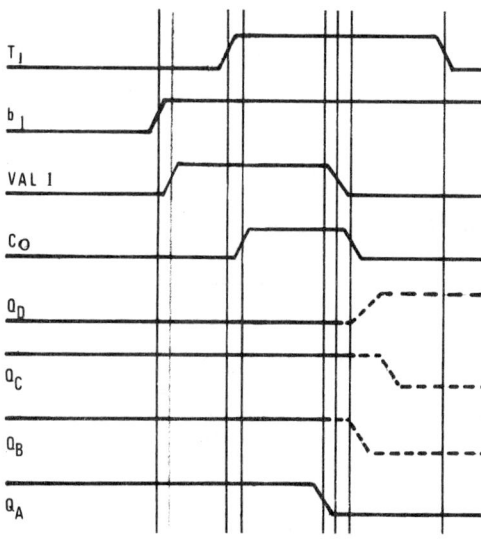

Fig. 7 : Evolution avec aléa

Dès que la sortie de la bascule Q_A a changé de valeur, le compteur ne contenant plus le nombre 7 (0111), la sortie S_7 du décodeur n'est plus active. Il en résulte une remise à zéro du terme $S_7 b_1$ de la fontion VAL1 et donc une remise à zéro de Co. L'impulsion appliquée sur l'entrée de comptage est donc plus courte que la durée minimale nécessaire au bon fonctionnement du compteur (qu'on a supposé ici égale à celle de Tl). Sur la fig. 7, ce risque de mauvais fonctionnement est traduit en faisant figurer en pointillé la sortie des bascules Q_B, Q_C et Q_D après la remise à zéro de Co : leur fonctionnement correct ne peut plus être garanti.

Le même phénomène se produit lorsqu'on utilise l'entrée Pr de prépositionnement du compteur, encore aggravé par le fait que les fonctions A, B, C et D sont, elles aussi, perturbées.

Pour éviter ces aléas, il faut être sûr que l'évolution des sorties du compteur ne viendra pas perturber la valeur de ses entrées (comptage, prépositionnement, A, B, C, D) tant que l'impulsion d'horloge est à l'état 1 (actif). Pour cela, la solution généralement adoptée à l'heure actuelle est de "travailler en multi-horloges" : dans notre cas, on intercalera un registre (par exemple entre le compteur et le décodeur) et on commandera l'évolution du contenu du compteur avec une horloge Tl et celle du contenu du registre avec une autre horloge T2 décalée par rapport à Tl comme indiqué sur la figure 8. Rappelons que

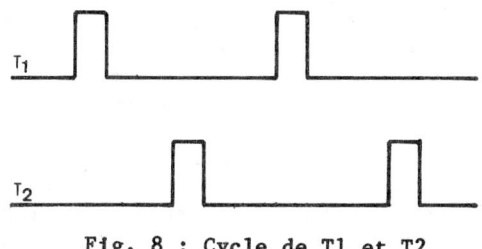

Fig. 8 : Cycle de T1 et T2

l'on peut obtenir simplement un tel cycle de deux horloges à partir d'une horloge unique avec un schéma tel que celui étudié au chapitre 7, fig. 15.

Le schéma de principe de la fig. 5 devient alors le schéma de la fig. 9.

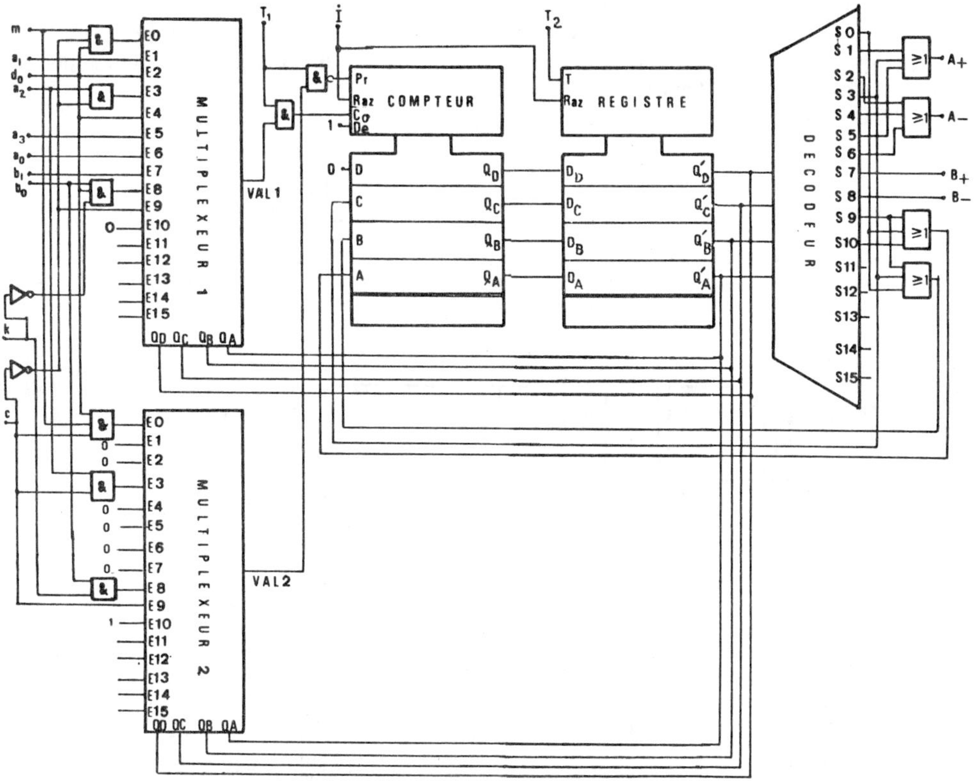

Fig. 9 : Schéma d'implantation du grafcet de la fig. 2

Reprenons l'étude de la transition de l'étape 7 à l'étape 8. Juste après une impulsion T2, on obtient $Q_A = Q'_A = 1$, $Q_B = Q'_B = 1$, $Q_C = Q'_C = 1$, $Q_D = Q'_D = 0$. La fonction b_1 appliquée à l'entrée E7 du multiplexeur 1 commande, dans ces conditions, la valeur de la fonction VAL1. Lorsque b_1 passe à 1, la fonction VAL1 passe également à 1. Lors de l'impulsion T1 suivante, l'entrée de comptage Co du compteur est mise à un et le contenu du compteur peut évoluer $(Q_D Q_C Q_B Q_A : 0111 \rightarrow 1000)$. Mais ici, la variable T2 étant à zéro

pendant que T1 est à 1, le contenu du registre, et donc les entrées
des multiplexeurs ne changent pas de valeur. De ce fait, pendant toute
la durée de l'impulsion T1, l'entrée du multiplexeur 1 commandant la
valeur de VAL1 sera toujours l'entrée E_7, et donc la remise à zéro
de Co sera commandée par la fin de l'impulsion T1, et non plus par
l'évolution de la sortie de l'une des bascules du compteur. On est
donc assuré que la durée de Co sera suffisante pour permettre un fonctionnement correct du compteur. L'évolution du système se termine lors
de l'impulsion T2 suivante : le contenu du registre évolue
$(Q'_D Q'_C Q'_B Q'_A : 0111 \rightarrow 1000)$, ce qui entraine l'évolution des valeurs
des entrées d'adresse des multiplexeurs, de la sortie sensibilisée du
décodeur, et donc des valeurs des fonctions A, B, C, D d'entrée du
compteur. Mais, pendant cette évolution, le contenu du compteur est
figé puisque T1 = 0. On est donc assuré que cette évolution sera ache-
vée, et donc toutes les entrées du compteur correctement positionnées
avant la nouvelle impulsion T1.

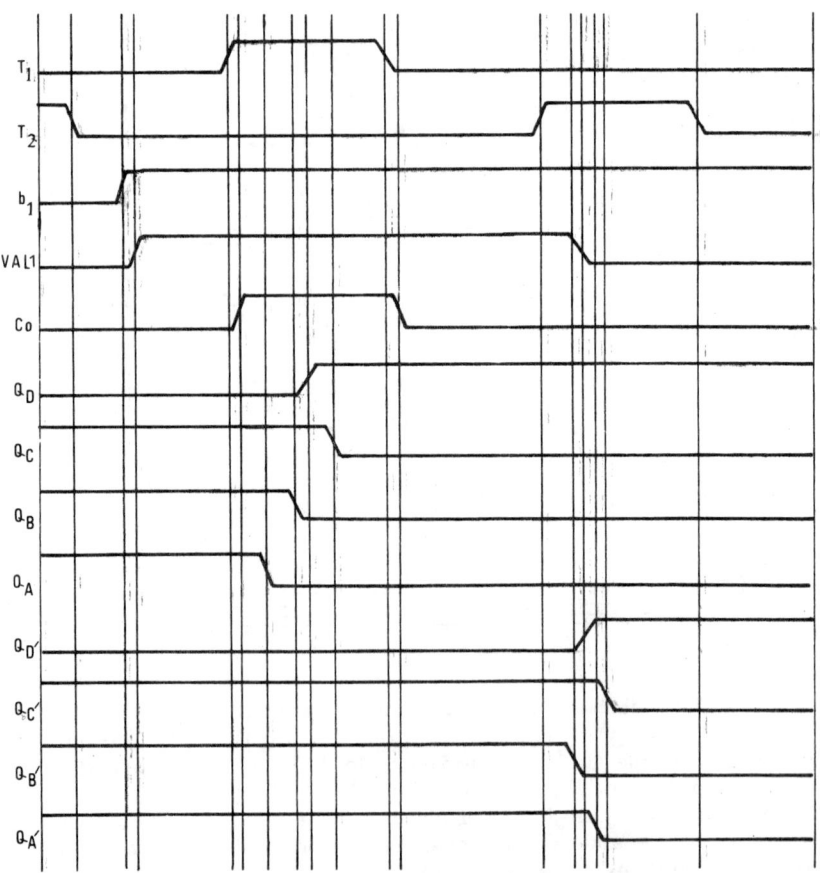

Fig. 10 : **Evolution sans aléa**

Les aléas du schéma de la fig. 5 provenaient de la structure bouclée du circuit réalisé autour du compteur par l'intermédiaire des multiplexeurs et du décodeur : les sorties du compteur étaient réutilisées pour commander les entrées de ce même compteur. On voit qu'on évite ces aléas en faisant en sorte que les horloges "ouvrent les boucles" à tout moment : soit au niveau du registre pendant l'évolution du compteur (T1 = 1), soit au niveau du compteur pendant l'évolution du registre (T2 = 1). Ces aléas de fonctionnement des circuits séquentiels bouclés ont toujours posé des problèmes aux réalisateurs d'automatismes. La réponse consistant à ouvrir les boucles en travaillant en multi-horloges est générale et très employée actuellement.

9.6 JUSTIFICATION DE L'EMPLOI DES ETAPES 9 ET 10

La méthode d'implantation que nous avons développée précédemment n'est en réalité applicable sous la forme présentée qu'à un grafcet ne comportant pas de sélections de séquence à plus de deux voies. Etudions les difficultés soulevées lorsque cette contrainte n'est pas respectée.

Supposons que le grafcet de la fig. 2 ait été tracé sans les étapes 9 et 10. A partir de l'étape 8, on devrait donc passer soit à l'étape 0, soit à l'étape 1, soit à l'étape 3. Aucune de ces trois étapes ne correspond au comptage naturel à partir de 8. Il faudrait donc supprimer le terme en S_8 dans l'expression de VAL1, mais par contre il faudrait trois termes en S_8 dans l'expression de VAL2. Les trois réceptivités associées aux trois transitions $8 \rightarrow 0$, $8 \rightarrow 1$ et $8 \rightarrow 3$ seraient respectivement $b_0 k$, $b_0 d_0 \bar{k} c$ et $b_0 d_0 \bar{k} c$. La fonction VAL 2 devrait donc contenir le terme $S_8(b_0 k + b_0 d_0 \bar{k} c + b_0 d_0 \bar{k} c)$, soit après simplification le terme $S_8 b_0 (k + d_0)$. Cependant, lorsque VAL2 sera sensibilisée parce que ce terme sera égal à 1, il faudra savoir vers laquelle des trois étapes 0, 1 ou 3 le système devra évoluer.

Au cours de l'implantation du grafcet de la fig. 2, les fonctions A, B, C et D déduites du tableau de la fig.4 pouvaient être écrites uniquement en fonction des S_i car lorsque le terme de VAL2 contenant S_i passait à 1, il n'y avait qu'une seule étape j vers laquelle le système pouvait évoluer. Ceci provenait du fait que le grafcet ne contenait que des sélections de séquences à deux voies, l'une de ces voies correspondant au comptage naturel (pour que le franchissement de la transition correspondante soit commandé par VAL1). C'est pour respecter la contrainte précédente que les étapes 9 et 10 avaient été introduites dans le grafcet de la fig. 2. Quel que soit le grafcet envisagé, il est toujours possible de le transformer pour la respecter. Ce travail supplémentaire au niveau du grafcet est compensé par la simplicité de l'implantation qui en découle. C'est cette solution que nous adopterons au chapître 10 pour construire notre première machine microprogrammée.

Supposons, cependant, que l'on souhaite cabler le grafcet ne comportant pas les étapes 9 et 10 et ayant donc les trois transitions $8 \rightarrow 0$, $8 \rightarrow 1$ et $8 \rightarrow 3$. Etudions comment on peut différencier les étapes 0, 1 et 3 lorsque le terme $S_8 b_0 (k + d_0)$ de VAL2 passe à 1.

Comme la variable S_8 seule ne suffit plus, il faudra utiliser des variables d'entrée rendant exclusives les réceptivités associées aux transitions $8 \rightarrow 0$, $8 \rightarrow 1$ et $8 \rightarrow 3$ pour réaliser les fonctions A, B, C et D. Ici la variable k permet de différencier 0 de 1 et 3, et la variable c permet de différencier 3 de 1. On peut donc modifier le tableau de la fig. 4 pour obtenir celui de la fig. 11. On en déduit simplement :

$$D = 0 \; ; \quad B = S_0 + S_3 + S_8\bar{k}c \; ; \quad C = S_3 \; ;$$
$$A = S_0 + S_8(\bar{k}\bar{c} + \bar{k}c) = S_0 + S_8\bar{k}.$$

VAL2 =	$S_0 d_0 mc$ +	$S_3 a_2 c$ +	$S_8 b_0 (k + d_0)$		
numéro d'étape	3	6	0	1	3
termes de différenciation	–	–	k	$\bar{k}\bar{c}$	$\bar{k}c$
D	0	0	0	0	0
C	0	1	0	0	0
B	1	1	0	0	1
A	1	0	0	1	1

Fig. 11 : Tableau de définition de VAL2, A, B, C et D

9.7 CONCLUSION

Dans ce chapître, nous avons développé une méthode d'implantation d'une classe de grafcets particuliers : les grafcets du type graphe d'état. Ces grafcets ne comportent qu'une seule étape active à un instant donné. La connaissance du numéro de cette étape permet donc de connaître l'état de l'automatisme.

L'idée essentielle de la méthode est de placer dans un compteur programmable le numéro de l'étape active du grafcet. Les variables de sortie des bascules du compteur, matérialisant ce numéro, sont donc les variables d'état de l'automatisme. Le nombre d'états pouvant être différenciés les uns des autres double lorsqu'on ajoute une variable d'état supplémentaire. De ce fait, la complexité d'un automate conçu en utilisant cette méthode croît beaucoup moins vite en fonction du nombre d'étapes du grafcet que celle d'un automate conçu en utilisant la méthode du séquenceur étudié au chapître 8.

Les contraintes essentielles rencontrées au cours de l'implantation sont celles imposées au grafcet (grafcet de type graphe d'états ; numérotation des étapes non arbitraire et utilisant les premiers entiers). Nous verrons au chapître suivant que, en respectant ces contraintes, nous pourrons élaborer un premier schéma d'automate programmable simple.

EXERCICES SUR LE CHAPITRE 9

Exercice 1

On considère le grafcet de la fig. 12.

1 - Transformer ce grafcet et éventuellement renuméroter les étapes de façon à obtenir un grafcet n'ayant plus que des sélections de séquences à deux voies dont l'une corresponde au comptage naturel.

2 - Ecrire les équations des fonctions VAL1, VAL2, A, B, C et D nécessaires pour implanter le grafcet obtenu à la question 1 à l'aide d'un compteur programmable.

3 - Ecrire les équations des fonctions VAL1, VAL2, A, B, C et D nécessaires pour implanter directement le grafcet de la fig. 12 .

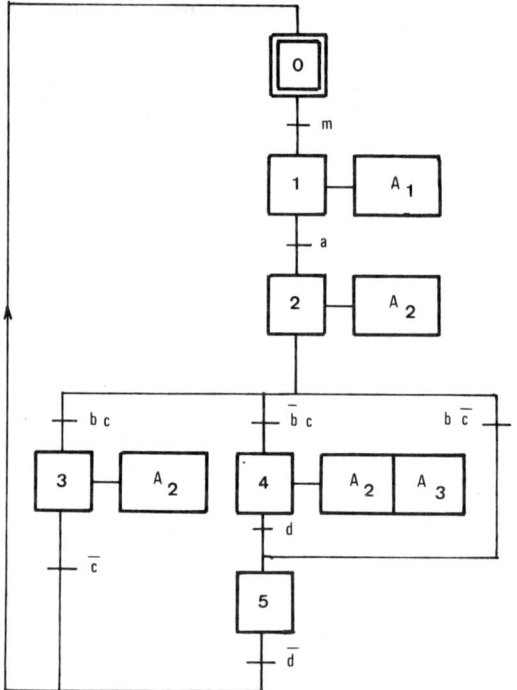

Fig. 12 : Grafcet (exercice 1)

Exercice 2

Reprendre le grafcet obtenu chapitre 4, exercice 6, question b (Remplissage d'un réservoir avec usure équilibrée des trois pompes).

Ecrire les équations des fonctions VAL1, VAL2, D, C, B, A, P_1, P_2, P_3, nécessaires pour implanter ce grafcet à l'aide d'un compteur programmable , après une renumérotation des étapes.

Exercice 3

On veut implanter à l'aide de compteurs le grafcet proposé comme solution de la question b, exercice 5 (couplage de séquences), chapitre 4. Proposer une décomposition de ce grafcet en deux grafcets du type graphe d'états, couplés.

Chapitre 10

MATÉRIALISATION D'UN GRAFCET PAR MICROPROGRAMMATION

Nous avons vu au chapître 9 comment implanter un grafcet à l'aide d'un ensemble compteur - registre - décodeur - multiplexeur. Le schéma de la Fig. 1 (qui reprend celui de la fig. 9 du chapître 9), permet donc l'implantation de tout grafcet du type graphe d'état pourvu que

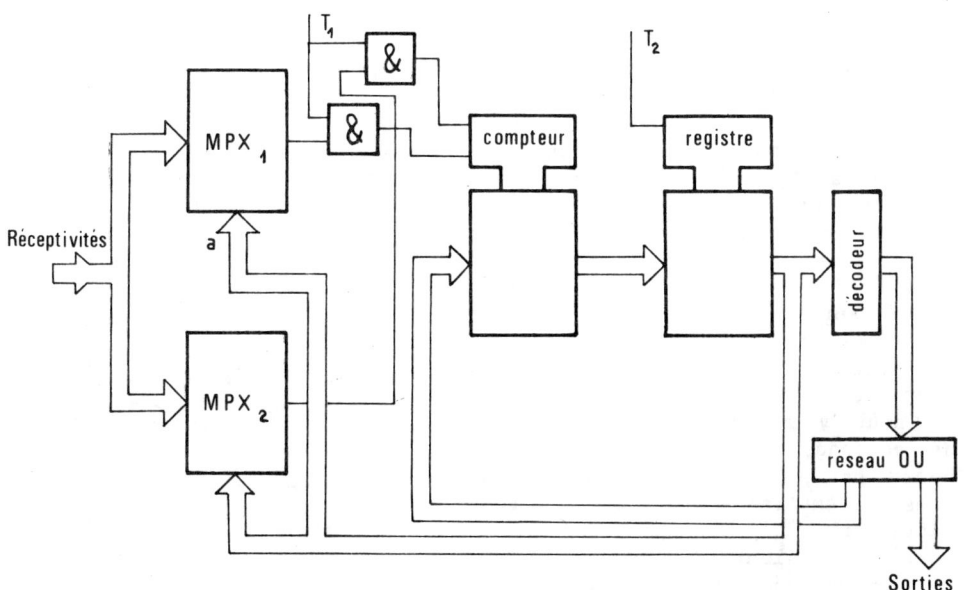

Fig. 1 : Schéma général d'implantation d'un grafcet
par la méthode du chapître 9

les capacités des divers constituants (registre, compteur, ...) soient
suffisantes. Nous montrerons comment on peut déduire de ce schéma la
structure d'un automate programmable élémentaire. Cependant un tel automate ne pourra être utilisé pour implanter un grafcet ayant des séquences simultanées. Nous élaborerons donc un deuxième type d'automate
programmable plus complexe permettant de contourner cette difficulté.

Avant d'aborder la discussion des propriétés de ces automates, nous
allons préciser à partir de la fig. 1 une notion importante : la notion de bus.

10.1 NOTION DE BUS ET DE LOGIQUE TROIS ETATS

Sur le schéma de la fig. 1 les ensembles de fils véhiculant des informations en parallèle ont été regroupés et symbolisés par des flè-
ches épaisses. On appelle ces ensembles de fils des bus. Dans tout
système microprogrammé actuel on trouve un ou plusieurs bus. Lorsqu'un
système possède plusieurs bus, chacun d'eux a une fonction bien
définie. On précise alors la nature de l'information véhiculée : bus-
adresses, bus-données, bus-commandes... Par exemple, sur la fig. 1, le
bus reliant le registre au décodeur et aux multiplexeurs véhicule
l'adresse du décodeur ou des multiplexeurs qu'on veut sélectionner :
il s'agit d'un bus-adresses.

Dans les systèmes n'ayant qu'un
seul bus, celui-ci véhicule au
cours du temps des informations de
type différent : il devra donc être
considéré à certains instants comme
bus-adresses et à d'autres comme
bus-données.

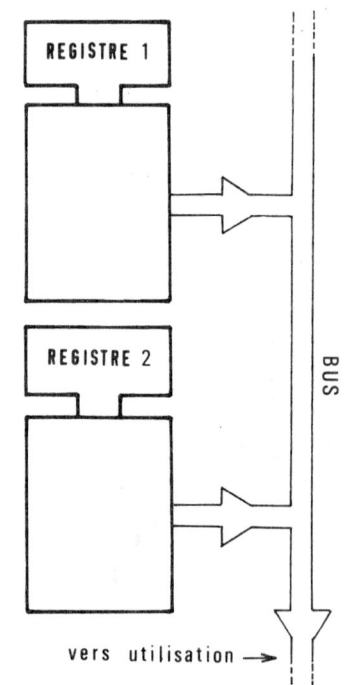

Le schéma de la fig. 1 correspond à un système simple pour lequel un seul composant place sur le
bus les informations à véhiculer.
Par exemple pour le bus-adresses
reliant le registre au décodeur et
aux multiplexeurs, seul le registre
place sur le bus la valeur de
l'adresse que doivent recevoir le
décodeur ou les multiplexeurs. Mais
pour des systèmes plus complexes,
il peut y avoir plusieurs organes
de commande se partageant un bus,
comme par exemple les deux registres schématisés fig. 2. Il faut
alors qu'il n'y ait pas de conflit
entre les valeurs que ces deux registres veulent imposer sur le bus;
pour cela, il faut que lorsqu'un
registre utilise le bus, l'autre

Fig. 2 : **Registres utilisant
le même bus**

puisse être considéré comme déconnecté. Pour prendre une image simple, il faudrait qu'il y ait des interrupteurs en sortie de chacun des registres et que les interrupteurs associés au registre 1 soient ouverts lorsque le registre 2 utilise le bus et réciproquement.

La caractéristique fondamentale d'un interrupteur ouvert est qu'il existe une impédance infinie entre ses deux contacts. On a conçu des circuits électroniques dont les sorties peuvent :

- soit imposer sur les fils du bus un "1" ou un "0" logique,

- soit être dans un état dit "haute impédance", c'est-à-dire un état dans lequel elles n'imposent aucune valeur logique sur le bus comme si elles n'étaient plus connectées.

On appelle ces circuits des "circuits logiques trois états". Leur emploi est très fréquent dans les systèmes logiques actuels.

10.2 PREMIER EXEMPLE D'AUTOMATE PROGRAMMABLE

Reprenons maintenant le schéma de la fig.1 et rappelons-en le fonctionnement : le contenu du compteur à un instant donné correspond au numéro de l'étape du grafcet activée à cet instant. Après transmission au registre, on obtient donc :

- par le décodeur et le réseau OU, l'activation des sorties associées à cette étape et la préparation du chargement en parallèle du compteur en cas de saut ;

- par les multiplexeurs, la scrutation des réceptivités dont le passage à 1 indiquera l'instant où cette étape doit être désactivée.

Si nous examinons le schéma de la fig. 1, nous constatons tout d'abord que la structure décodeur-réseau OU est une structure analogue à celle d'une mémoire morte. Si nous remplaçons donc l'ensemble décodeur-réseau OU par une mémoire morte, nous remplacerons le problème du cablage entre le décodeur et le réseau OU par le problème de la programmation de la mémoire. Si nous examinons maintenant les autres connexions entre boîtiers, nous constatons qu'elles sont indépendantes du problème traité. On peut donc considérer que le schéma de la figure 1 représente la structure d'un automate programmable élémentaire lorsque l'ensemble décodeur-réseau OU est remplacé par une mémoire morte. En effet, on peut construire a priori des automates selon le schéma de la fig. 1. Ensuite, l'adaptation d'un tel automate à une application particulière sera réalisée par une programmation adéquate de la mémoire.

Pour pouvoir employer cet automate, l'utilisateur doit connaître le rôle de chacun des bits d'un mot de la mémoire. C'est ce qu'on appelle le formatage du mot mémoire. Reprenons, par exemple, le problème nous ayant conduit au schéma de la fig. 9 du chapître précédent. Puisque la mémoire remplace le décodeur et le réseau OU, elle joue un double rôle :

- réaliser les fonctions ABCD à appliquer au compteur,
- réaliser les sorties de l'automate A_+, A_-, B_+, B_-.

On a donc défini deux <u>champs</u> de 4 bits chacun, par exemple :

- les 4 bits de poids forts seront réservés aux variables DCBA,
- les 4 bits de poids faibles réservés aux sorties A_+, A_-, B_+, B_-.

On obtient alors facilement le tableau de la fig. 3 donnant le contenu de la mémoire exprimé à l'aide de deux chiffres hexadécimaux : le 1er chiffre correspond aux variables DCBA (à chaque sélection de séquence du grafcet, DCBA code l'étape qui peut être activée mais qui ne correspond pas au comptage naturel) ; le 2ème chiffre correspond au codage des sorties (par exemple $8_{16} = (1000)_2$: c'est A_+ qui est activée). Les tirets dessinés sur la fig. 3 représentent des valeurs indifférentes.

Compteur	Mémoire	
	DCBA	$A_+A_-B_+B_-$
0	3	0
1	—	8
2	—	4
3	6	8
4	—	4
5	—	8
6	—	4
7	—	2
8	0	1
9	3	0
10	1	0

Fig.3 : Contenu de la mémoire

On peut reprocher au schéma de la fig. 1 de nécessiter de cabler sur les entrées des multiplexeurs non pas les vraies variables d'entrée du problème (m, k, c, d_0...), mais les réceptivités associées aux transitions du grafcet. Cependant on sait que ces réceptivités sont des fonctions combinatoires des variables d'entrée. Or, on a vu au chapître 6 que toute fonction combinatoire pouvait être "programmée" sur une mémoire morte ou une PAL. On peut donc compléter notre automate avec une PAL d'entrée permettant de passer des entrées aux réceptivités. Là encore, la partie de cablage dépendant de l'application est remplacée par la programmation d'un composant.

Enfin remarquons, pour terminer la présentation de cet automate programmable élémentaire, que les fonctions DCBA ont pû être obtenues en sortie de la mémoire parce que nous avons imposé au grafcet de n'avoir que des sélections de séquences à deux voies, l'une de ces voies correspondant au comptage naturel. En effet, nous avons vu au chapître 9 que, dans ce cas, les fonctions DCBA pouvaient être exprimées à l'aide des seuls Si, c'est à dire, ici, à l'aide des mots sélectionnés de la mémoire ; a contrario, si cette contrainte n'est pas respectée, l'écriture des expressions de D, C, B et A fait intervenir non seulement les Si, mais aussi les entrées de l'automate, ce qui ne permet plus d'obtenir DCBA directement en sortie de la mémoire.

10.3 AUTOMATE A DEROULEMENT CYCLIQUE DE LA MEMOIRE

Le principal inconvénient de l'automate programmable précédent est qu'il ne permet pas de traiter des grafcets ayant plusieurs étapes actives simultanément parce que le compteur (qui contient le numéro de l'étape active à un instant donné) ne peut contenir qu'un seul nombre.

Nous avons proposé une solution à ce problème pour les grafcets ayant des séquences simultanées en remarquant que ces grafcets pouvaient se décomposer en un ensemble de plusieurs grafcets partiels du type graphe d'état, couplés par le test de l'activité de certaines étapes. On associe alors à chaque grafcet partiel un automate du type précédent.

Nous allons présenter maintenant une autre solution basée sur l'utilisation d'automates à déroulement cyclique de la mémoire. L'idée principale à l'origine de la conception de ces automates peut s'exposer ainsi : dans beaucoup d'applications industrielles, l'évolution du processus commandé est très lente comparée aux temps de réponse de l'électronique de l'automate. Ceci se traduit par le fait qu'il y a souvent plusieurs milliers d'impulsions d'horloge T_1 (et T_2) qui se produisent avant qu'une réceptivité ne change de valeur et n'entraine l'évolution du contenu du compteur : l'activité essentielle du compteur est donc d'attendre ! Les automates à déroulement cyclique de la mémoire vont utiliser ces "temps morts". Ils seront donc bien adaptés à la commande des processus lents, alors que des automates tels que celui représenté fig. 1 seront bien adaptés à la commande de processus rapides, (c'est à dire de processus pour lesquels l'évolution des réceptivités se fait à une fréquence voisine de celles des horloges T_1 ou T_2).

Plusieurs programmations différentes peuvent être envisagées lorsqu'on utilise un automate à déroulement cyclique de la mémoire. La discussion des avantages et inconvénients respectifs de ces solutions sort du cadre de cet ouvrage. Nous étudierons ici une programmation particulière et nous en déduirons une structure possible d'automate qui permet de traiter des grafcets ayant des séquences simultanées.

Le principe d'un automate à déroulement cyclique de la mémoire peut se déduire de l'observation suivante faite sur le schéma de la fig. 1 : un mot de la mémoire est caractéristique d'une étape du grafcet et permet de connaître les actions associées à cette étape et les branchements éventuels vers une autre étape ; le contenu total de la mémoire est donc une traduction de la structure du grafcet étudié. Cette idée essentielle sera conservée, mais nous dissocierons la traduction des étapes de celles des transitions. La mémoire du type mémoire morte permettant de stocker la structure du grafcet sera appelée mémoire de programme par opposition à la mémoire vive qui sera nécessaire pour stocker les informations évolutives au cours du fonctionnement.

La mémoire de programme sera découpée en plusieurs régions. Chacune de ces régions matérialisera une phase du calcul de l'évolution du grafcet. L'automate parcourra de façon cyclique l'ensemble de ces phases. Les phases successives seront :

- 1) initialisation,
- 2) acquisition des entrées,
- 3) recherche des transitions franchissables,
- 4) actualisation de la table des étapes actives,
- 5) évolution des sorties,
- 6) retour à la phase 2 (d'acquisition des entrées).

Avant de détailler chacune de ces phases, nous étudierons deux organes particuliers de l'automate : le compteur-programme et l'unité logique.

10.3.1 COMPTEUR PROGRAMME

Le compteur utilisé fig. 1 pour l'automate programmable élémentaire permettait de pointer un mot de la mémoire. Pour un automate à déroulement cyclique de la mémoire, le compteur devra évoluer à chaque impulsion d'horloge T_1 pour parcourir l'ensemble des mots (des instructions) de la mémoire de programme. Cependant cette évolution ne correspondra pas toujours au comptage naturel. Il faudra donc encore avoir deux fonctions VAL1 et VAL2 permettant de choisir entre le comptage naturel et le prépositionnement. Ce choix se fera en fonction du mot de la mémoire de programme sélectionné et de tests de l'état des entrées de l'automate. Bien que nous n'ayons pas encore formaté la mé-

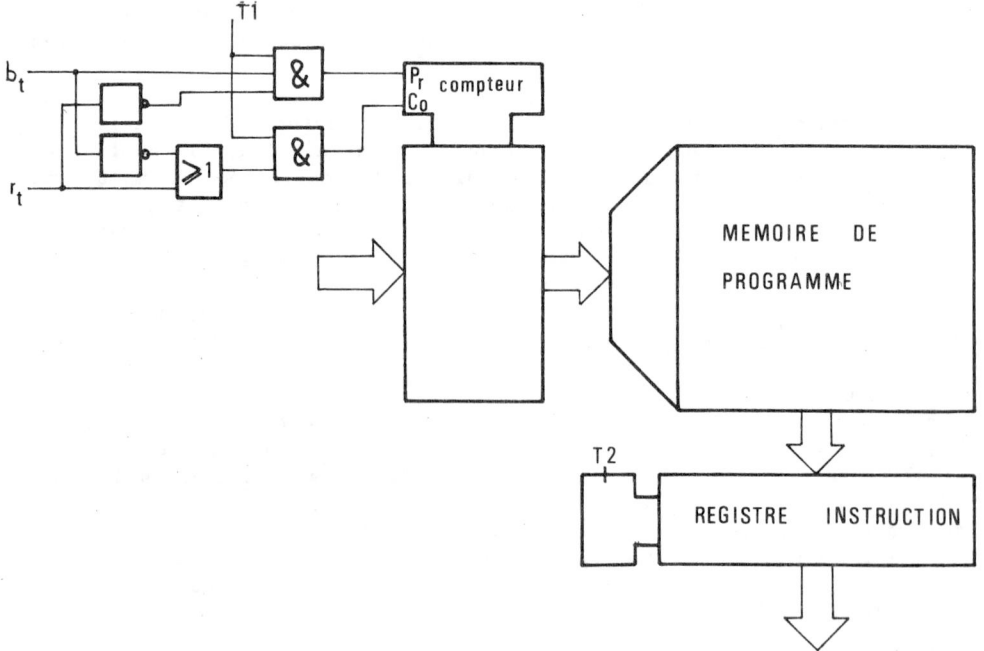

Fig. 4 : Compteur-programme

moire de programme, on peut déjà par exemple affecter un bit b_t pour traduire l'information provenant de cette mémoire : $b_t = 0$ si le compteur doit être incrémenté sans condition, $b_t = 1$ si le choix entre incrémentation et prépositionnement dépend du résultat r_t d'un test de la valeur d'une entrée de l'automate : par exemple $r_t = 0$ entraine le prépositionnement, $r_t = 1$ entraine l'incrémentation. Des spécifications précédentes, il est facile de déduire :

$$VAL1 = \bar{b}_t + b_t r_t = \bar{b}_t + r_t$$

$$VAL2 = b_t \bar{r}_t$$

On peut donc commencer la construction de l'automate comme indiqué fig. 4. Si l'on compare cette figure à la fig. 1, on remarque que le registre commandé par l'horloge T_2 qui permettait de se prémunir des aléas est maintenant placé en sortie de la mémoire de programme. Cette autre disposition possible des divers constituants est souvent adoptée. On appelle alors le registre un registre instruction. Il contient l'instruction (c'est à dire il a même valeur que le mot mémoire) en cours d'exécution, alors que durant l'impulsion T_1 le mot suivant se positionne en sortie de la mémoire et donc en entrée de ce registre.

10.3.2 UNITE LOGIQUE

Sur l'automate programmable élémentaire de la fig. 1, il faut cabler les réceptivités sur les multiplexeurs MPX1 et MPX2. Ces réceptivités sont des fonctions combinatoires plus ou moins complexes des variables d'entrée réelles de l'automate. (Par exemple pour le grafcet de la fig. 2 du chapitre 9, les variables d'entrée du problème sont a_0, a_1, a_2, a_3, b_0, b_1, d_0, m, k et c, alors que la réceptivité associée à la transition étape 0 → étape 3 est la fonction $d_0.m.c.$). Nous avions proposé de passer des variables d'entrée aux réceptivités par programmation d'une PAL. Dans l'automate que allons étudier, nous adopterons une solution différente : nous remplacerons les multiplexeurs MPX1 et MPX2 par un seul multiplexeur MPX sur lequel seront cablées les entrées de l'automate. Il faudra alors que l'automate soit capable d'une part de calculer lui-même les fonctions réceptivités associées aux transitions et d'autre part de stocker la valeur de ces fonctions dans une mémoire vive en vue de leur utilisation ultérieure. Remarquons que, comme nous aurons à stocker des valeurs logiques, les mots de la mémoire vive utilisée ne comporteront ici qu'un seul bit.

Le circuit qui réalise le calcul de fonctions combinatoires dans un automate s'appelle l'unité logique (notée souvent LU pour "Logic Unit" en anglais). Dans les systèmes plus complexes comme les microprocesseurs, un tel circuit existera également mais ne travaillera plus sur des variables logiques comme nous l'envisagerons ici, mais sur des mots. De plus, aux opérations logiques élémentaires (ET, OU, Complémentation) seront adjointes des opérations arithmétiques. On obtiendra alors un circuit appelé l'ALU ("Arithmetic and Logic Unit" en anglais).

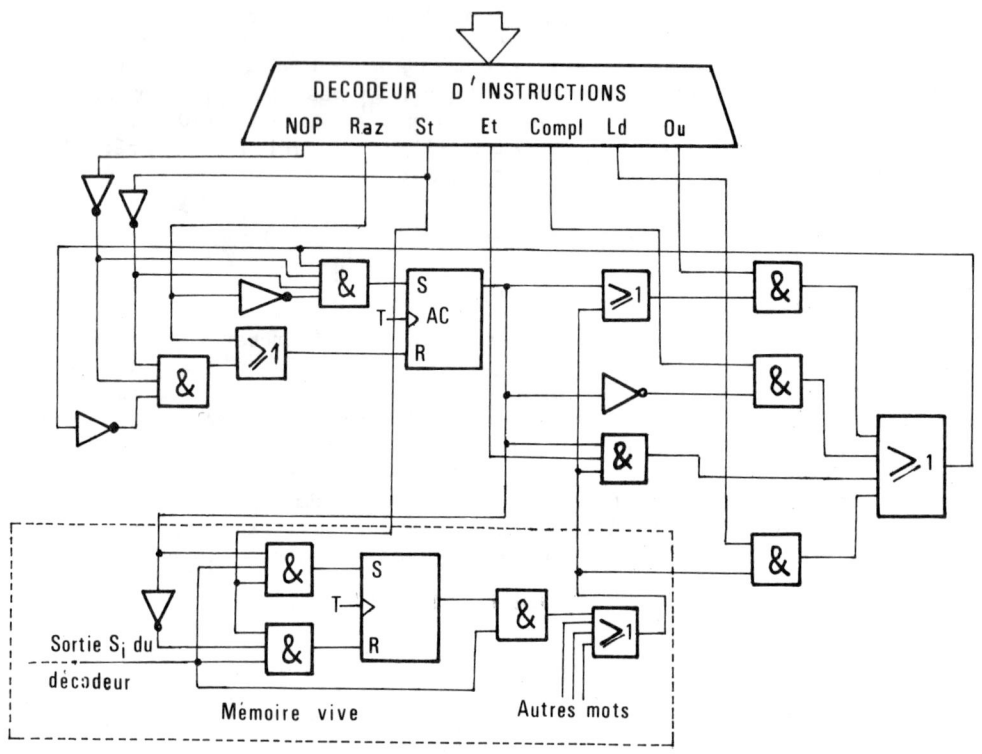

Fig. 5 : Unité logique

Le schéma de la fig. 5 représente une unité logique simple. Sur ce schéma apparaissent :

- une bascule RS appelée l'accumulateur (notée AC) ; cette bascule sert :

    - d'une part à stocker l'un des opérandes lorsqu'on veut effectuer des opérations à deux opérandes, le deuxième opérande étant stocké dans un mot de la mémoire vive ;

    - d'autre part à recueillir le résultat d'une opération avant soit son transfert vers la mémoire vive en vue de son stockage, soit son utilisation (immédiate) dans la suite du calcul ;

- un décodeur d'instructions : cet organe permet de savoir quelle opération l'unité logique doit réaliser. Chacun des fils de sortie de ce décodeur est identifié par un code mnémonique rappelant l'opération à réaliser lorsque ce fil est sensibilisé. Etudions les diverses opérations définies pour cette unité logique :

- NOP (non-opération) : l'unité logique n'est pas utilisée ;
son état doit rester figé.

- Raz : remise à zéro de l'accumulateur AC.

- Ld (load en anglais) : chargement dans AC d'une valeur contenue dans le mot mémoire sélectionné. Cette instruction s'écrira de façon mnémonique Ld x, où x sera l'adresse du mot mémoire.

- St : stockage du contenu de l'AC dans un mot mémoire ; de façon analogue à l'instruction précédente, on écrira St x.

- Compl. : complémentation du contenu de l'AC, le résultat de la complémentation étant le nouveau contenu de l'AC.

- Et : calcul de la valeur de la fonction "Et" entre le contenu de l'AC et le contenu d'un mot mémoire. Cette instruction s'écrira "Et x" ; le résultat du calcul sera stockée dans l'AC.

- Ou : calcul de la valeur de la fonction "Ou" de façon analogue.

Pour pouvoir commander l'unité logique, il faudra savoir comment écrire les instructions correspondantes dans la mémoire de programme. Pour cela il faudra adopter un codage des diverses instructions et formater la mémoire de programme. Par exemple, on peut choisir ici un formatage du type de celui représenté fig. 6, en supposant que les mots de la mémoire ont 16 bits (et peuvent donc être écrits avec 4 caractères hexadécimaux). Dans

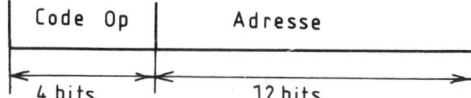

Fig. 6 : Formatage du mot mémoire

ce cas, si le code de la fonction "Et" est par exemple 0101 (= 5 en hexadécimal), le "Et" entre le contenu de l'AC et le mot mémoire d'adresse 2F9 s'écrira 52F9 dans la mémoire de programme. Les 4 bits du code opération seront utilisés comme entrées du décodeur d'instructions de l'unité logique de la fig. 5.

Dans les systèmes plus complexes, outre le fait de travailler sur des mots, l'ALU possèdera un ensemble d'instructions plus étendu que celui présenté ici. Elle pourra en particulier souvent travailler avec plusieurs accumulateurs et possèdera plusieurs façons d'identifier un mot mémoire où sera stockée une donnée : on parlera de sytèmes ayant plusieurs modes d'adressage. Le mode d'adressage envisagé ici est le plus simple et s'appelle l'adressage absolu.

Pour terminer ce paragraphe, nous donnons, fig. 7, à titre d'exemple, le programme de calcul de la fonction :

$$y = x_1\overline{x_2} + \overline{x_1}x_2x_3,$$

```
Ld 12
Compl
Et 11
St 15
Ld 11
Compl
Et 12
Et 13
Ou 15
St 15
```

Fig. 7:
Programme de
calcul de y

en supposant que les variables x_1, x_2, et x_3 sont stockées respectivement dans les mots mémoires d'adresse 11, 12 et 13, et que le résultat doit être stocké dans le mot d'adresse 15.

10.3.3. SCHEMA DE L'AUTOMATE PROGRAMMABLE ETUDIE

Le schéma de la fig. 8 représente une structure possible simple pour un automate à déroulement cyclique de la mémoire. Sur ce schéma on peut identifier :

- 1) l'ensemble compteur-mémoire de programme-registre instruction permettant le séquencement des diverses instructions à exécuter comme nous l'avons vu au paragraphe 10.3.1 (fig. 4) ;

- 2) une représentation schématique de l'unité logique dont nous avons étudié le fonctionnement plus en détail au paragraphe 10.3.2 ;

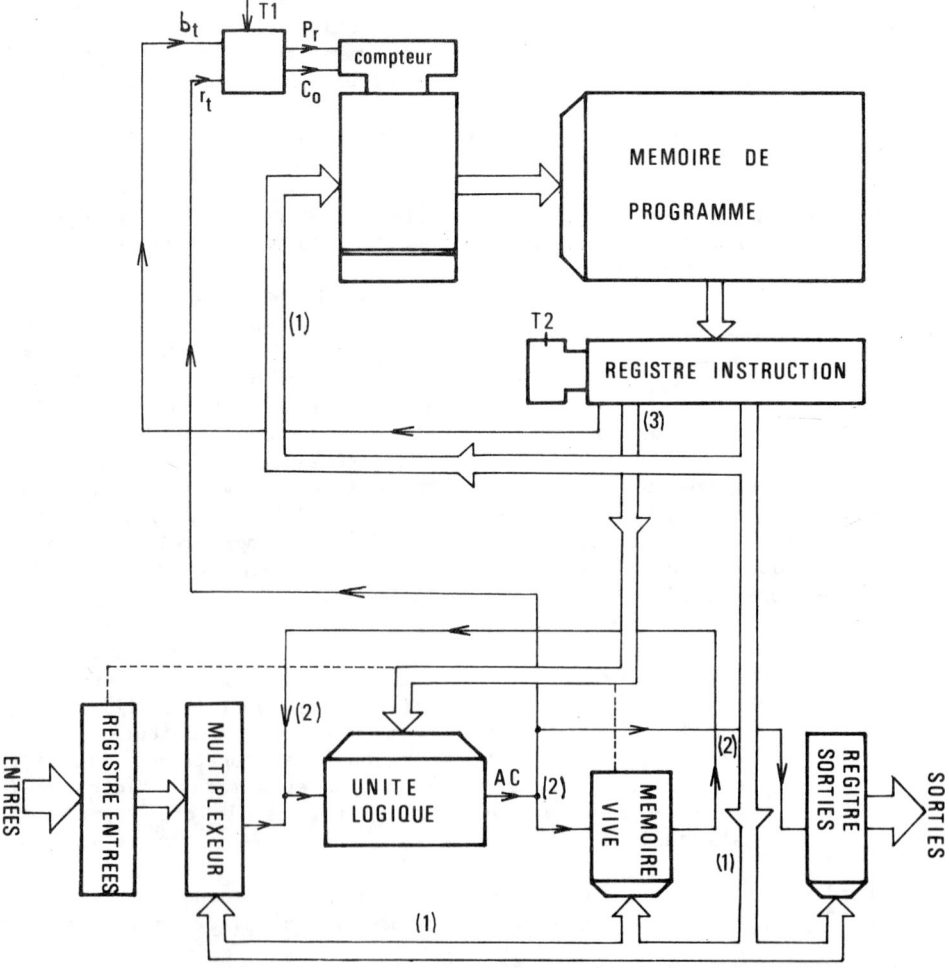

(1) Bus-adresses; (2) Bus-données (1 seul fil ici); (3) Bus-commandes
Fig. 8 : Schéma de principe de l'automate étudié

Cette unité logique échange des informations d'une part avec la mémoire vive, et d'autre part avec des registres permettant de gérer les entrées-sorties de l'automate. Remarquons que c'est le contenu de l'accumulateur AC qui a été choisi ici comme variable à tester pour choisir entre une incrémentation (Co) et un prépositionnement (Pr) du compteur.

- 3) Une unité assurant l'acquisition des entrées de l'automate. Cette unité comprend :

- a) un registre à entrées et sorties parallèles : ce registre sera chargé à chaque début de cycle de la mémoire. Toutes les valeurs des entrées seront donc figées au cours du déroulement d'un cycle. Ceci a pour avantage d'éviter des aléas dûs au changement de la valeur d'une entrée en cours de cycle. La commande de ce registre nécessitera une instruction de chargement en parallèle qui devra être ajoutée à la liste des commandes nécessaires pour utiliser l'automate. Nous noterons cette commande AE (acquisition des entrées).

- b) un multiplexeur permettant d'acheminer vers l'unité logique la valeur de l'une des entrées lorsque celle-ci est nécessaire, par exemple lors du calcul d'une réceptivité. Dans le programme chaque entrée sera donc identifiée par une adresse qui sera envoyée sur les entrées d'adresse du multiplexeur lorsqu'on souhaitera utiliser la valeur de cette entrée.

- 4) Une unité gérant les sorties de l'automate : cette unité est constituée d'un registre particulier. A chaque bascule de ce registre correspond une sortie. Le mode de lecture de ce registre est le mode parallèle : toutes les sorties sont accessibles simultanément. Son mode de chargement est analogue au mode d'écriture dans une mémoire-vive ayant des mots de 1 bit : chaque bascule du registre est repérée par une adresse. Au cours du déroulement d'un cycle de la mémoire, l'une des phases est constituée par le calcul des valeurs des sorties : lorsque la valeur d'une sortie S_i est calculée par l'unité logique, cette valeur est ensuite transférée à la bascule associée à cette sortie S_i.

Nous allons illustrer le fonctionnement de cet automate à l'aide d'un exemple simple. Nous reprenons l'exemple de la vidange du puisard présenté au paragraphe 8.3.2 et dont le grafcet est rappelé fig. 9.

La fig. 10 donne le programme écrit sous la forme mnémonique précédemment définie. Ce programme devra être inscrit dans la mémoire de programme après sa traduction en binaire. Pour suivre le déroulement du programme, il est nécessaire de se rappeler le jeu d'instructions de l'automate : il y a six instructions de commande de l'unité logique (Raz, Ld, St, Compl, Et, Ou), une instruction permettant le chargement de la valeur des entrées dans le registre entrées : AE, une instruction de branchement notée SiO X (qui signifie : si le contenu de l'accumulateur AC est 0, le programme se branche à l'adresse X,

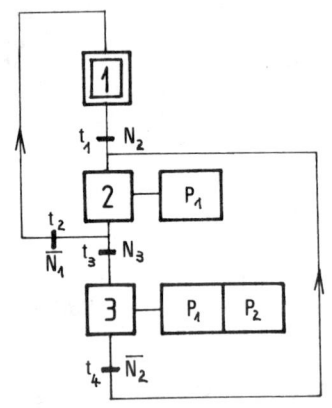

c'est-à-dire la valeur X est chargée dans le compteur-programme ; si le contenu de AC est 1, le contenu du compteur est incrémenté de 1.)

Outre l'acquisition des entrées et l'affectation de valeurs aux sorties, le programme gère deux tables implantées dans la mémoire vive : une table des étapes actives (lorsqu'une étape est active le mot mémoire associé est à un) et une table des transitions franchissables (lorsqu'une transition est franchissable, le mot mémoire associé est à un). Pour identifier les transitions, on les a repérées sur la fig. 9 par t_i, $i = (1, ..., 4)$. La fig. 11 indique les adresses qui ont été affectées aux diverses variables.

Fig. 9 : Grafcet de la vidange du puisard

Sur la fig. 10, les instructions correspondant à une phase particulière du déroulement d'un cycle ont été regroupées par une accolade numérotée.

Adr.	Instruction	Adr.	Instruction	Adr.	Instruction	Adr.	Instruction
100	Raz ⎫	10D	Et12 ⎫	11A	Ld22 ⎫	127	Ld22 ⎫
101	St12	10E	St22	11B	Ou23	128	Si012A
102	St13	10F	Ld33 (3)	11C	Si011F (4a)	129	St11 ⎬ (4b)
103	St41 ⎬ (1)	110	Et12 ⎬ Fin	11D	Compl ⎬	12A	Ld23
104	St42	111	St23	11E	St12 ⎬ fin	12B	Si012D ⎬ fin
105	Compl	112	Ld32	11F	Ld24	12C	St13 ⎭
106	St11 ⎭	113	Compl	120	Si0123	12D	Ld12 ⎫
107	AE (2)	114	Et13	121	Compl	12E	Ou13
108	Ld32 ⎫	115	St24 ⎭	122	St13 ⎭	12F	St41 ⎬ (5)
109	Et11 ⎬	116	Ld21 ⎫	123	Ld21 ⎫	130	Ld13
10A	St21 ⎬ (3)	117	Si011A	124	Ou24	131	St42 ⎭
10B	Ld31	118	Compl ⎬ (4a)	125	Si0127 ⎬ (4b)	132	Raz ⎬ (6)
10C	Compl	119	St11 ⎭	126	St12 ⎭	133	Si0107 ⎭

Fig. 10 : Programme d'implantation du grafcet de la fig. 9

Adresse	Etapes	Adresse	Transitions	Adresse	Entrées	Adresse	Sorties
011	X1	021	t1	031	N1	041	P1
012	X2	022	t2	032	N2	042	P2
013	X3	023	t3	033	N3		
		024	t4				
Table des étapes actives		Table des transitions franchissables		Table des entrées		Table des sorties	

Fig. 11 : Table des adresses

Etudions maintenant plus en détail chacune de ces phases :

-(1) - Initialisation : l'accumulateur AC est mis à zéro, puis ce zéro est transféré aux adresses des étapes 2 et 3 (qui ne sont pas actives lors de l'initialisation), et à celles des sorties ; puis AC est mis à un et ce un est transféré à l'adresse de l'étape 1 (qui est l'étape initialement active).

-(2) - Acquisition des entrées : cette acquisition ayant lieu en parallèle, elle ne nécessite qu'une seule instruction AE.

-(3) - Calcul des transitions franchissables : pour chaque transition on calcule le produit de la réceptivité correspondante par la variable X_i associée à l'étape amont (aux étapes amont s'il y en a plusieurs: cas des fins de séquences simultanées) : si ce produit est égal à un c'est que la transition doit être franchie. On met alors à un la variable t_i associée à cette transition. Pour pouvoir traiter des grafcets ayant des séquences simultanées et respecter les règles d'évolution d'un grafcet, on calcule dans un premier temps toutes les transitions franchissables, puis dans un deuxième temps, on modifie la table des étapes actives.

-(4) - Mise à jour de la table des étapes actives : pour respecter la règle 5 d'évolution d'un grafcet (toute étape devant être simultanément activée et désactivée reste active), on effectue cette mise à jour en deux temps :

- a) remise à zéro des X_i associés aux étapes devant être désactivées,

- b) mise à un des X_i associés aux étapes devant être activées.

Dans tous les cas, on teste la valeur des variables t_i associées aux transitions (en amont ou en aval de l'étape considérée). Lorsque ces variables sont à zéro, on saute les instructions du programme jusqu'à l'instruction correspondant à l'étude de la transition suivante.

-(5) - Evolution des sorties : on affecte la valeur des sorties en fonction des nouvelles valeurs obtenues dans la table des étapes désactivées,

-(6) - Retour à la phase 2 : l'accumulateur AC étant mis à zéro, le saut à l'instruction 107 est obligatoire : on reprend donc un nouveau cycle par une nouvelle acquisition des entrées.

Nous terminerons cette présentation par quelques remarques :

- 1) le programme que nous venons d'étudier, permettant d'implanter un grafcet simple ayant trois étapes et quatre transitions, comporte cinquante deux instructions au total et quarante cinq instructions dans sa boucle principale. Si l'on considère que chaque instruction peut s'effectuer en 1μs (fréquence des horloges 1MHZ), les entrées seront prises en compte au moins toutes les 45 μs. Pour le processus étudié ici, dont l'évolution sera lente devant ce temps de cycle, cette périodicité entre deux acquisitions des entrées est largement suffisante.

- 2) La méthode d'implantation développée ici peut s'appliquer à tout grafcet. En particulier, le traitement des grafcets comportant des séquences simultanées ne présente pas de difficulté. Nous proposons au lecteur à titre d'exercice de vérifier ce point en écrivant le programme correspondant au grafcet de la fig. 14 du chapitre 8.

- 3) Il sera rapidement fastidieux d'écrire un programme du type de celui qui est décrit fig. 10 quand la complexité du grafcet étudié augmentera. Cependant on peut noter que l'ensemble des règles d'écriture est systématique et relativement simple. On pourra alors concevoir un système informatique auquel on fournira la structure du grafcet (entrées – sorties – étapes – transitions et réceptivité associées), et qui se chargera d'écrire automatiquement le programme en langage compréhensible par l'automate (c'est-à-dire en binaire, selon le format choisi pour les instructions) : un tel système constitue ce qu'on appelle un "système d'aide au développement". Ces systèmes peuvent être plus ou moins élaborés et peuvent, outre leur fonction de traduction en langage de l'automate, assurer des fonctions telles que la vérification de la syntaxe du grafcet, etc. L'emploi de tels outils est de plus en plus fréquent et simplifie grandement les études d'automatismes.

10.4 CONCLUSION

Nous avons considéré au cours de ce chapitre deux implantations possibles d'un grafcet par programmation. L'idée essentielle, commune aux deux approches, est que l'implantation d'un grafcet se résume à deux opérations :

- le cablage des entrées et sorties qui relient l'automate au processus,

- la programmation de composants (mémoire morte ou PAL) qui traduit la structure du grafcet envisagé.

La première méthode d'implantation est en fait une extension de la méthode développée en détail au chapitre 9. La seconde méthode, quant à elle, nous a permis d'introduire plusieurs concepts importants comme les notions de compteur-programme, d'unité logique... Les principes étudiés ici doivent permettre au lecteur d'aborder d'une part la lecture d'ouvrages d'un niveau théorique plus élevé concernant la comparaison de diverses méthodes de conception d'un programme d'implantation d'un grafcet, et d'autre part la lecture de manuels techniques présentant des microprocesseurs ou des automates programmables industriels particuliers. Pour ces matériels, chaque constructeur définit le jeu des instructions disponibles, leur format, leur code machine, etc...Il fournit également en général à l'utilisateur un programme moniteur ou une console de programmation plus ou moins élaborés permettant de dialoguer avec l'automate au moment de la conception du programme, dans un langage plus aisé que le langage machine. Les possibilités offertes par ce type de matériel sont tellement variées que leur description exhaustive est toujours très longue et dépasse largement le cadre du présent ouvrage dans lequel nous nous sommes au contraire attachés à isoler les fonctions de base essentielles communes à tous ces matériels.

EXERCICES SUR LE CHAPITRE 10

Exercice 1

Reprendre l'exercice 1 du chapitre 9. On souhaite implanter un grafcet correspondant à l'énoncé de cet exercice à l'aide d'un automate programmable du type de celui présenté au paragraphe 10-2. Précisez quel grafcet doit être utilisé. Donner le formatage choisi pour la mémoire de programme et le contenu de celle-ci.

Exercice 2

Mêmes questions avec l'exercice 2 du chapitre 9.

Exercice 3

On veut calculer la valeur de la fonction

$$F = a\,\bar{c} + b\,\bar{c}\,\bar{d} + a\,b\,\bar{d}$$

à l'aide de l'unité logique du paragraphe 10-3-2 (fig. 5).

En supposant que les valeurs des variables a, b, c et d sont stockées respectivement aux adresses 10, 11, 12, et 13 et que l'on souhaite stocker la valeur de la fonction F à l'adresse 15, proposer un programme de calcul de F.

Exercice 4

Même exercice avec la fonction :

$$F = \bar{a}\,\bar{b}\,\bar{c}\,\bar{d} + a\,\bar{b}\,c\,\bar{d} + a\,b\,c\,d + \bar{a}\,b\,\bar{c}\,d$$

Exercice 5

On veut implanter le grafcet obtenu pour l'exercice 2 du chapitre 4 à l'aide d'un automate à déroulement cyclique de la mémoire du type de celui présenté au paragraphe 10.3. Ecrire un programme permettant cette implantation en supposant que les variables a, b et c sont stockées lors de la phase d'acquisition des entrées aux adresses 020, 021 et 022 respectivement, et que les sorties R1, R2, R3 correspondent respectivement aux adresses 025, 026 et 027.

Exercice 6

Même exercice pour le grafcet obtenu à l'exercice 3 du chapitre 4.

Exercice 7

Même exercice pour le grafcet du paragraphe 8.4 (fig. 14).

1. $S = a.(b + c) + b.c.d$

2. $S_4 = a.(b \oplus c) + \bar{a}.b.c$ $\qquad$ $S_8 = \bar{a}.(b \oplus c) + a.\bar{b}.\bar{c}$

3. $S = a.b.d + c.(a + b + d)$

4. 4.1 : $a + \bar{a}.b = a(1 + b) + \bar{a}b = a + b(a + \bar{a}) = a + b$

   4.2 : $(\bar{a} + b)(a + c) = ab + \bar{a}.c + b.c = ab + \bar{a}c + bc(a + \bar{a})$

   $\qquad = ab(1 + c) + \bar{a}c(1 + b) = ab + \bar{a}c$

   4.3 : $(a + \bar{b})(b + \bar{c})(c + \bar{a}) = (ab + a\bar{c} + \bar{b}\bar{c})(c + \bar{a}) = abc + \bar{a}\bar{b}\bar{c}$

   De même : $(\bar{a} + b)(\bar{b} + c)(\bar{c} + a) = abc + \bar{a}\bar{b}\bar{c}$

5. $\bar{F}_1 = (\bar{a} + b.\bar{c}.\bar{d}).(c + \bar{d}) = \bar{a}c + \bar{a}.\bar{d} + b.\bar{c}.\bar{d}$

   $\bar{\bar{F}}_1 = (a + \bar{c})(a + d)(\bar{b} + c + d) = (a + \bar{c}.d)(\bar{b} + c + d)$

   $\qquad = a(\bar{b} + c + d) + \bar{c}.d(\bar{b} + c + d) = a(\bar{b} + c + d) + \bar{c}d\bar{b} + \bar{c}d$

   $\qquad = a(\bar{b} + c + d) + \bar{c}d(1 + \bar{b}) = a(\bar{b} + c + d) + \bar{c}.d = F_1$

   $\bar{F}_2 = \bar{a}.\bar{b} + \bar{b}.\bar{c} + \bar{c}.\bar{a}$ $\qquad$ $\bar{\bar{F}}_2 = (a + b)(b + c)(c + a) = F_2$

6. $F_1 = ab + \bar{c} + \bar{a} + \bar{b} = \bar{a} + b + \bar{c} + \bar{b} = \bar{a} + \bar{c} + 1 = 1$

   $F_2 = (a + b + c)(a + \bar{b} + c\bar{c}) = a + \bar{b}(b + c) = a + \bar{b}.c$

   $F_3 = a + bc + b + ca + c + ab = a + b + c$

7.

   $F_1 = a + b.\bar{c} + \bar{b}.c$ $\qquad\qquad$ $F_2 = b.d + \bar{a}.\bar{d} + \bar{b}.\bar{c}.\bar{d}$

8. $F_1 = \bar{c} + a\bar{b}$

   $F_2 = \bar{a}.\bar{b} + b.d + \bar{c}.d$

   $F_3 = a.e + b.\bar{e} + \bar{a}.c.\bar{e}$

9. $F = \bar{a}.c + a.d + \bar{a}.\bar{b}.\bar{d}$

$\bar{F} = a.\bar{d} + \bar{a}.b.\bar{c} + \bar{a}.\bar{c}.d$

D'où $F = \bar{\bar{F}} = (\bar{a} + d)\,(a + \bar{b} + c)\,(a + c + \bar{d}) =$

$(\bar{a} + d)\,(a + c + \bar{b}.\bar{d}) = \bar{a}.c + a.d + c.d + \bar{a}.\bar{b}.\bar{d}$

On obtient le terme redondant c.d, qui correspond à un recouvrement.

10. $F_1\,(a,b,c) = a.b + c$

$F_2\,(a,b,c,d) = b + \bar{a}.d$

11.

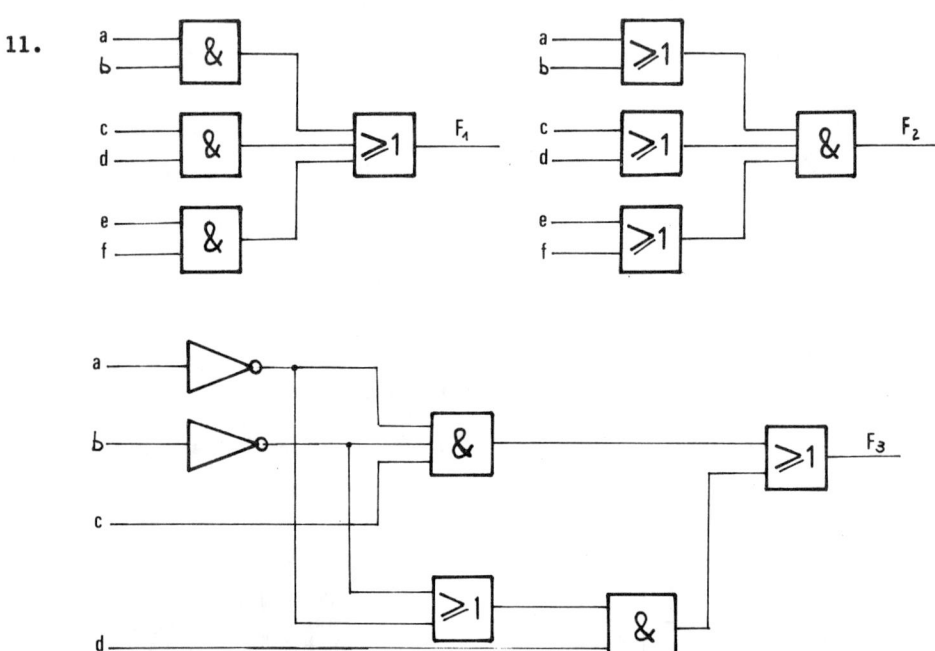

12. On écrit F sous la forme d'une somme de produits :

$$F = a.b + a.d + \bar{a}.c.\bar{d} + b.c.\bar{d}$$

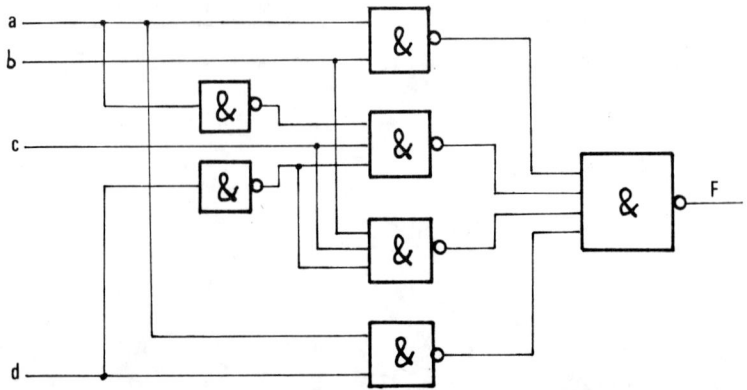

13. Solution basée sur la complémentation de l'expression donnée : on construit d'abord $\overline{F}$, qu'on complémente ensuite pour avoir F :

$$\overline{F} = (\overline{a} + \overline{b + d})\,(\overline{c} + d + \overline{\overline{a} + b})$$

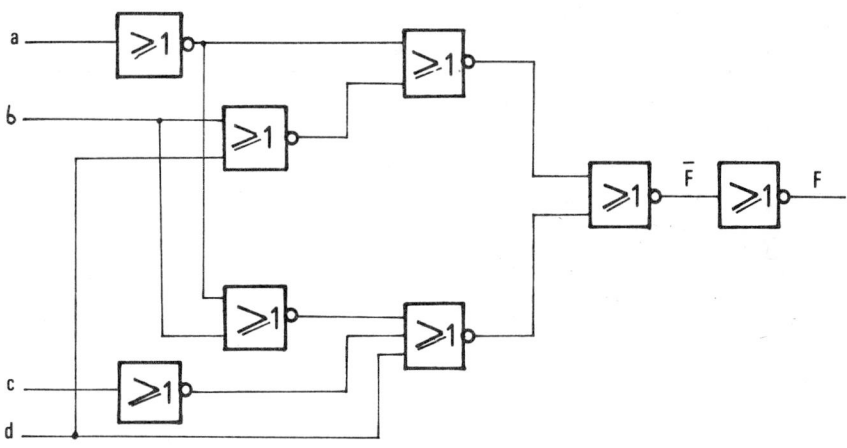

14. F_1 représente une expression de logique "combinatoire" :

$$F_1 = \overline{a}.\overline{c} + c.(a + b)$$

F_2 représente une expression de logique "séquentielle", qu'on peut définir par les deux équations suivantes :

$$F_2 = \overline{X} + b.c$$

$$X = a + \overline{b}.X$$

F_2 dépend d'une part de b et c, et d'autre part de a par l'intermédiaire de X : X est une fonction annexe qui dépend de sa propre valeur. Comme la soustraction n'existe pas en logique, on ne peut pas simplifier les 2 équations précédentes.

F_3 représente l'expression de la sortie d'un "multiplexeur" :

$$F_3 = abcd_7 + \overline{a}bcd_6 + a\overline{b}cd_5 + \overline{a}\overline{b}cd_4 + abc\overline{d}_3 + \overline{a}b\overline{c}d_2 + a\overline{b}\overline{c}d_1 + \overline{a}\overline{b}\overline{c}d_0$$

Il s'agit d'un multiplexeur à 8 entrées "principales" (d_7, d_6, d_5, d_4, d_3, d_2, d_1, d_0) et à 3 entrées "d'adresse" (a,b,c) : ce circuit permet de sélectionner une des entrées principales selon les valeurs des entrées d'adresse. Par exemple, pour abc = 011, la sortie est égale à d_6. (voir à ce sujet le paragraphe 6.2)

SOLUTIONS DES EXERCICES SUR LE CHAPITRE 2

1. Circuits ci-dessous (F_2 peut se simplifier) :

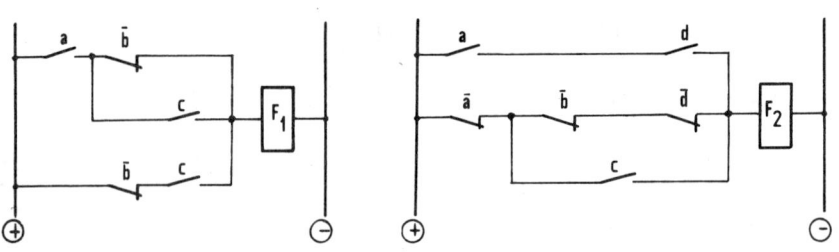

2. a) Equation logique: b) Circuit :

$L = a(bc + \bar{b}\bar{c}) +$
$\quad \bar{a}(\bar{b}c + b\bar{c})$

soit :

$L = a \oplus (b \oplus c)$

3. a) Equations logiques :

$0 = \bar{a}\bar{b} \, [\; c_1(c_2 \, c_3 + \bar{c}_2 \, \bar{c}_3) + \bar{c}_1(\bar{c}_2 \, c_3 + c_2 \, \bar{c}_3) \;]$

$F = \bar{a}\bar{b} \, [\; c_1(c_2 \, \bar{c}_3 + \bar{c}_2 \, c_3) + \bar{c}_1(\bar{c}_2 \, \bar{c}_3 + c_2 \, c_3) \;]$

b) Circuits : de même type que celui de l'exercice 2 (deux "OU exclusif" en cascade) avec en plus les deux contacts $\bar{a}$ et $\bar{b}$ en
série.

4. On peut matérialiser F et $\bar{F}$ de la façon suivante :

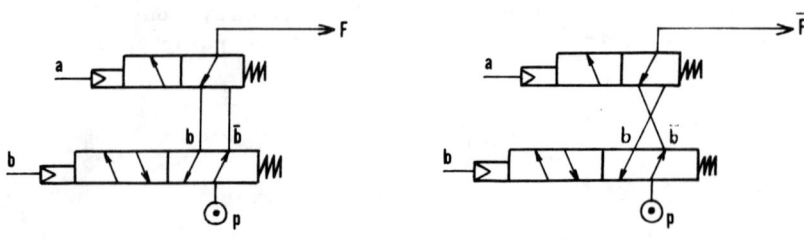

5. Solution non développée (les circuits s'obtiennent à partir des schémas du paragraphe 2.2.3, avec des distributeurs 3/2 monostables à commande pneumatique).

6. Equation logique du vérin : $V = c(a + b)$
   Schéma à distributeurs ci-dessous (sans cellules) :

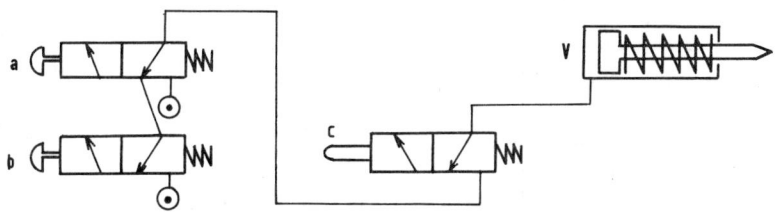

7. Les équations logiques à matérialiser sont :

   $$A^+ = m \cdot b_0 \qquad A^- = b_1 \qquad B^+ = a_1 \qquad B^- = a_0$$

8. Voir paragraphe 2.3.2. alinéa d/.

9. La fonction logique I est un produit de 3 "dilemmes complémentaires" :

   $$I = (ax + \bar{a}\bar{x})(by + \bar{b}\bar{y})(cz + \bar{c}\bar{z}) = (a \odot x)(b \odot y)(c \odot z)$$
   On peut la matérialiser au moyen de 17 NAND, dont 1 à 3 entrées :

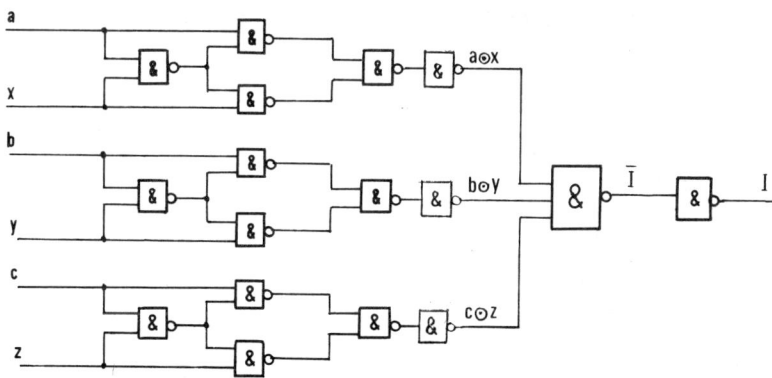

10. Cablages ci-dessous :

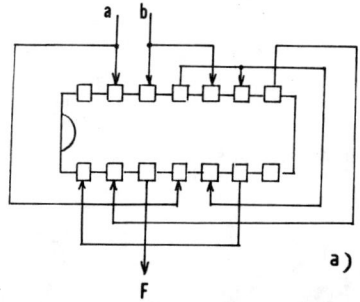

a)

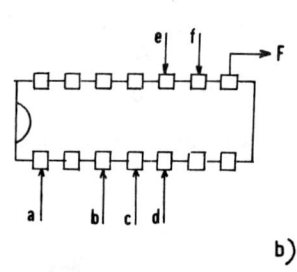

b)

SOLUTIONS DES EXERCICES SUR LE CHAPITRE 3

Exercice 1 $X_1 = a_1 + \bar{a}_0 \, x_1$; $A = \bar{x}_1$.

Exercice 2

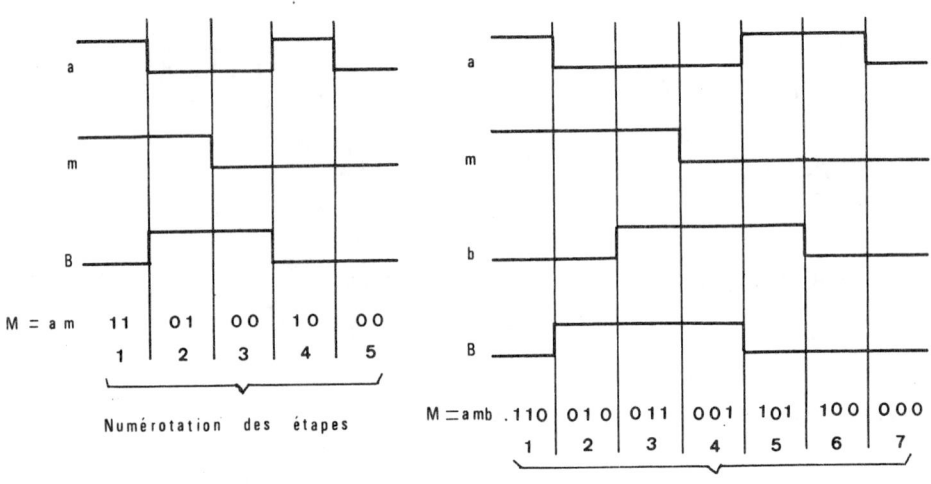

M = a m   11 | 01 | 00 | 10 | 00
           1 | 2 | 3 | 4 | 5

Numérotation des étapes

Fig. 1 : Diagramme temporel de l'auto-maintien.

M = amb .110 | 010 | 011 | 001 | 101 | 100 | 000
          1 | 2 | 3 | 4 | 5 | 6 | 7

Numérotation des étapes

Fig. 2 : Diagramme temporel avec variable d'état b.

1) Cinq étapes différentes peuvent être mises en évidence. Voir Fig. 1.

2) Les étapes 3 et 5 sont bien différentes puisque pour l'une B = 1, et pour l'autre B = 0. Cependant dans les deux cas M = 00.

4) Voir Fig. 2.

5) $B = \bar{a} \, m + \bar{a} \, b = \bar{a} \, (m + b)$.

Exercice 3 : solution non développée : $(B = m + \bar{a} \, b)$.

Exercice 4 :

1) Cycle combinatoire : solution non développée.

2) Cycle séquentiel : Voir Fig. 3 et Fig. 4.

   $X = b_1 + \bar{a}_0 \, x$; $A = \bar{b}_0 + \bar{x}$; $B = a_1 \, \bar{x}$.

3) Cycle séquentiel : solution non développée.

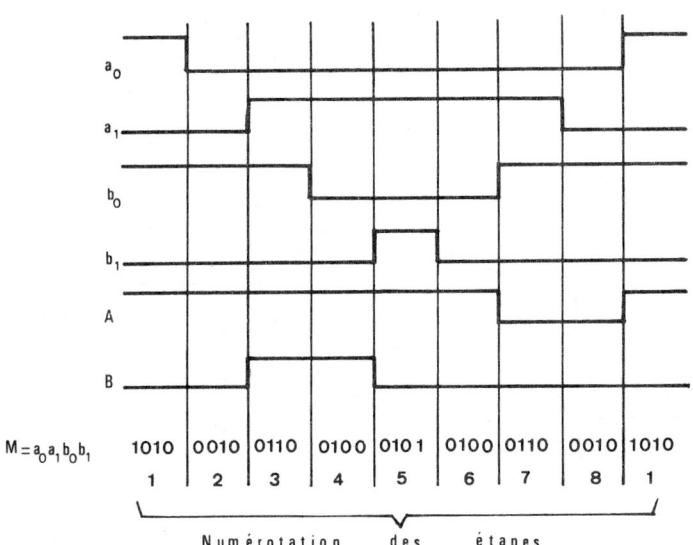

Fig. 3 : Cycle en L

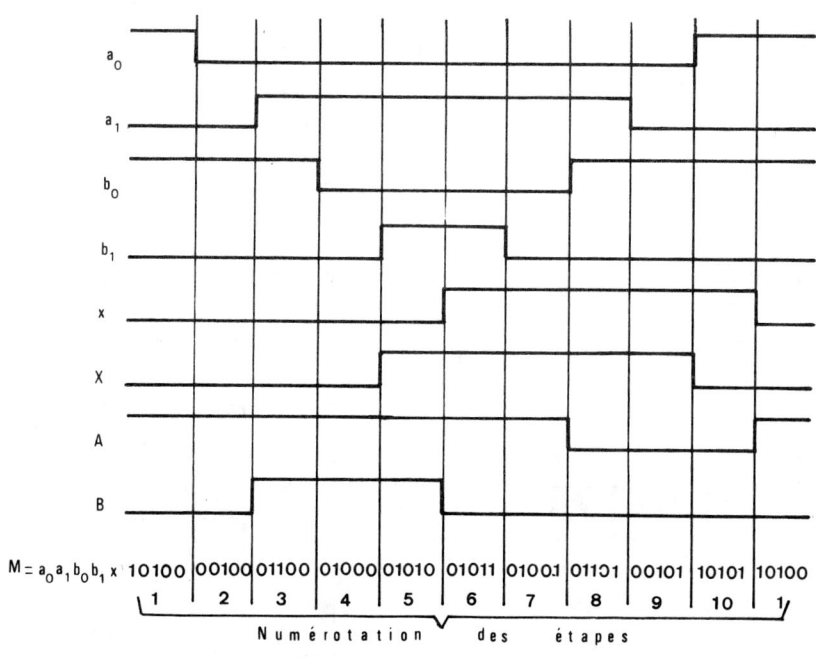

Fig. 4 : Cycle en L avec variable d'état x

SOLUTIONS DES EXERCICES SUR LE CHAPITRE 4

1. Grafcets ci-dessous (2 solutions possibles) :

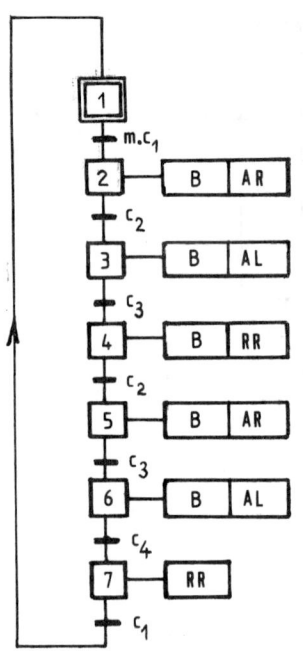
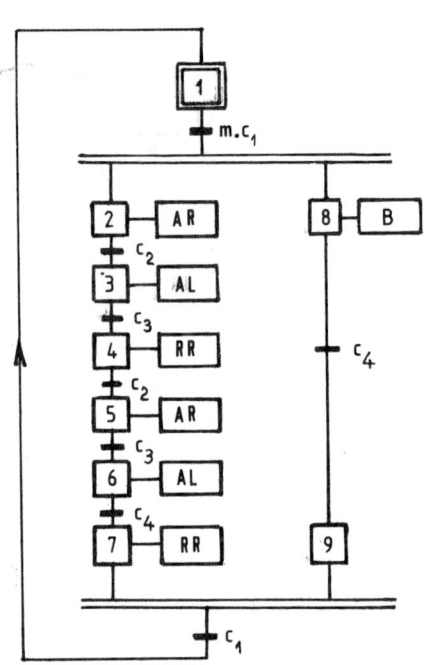

2. Grafcet ci-dessous :

3. Grafcet ci-dessous :

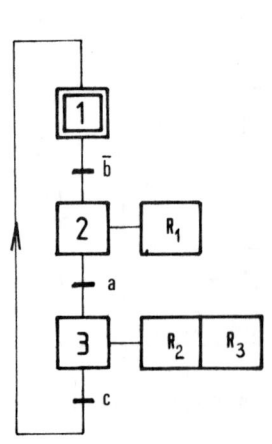
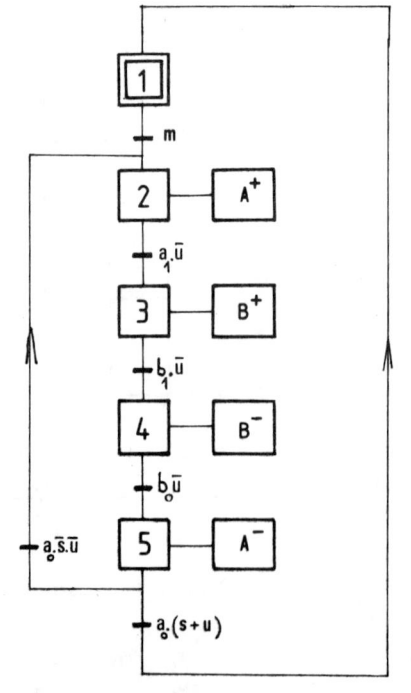

4. a) $t_{\downarrow R_1} = t_{\uparrow V_1} = 0s.$ $t_{\downarrow V_1} = t_{\uparrow O_1} = 8s.$ $t_{\downarrow O_1} = t_{\uparrow R_1} = 11s.$
$t_{\uparrow V_2} = t_{\downarrow R_2} = 12s.$ $t_{\uparrow O_2} = t_{\downarrow V_2} = 28s.$ $t_{\downarrow O_2} = t_{\uparrow R_2} = 31s.$

R2
O2
V2
V2 = 1 pendant 16 s
R1
O1
V1
V1 = 1 pendant 8 s
secondes
0
5
10
15
20
25
30
début de cycle
fin de cycle

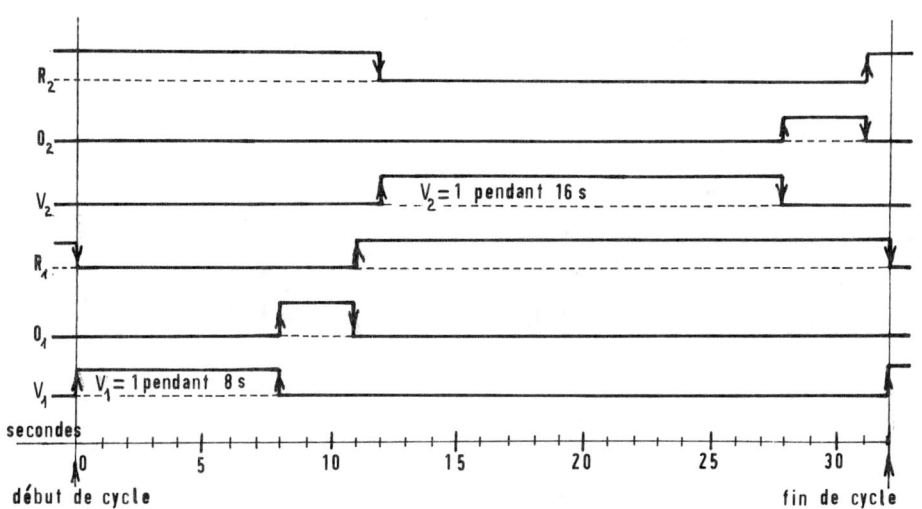

b) Grafcets ci-dessous (2 solutions possibles) :

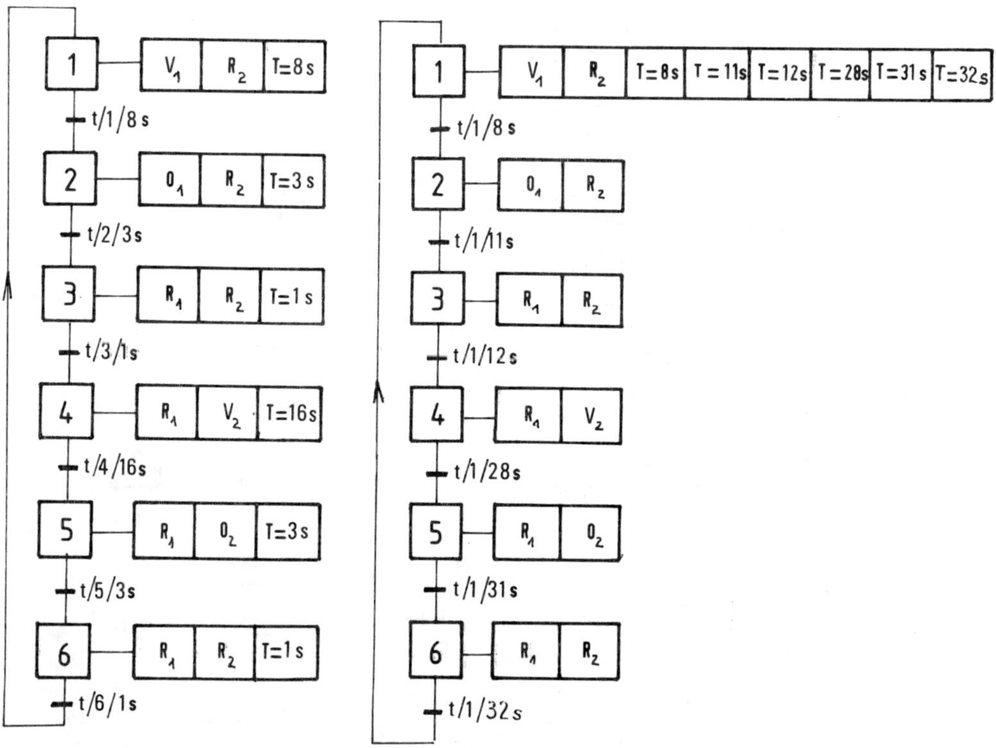

1
V1
R2
T=8s
t/1/8 s
2
O1
R2
T=3 s
t/2/3 s
3
R1
R2
T=1 s
t/3/1s
4
R1
V2
T=16s
t/4/16s
5
R1
O2
T=3 s
t/5/3s
6
R1
R2
T=1 s
t/6/1s
1
V1
R2
T=8s
T = 11s
T=12s
T=28s
T=31 s
T=32s
t/1/8 s
2
O1
R2
t/1/11s
3
R1
R2
t/1/12 s
4
R1
V2
t/1/28s
5
R1
O2
t/1/31s
6
R1
R2
t/1/32s

5.   a) Grafcets ci-dessous (2 solutions possibles) :

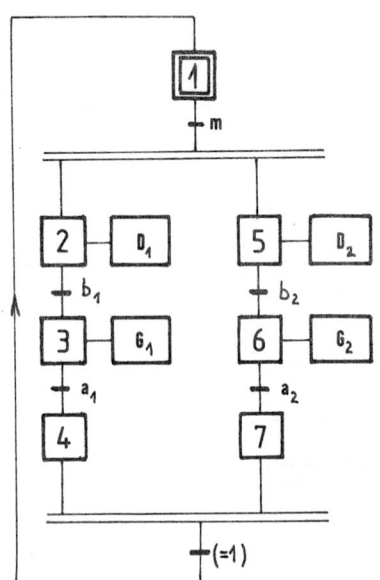
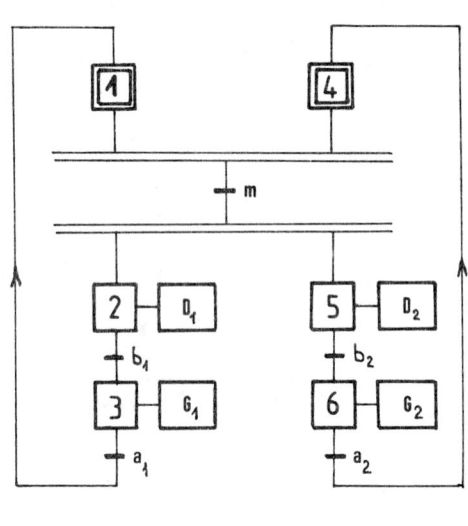

b) Un grafcet possible est représenté ci-dessous :

Si C_2 est plus rapide que C_1, l'attente est assurée par la condition $\overline{X}_2$ pour l'action G_2 ($\overline{X}_2$ signifie que C_1 n'est pas en déplacement à droite vers b_1 : il est déjà arrivé à la position b_1).

Si C_2 est plus lent que C_1, l'action G_2 (retour) dépend de la réceptivité $b_2 + X_4$ (b_2 pour le cas où la position b_2 est atteinte, ou X_4 pour le cas où C_1 a déjà fait son aller et retour).

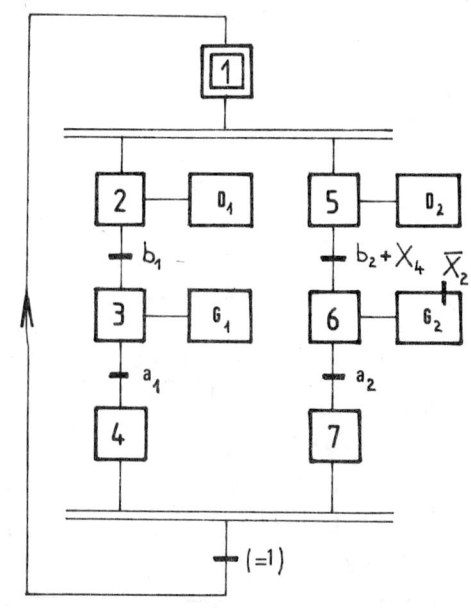

6. a) Grafcet ci-dessous :

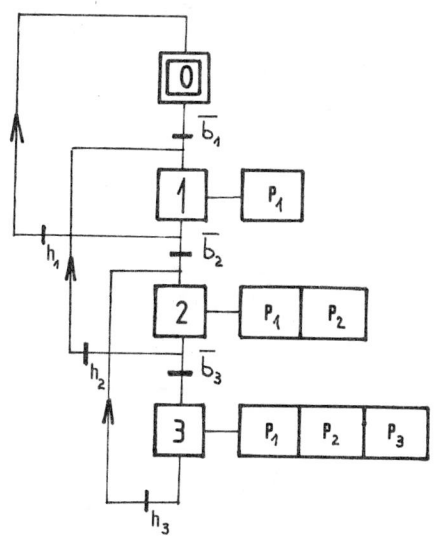

b) Grafcet ci-dessous :

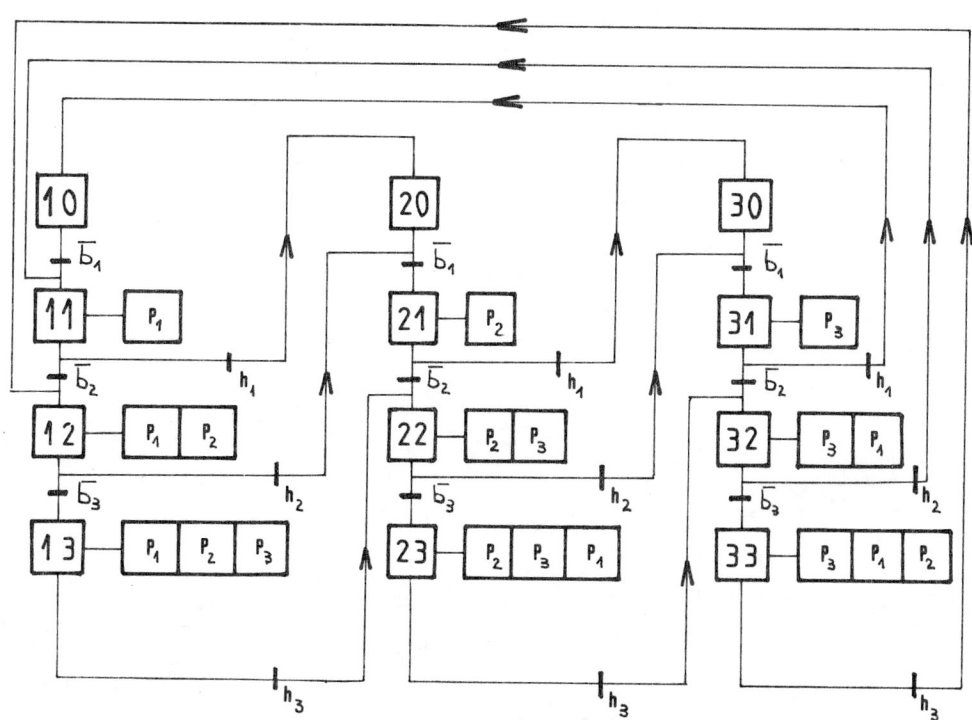

7. Grafcet ci-dessous :

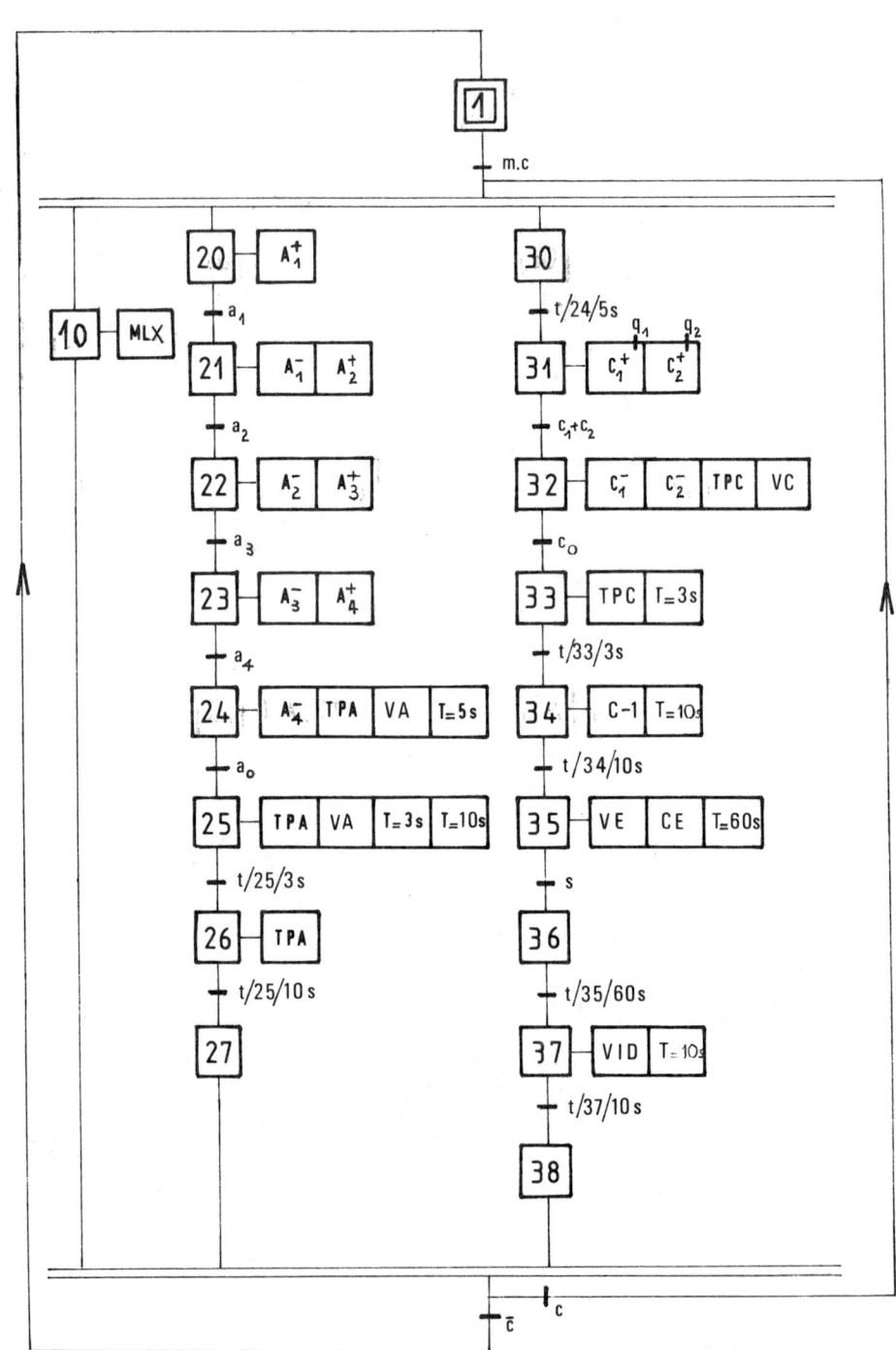

SOLUTIONS DES EXERCICES SUR LE CHAPITRE 5

1. a) $(965)_{10} = (1111000101)_2$

    b) $(607)_8 = (110000111)_2$

    c) $(A8B)_{16} = (101010001011)_2$

2. a) $(10111010)_2 = (272)_8$

    b) $(1157)_{10} = (2205)_8$

    c) $(F1F)_{16} = (7437)_8$

3. a) $(10110110011101)_2 = (2D9D)_{16}$

    b) $(7106)_8 = (E46)_{16}$

    c) $(3589)_{10} = (E05)_{16}$

4. a) $(92)_{10} = (1011100)_2$ $(7904)_{10} = (1111011100000)_2$

    b) $(92)_{10} = (10010010)_{DCB}$ $(7904)_{10} = (0111100100000100)_{DCB}$

    C) $(92)_{10} = (11000101)_{exc.3}$ $(7904)_{10} = (1010110000110111)_{exc.3}$

5. a) $(151)_{10}$ b) $(97)_{10}$ c) $(64)_{10}$

6. $(31)_{10} = (010000)_{bin.ref.}$

    $(32)_{10} = (110000)_{bin.ref.}$

    $(33)_{10} = (110001)_{bin.ref.}$

7. a)   plus grand positif : $(+127)_{10} = (01111111)_{compl.2}$

    plus grand négatif : $(-128)_{10} = (10000000)_{compl.2}$

    b) $(+109)_{10}$ et $(-85)_{10}$

    c) $(+105)_{10} = (01101001)_{compl.2}$

    $(-14)_{10} = (11110010)_{compl.2}$

    $(-87)_{10} = (10101001)_{compl.2}$

9. $(439B)_{16} + (7AEC)_{16} = (BE87)_{16}$

10. $(65)_8 \times (72)_8 = (6002)_8$

SOLUTIONS DES EXERCICES DU CHAPITRE 6

1. La figure 24 donne pour chaque combinaison des bits dcba la valeur
   du code complément à 2 et celle du code binaire naturel. Comme les
   sorties du décodeur de la figure 1 sont repérées avec le code binaire naturel, il est facile d'identifier les sorties si on souhaite les repérer avec le code complément à 2.

d	c	b	a	Compl. à 2	Bin. Nat.
0	1	1	1	7	7
0	1	1	0	6	6
0	1	0	1	5	5
0	1	0	0	4	4
0	0	1	1	3	3
0	0	1	0	2	2
0	0	0	1	1	1
0	0	0	0	0	0
1	1	1	1	-1	15
1	1	1	0	-2	14
1	1	0	1	-3	13
1	1	0	0	-4	12
1	0	1	1	-5	11
1	0	1	0	-6	10
1	0	0	1	-7	9
1	0	0	0	-8	8

**Fig.24 : Code complément à 2
et code binaire naturel**

2. $S_0 = \bar{d}\,\bar{c}\,\bar{b}\,\bar{a}$; $S_1 = \bar{d}\,\bar{c}\,\bar{b}\,a$; $S_2 = \bar{c}\,b\,\bar{a}$; $S_3 = \bar{c}\,b\,a$;

   $S_4 = c\,\bar{b}\,\bar{a}$; $S_5 = c\,\bar{b}\,a$; $S_6 = c\,b\,\bar{a}$; $S_7 = c\,b\,a$;

   $S_8 = d\,\bar{a}$; $S_9 = d\,a$.

3. $S_0 = \bar{d}\,\bar{c}$; $S_1 = \bar{d}\,\bar{b}\,\bar{a}$; $S_2 = \bar{d}\,\bar{b}\,a$; $S_3 = \bar{d}\,b\,\bar{a}$;

   $S_4 = c\,b\,a$; $S_5 = \bar{c}\,\bar{b}\,\bar{a}$; $S_6 = \bar{c}\,\bar{b}\,a$; $S_7 = \bar{c}\,b\,\bar{a}$;

   $S_8 = d\,b\,a$; $S_9 = d\,c$.

4. 1. $SG = a\,\bar{b}$; $SP = \bar{a}\,b$; $SE = \bar{a}\,\bar{b} + a\,b$.

   2. $SG = 1$ si $a_1 > b_1$ ou si $(a_1 = b_1$ et $a_0 > b_0)$
      $SP = 1$ si $a_1 < b_1$ ou si $(a_1 = b_1$ et $a_0 < b_0)$
      $SE = 1$ si $a_1 = b_1$ et $a_0 = b_0$

3. $SG = a_1 \, \overline{b_1} + a_0 \, \overline{b_0} \, (a_1 + \overline{b_1})$

$SP = \overline{a_1} \, b_1 + \overline{a_0} \, b_0 \, (\overline{a_1} + b_1)$

4. Même raisonnement qu'à la question 2.

5. 1. Voir figure 25

Fig.25 : Tableaux de Karnaugh de l'additionneur

2. $r_i = a_i \, b_i + a_i \, r_{i-1} + b_i \, r_{i-1}$

$\overline{r_i} = \overline{a_i} \, \overline{b_i} + \overline{a_i} \, \overline{r_{i-1}} + \overline{b_i} \, \overline{r_{i-1}}$

3. $s_i = \overline{a_i} \, \overline{b_i} \, r_{i-1} + \overline{a_i} \, b_i \, \overline{r_{i-1}} + a_i \, b_i \, r_{i-1} + a_i \, \overline{b_i} \, \overline{r_{i-1}}$

$\overline{s_i} = \overline{a_i} \, \overline{b_i} \, \overline{r_{i-1}} + a_i \, b_i \, \overline{r_{i-1}} + \overline{a_i} \, b_i \, r_{i-1} + a_i \, \overline{b_i} \, r_{i-1}$

4. Il suffit de remplacer dans les expressions proposées r_i et $\overline{r_i}$ par les expressions obtenues à la question 2, puis développer.

5. Le schéma de la figure 18 correspond à un additionneur basé sur les équations établies précédemment. L'entrée r_0 et la sortie r_4 permettent de mettre en cascade plusieurs circuits identiques pour réaliser l'addition de nombre comportant plus de quatre bits. (Par ailleurs, r_4 représente le bit le plus significatif du résultat).

6. Solution non développée.

Comparaison des additionneurs des fig.18 et 20.

Etudions l'influence du bit a_1 sur la sortie r_4 :

. Schéma de la fig.18 : a_1 est utilisé pour calculer r_1 , qui est utilisé pour calculer r_2, qui est utilisé pour calculer r_3 qui est utilisé pour calculer r_4. L'influence de a_1 se fait sentir sur r_4 après être passé à travers 8 portes logiques. Si on appelle Δt le temps moyen de réponse d'une porte, il faut 8 Δt avant que l'influence de a_1 se manifeste sur r_4.

Schéma de la fig.20 : a_1 est directement utilisé pour le calcul de r_4 : son influence se manifeste après 3 t. C'est cette action directe des a_i (sans passer par les retenues des autres bits) qui a donné au schéma de la fig.20 le nom d'additionneur à retenue anticipée. Son intérêt est donc une plus grande rapidité de réponse.

7. $F = \bar{b}\,\bar{c}\,\bar{d} + \bar{a}\,\bar{b}\,c\,d + \bar{a}\,\bar{b}\,c\,\bar{d} + b\,\bar{c}\,\bar{d} + b\,\bar{c}\,\bar{d} + b\,c\,d + a\,b\,c\,\bar{d}$

Le schéma se déduit de l'expression précédente.

8.

Entrées Principales	Fonctions à cabler	Entrées Principales	Fonctions à cabler
0	0	8	$\bar{e}f$
1	$e\bar{f}$	9	$\bar{e}$
2	0	10	0
3	1	11	$\bar{e}\bar{f}$
4	e	12	$e + \bar{f}$
5	e	13	$e + \bar{f}$
6	0	14	0
7	1	15	$\bar{e}\bar{f}$

Le schéma se déduit du tableau précédent.

9. Le contenu de la mémoire est donné par deux chiffres hexadécimaux :

Mot	Contenu	Mot	Contenu	Mot	Contenu	Mot	Contenu
0	FC	4	B2	8	FE	12	6F
1	30	5	DA	9	F2	13	7B
2	6E	6	DE	10	FD	14	B3
3	7A	7	70	11	31	15	DB

10. Solution non développée.

11. $F_1 = e_1 \bar{e}_3 + e_0 \bar{e}_3 + \bar{e}_1 \bar{e}_0 e_2 e_3$.

Pour obtenir F_1 sur la sortie S_3, les quatre premiers mots de la PAL devront être constitués des caractères hexadécimaux suivants :

48, 42, 2A et 00.

Explication du terme 48 : 48 =

$\bar{e}_1$	e_1	$\bar{e}_2$	e_2	$\bar{e}_3$	e_3	$\bar{e}_4$	e_4
0	1	0	0	1	0	0	0

La fonction F_3 sera obtenu en réunissant sur un OU les sorties S_0 et S_1.

SOLUTIONS DES EXERCICES SUR LE CHAPITRE 7

1. a) $Q = \overline{R} . (S + q)$ b) Logigramme NAND :

   c) Il faut rajouter une
      liaison entre la sor-
      tie $\overline{R}$ du 1er NAND de
      R et l'entrée du 1er
      NAND de S.

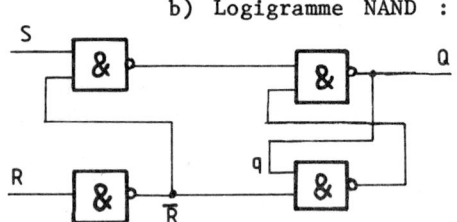

2. Solution non développée (voir paragraphe 7.4).

3. a) A l'instant t=9 sec., le mot Q_4 Q_3 Q_2 Q_1 vaut 1001, et la fonc-
      tion "ET" $S = Q_4 . \overline{Q_3} . \overline{Q_2} . Q_1$ vaut 1 (quatre 1 sur ses entrées). De
      même, à l'instant t=13 sec., la fonction "ET" $R = Q_4 . Q_3 . \overline{Q_2} . Q_1$
      vaut 1.

   b) En attaquant une bascule SR par les 2 fonctions précédentes, on
      fera passer sa sortie Q à 1 à l'instant t=9 sec., Q restera en-
      suite à 1 lorsque S repassera à 0, puis Q passera à 0 lorsque R
      passera à 1 à l'instant t=13 sec., Q restera ensuite à 0 lorsque
      R repassera à 0, etc...

   c) Schéma ci-dessous :

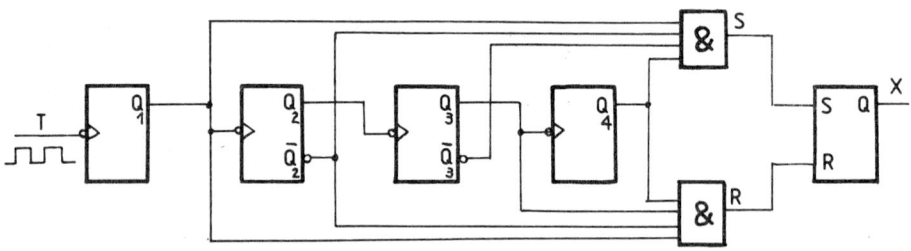

4. Solution non développée (voir parag.7.6.2.). Réponses :

   $$J_2 = K_2 = Q_1 . \overline{Q_3} \qquad J_3 = K_3 = Q_1 (Q_2 + Q_3) \qquad S = T . \overline{Q_1} . \overline{Q_2} . \overline{Q_3}$$

5. Pour détecter la coïncidence entre abcd et Q_1
   Q_2 Q_3 Q_4, on peut associer sur des NAND les
   entrées opposées a et
   $\overline{Q_1}$, b et $\overline{Q_2}$, ... On aura
   alors certainement des 1
   en sortie de ces NAND,
   donc certainement un 0
   en sortie du NAND à 4
   entrées, et par consé-
   quent un 1 en sortie du
   dernier NAND, quelque

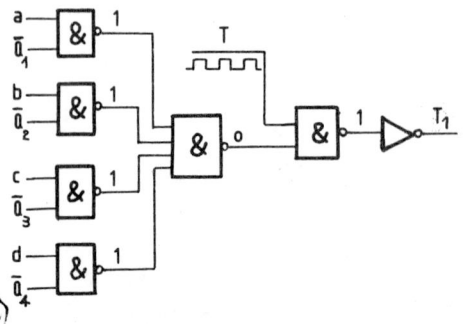

soit T. Le compteur sera alors bloqué, puisque T_1 sera égal à 0. Le déblocage sera obtenu par une impulsion I = 0.

6. a) Un compteur modulo 6 en cascade avec un compteur modulo 4.
   b) Un compteur modulo 6 en cascade avec un compteur modulo 10.
   c) Comme 65.536 Hz = 2^{16} Hz = 16^4 Hz, une fréquence de 1 Hz sera obtenue avec 4 compteurs modulo 16 en cascade.

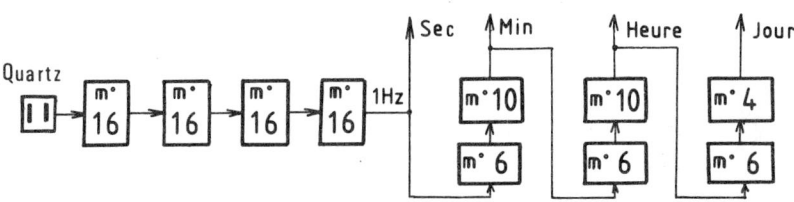

7. On monte les 2 bascules en compteur synchrone modulo 4. L'analyse des diagrammes temporels de T, Q_1 et Q_2 donne les équations :

$$T_1 = T.\overline{Q_1}.\overline{Q_2} \qquad T_2 = T(Q_1 + Q_2)$$

8. a) D = 1   C = 1   B = 0   A = 0

   b) La sortie S doit prendre la valeur logique 1 si le contenu du compteur est différent de 0, et la valeur logique 0 si le contenu du compteur est égal à 0 (c'est-à-dire $Q_D = Q_C = Q_B = Q_A = 0$), soit :
   $$S = Q_A + Q_B + Q_C + Q_D$$

   c) Pour bloquer le compteur en fin de temporisation, on doit alimenter l'entrée de décomptage DE par un "ET" dont une entrée est l'horloge T et l'autre est la sortie S du "OU". Le début de la temporisation est assuré par une commande I = 0.

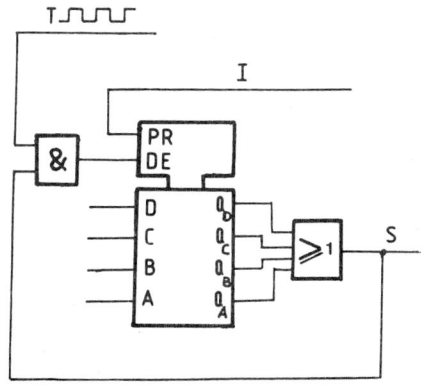

9. Si X = 0, on a $R_2 = 1$, l'analyse des diagrammes temporels montre que la périodicité de K_2 est égale au 1/4 de celle de T :
   $$f(T) = 4 f(K_2).$$

   Si X = 1, on a $R_2 = K_2$, l'analyse des diagrammes temporels montre que la périodicité de K_2 est égale au 1/3 de celle de T :
   $$f(T) = 3 f(K_2).$$

SOLUTIONS DES EXERCICES SUR LE CHAPITRE 8

Exercice 1 :

1er cas

$S_0 = b_0 X_4 + I$; $R_0 = X_1$; $A = X_1 = X_2$;

$S_1 = m_1 X_0$; $R_1 = X_2 + I$; $B = X_2 + X_3$;

$S_2 = a_1 X_1$; $R_2 = X_3 + I$;

$S_3 = b_1 X_2$; $R_3 = X_4 + I$;

$S_4 = a_0 X_3$; $R_4 = X_0 + I$;

2ème cas

$S_0 = b_0 X_{20} + I$; $R_0 = X_{10}$; $A = X_{10}$;

$S_{10} = m X_0$; $R_{10} = X_{20} + I$; $B = a_1 X_{10} + a_0 X_{20}$

$S_{20} = b_1 X_{10}$; $R_{20} = X_0 + I$.

Exercice 4

Les équations ci-dessous correspondent au grafcet de l'exercice 5 (question a, 2ème solution) donné dans les solutions des exercices du chapitre 4.

$S_1 = a_1 X_3 + I$; $R_1 = X_2 X_5$; $D_1 = X_2$;

$S_2 = m X_1 X_4$; $R_2 = X_3 + I$; $D_2 = X_5$;

$S_3 = b_1 X_2$; $R_3 = X_1 + I$; $G_1 = X_3$;

$S_4 = a_2 X_6 + I$; $R_4 = X_2 X_5$; $G_2 = X_6$;

$S_5 = m X_1 X_4$; $R_5 = X_6 + I$;

$S_6 = b_2 X_5$; $R_6 = X_4 + I$.

Les solutions des autres exercices ne sont pas données. Elles se développent sans difficulté.

SOLUTIONS DES EXERCICES DU CHAPITRE 9

Exercice 1

1. Voir fig. 1.

2. $VAL1 = mS_0 + aS_1 + cS_2 + \bar{b}S_3 + dS_4$.

$VAL2 : \bar{c}bS_2 + bS_3 + \bar{d}S_5 + \bar{c} \ S_6$

$D = 0$;
$C = S_5 + S_6$;
$B = S_6$;
$A = S_5$.

3. $VAL1 = mS_0 + aS_1 + bcS_2 + dS_4$.

$VAL2 = S_2 \ (\bar{b}c + b\bar{c}) + \bar{c}S_3 + \bar{d}S_5$.

$D = 0$;
$C = S_2$;
$B = 0$;
$A = S_2b$.

Exercice 2

Pour la numérotation des étapes voir la solution présentée dans les solutions des exercices du chapitre 4.

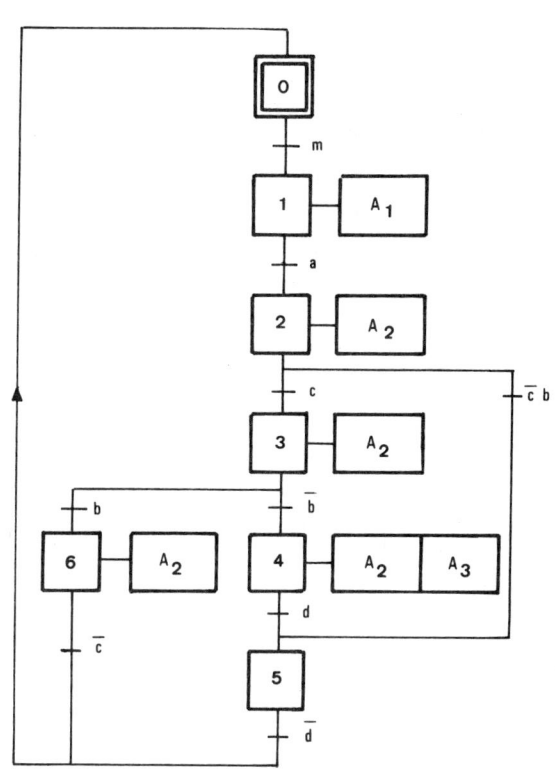

Fig. 1 : Grafcet modifié

Renumérotation des étapes :

Nouvelle numérotation : 0 1 2 3 4 5 6 7 8 9 10 11

Ancienne numérotation : 10 11 20 21 30 31 32 33 12 13 22 23

$VAL1 = S_0 \ \bar{b}_1 + S_1 \ h_1 + S_2 \ \bar{b}_1 + S_3 \ h_1 + S_4 \ \bar{b}_1 + S_5 \ \bar{b}_2 + S_6 \ \bar{b}_3 + S_7 \ h_3$
$+ S_8 \ \bar{b}_3 + S_9 \ h_3 + S_{10} \ \bar{b}_3$;

$VAL2 = S_1 \ \bar{b}_2 + S_3 \ \bar{b}_2 + S_5 \ h_1 + S_6 \ h_2 + S_8 \ h_2 + S_{10} \ h_2 + S_{11} \ h_3$

Numéro des   8   10   0   1   3   5   6
étapes

On en déduit : $D = S_1 + S_3$; $C = S_6 + S_{10} + S_{11}$;

$B = S_3 + S_6 + S_8 + S_{11}$; $A = S_8 + S_{10}$.

$P_1 = S_1 + S_6 + S_7 + S_8 + S_9 + S_{11}$;

$P_2 = S_3 + S_7 + S_8 + S_9 + S_{10} + S_{11}$;

$P_3 = S_5 + S_6 + S_7 + S_9 + S_{10} + S_{11}$.

Exercice 3 : Solution non fournie : revoir § 4.9.3.

SOLUTIONS DES EXERCICES SUR LE CHAPITRE 10

Exercice 1

adresse	Mot mémoire DCBA - A3A2A1	
0	–	0
1	–	1
2	5	5
3	6	2
4	–	6
5	0	0
6	0	2

Fig. 1 : Contenu de la mémoire

Pour pouvoir employer l'automate programmable du § 10.2, il faut utiliser un grafcet n'ayant que des sélections de séquences à deux voies. On implantera dans le grafcet donné comme solution de la question 1, exercice 1, chapitre 9. Le formatage de la mémoire de programme est donné en tête des colonnes de la fig. 1. Le contenu de chaque mot est constitué de deux caractères hexadécimaux.

Exercice 2

adresse	Mot mémoire DCBA - A3A2A1	
0	–	0
1	8	1
2	–	0
3	A	2
4	–	0
5	0	4
6	1	5
7	–	7
8	3	3
9	–	7
A=10	5	6
B=11	6	7

Fig. 2 : Contenu de la mémoire

Exercice 3

Le programme proposé ci-dessous correspond au calcul de F écrit sous la forme : $F = a\bar{c} + b\bar{d}(a + \bar{c})$

Ld 12	Et 11
Compl	St 15
Ou 10	Ld 12
St 15	Compl
Ld 13	Et 10
Compl	Ou 15
Et 15	St 15

Fig. 3 Programme de calcul de F

Exercice 4

Solution non développée.

Exercice 5

La Fig. 4 donne la table choisie pour les adresses des étapes et des transitions. (Les adresses des entrées et sorties sont imposées par l'énoncé).

Adresse	Etape	Adresse	transition
010	X1	015	t_1 (1-2)
011	X2	016	t_2 (2-3)
012	X3	017	t_3 (3-1)

Fig. 4 : Table des adresses

Adr.	Instruction	Adr.	Instruction	Adr.	Instruction
030	Raz	040	Et12	050	Ld11
031	St 11	041	St17	051	Ld16
032	St 12	042	Ld15	052	Si0o54
033	St 15	043	Si0 046	053	Ld12
034	St 16	044	Compl	054	Ld17
035	St 17	045	St10	055	Si0o57
036	Compl	046	Ld16	056	Ld10
037	St.10	047	Si0 04A	057	Ld11
038	AE	048	Compl	058	St25
039	Ld21	049	St11	059	Ld12
03A	Et10	04A	Ld17	05A	St26
03B	St15	04B	Si0 04E	05B	St27
03C	Ld20	04C	Compl	05C	Raz
03D	Et11	04D	St12	05D	Si0 038
03E	St16	04E	Ld15	05E	
03F	Ld22	04F	Si0o51	05F	

Fig.5 : Programme d'implantation du grafcet

Adresses	Phases	Adresses	Phases
030 à 037	(1)	042 à 04D	(4-a)
038	(2)	04E à 056	(4-b)
039 à 041	(3)	057 à 05B	(5)
		05C et 05D	(6)

Exercice 6 : solution non développée.

Exercice 7 : solution non développée.

BIBLIOGRAPHIE

La bibliographie ci-dessous donne les références de quelques ouvrages récents en langue française de niveau plus élevé permettant au lecteur d'approfondir certains points abordés dans l'ouvrage.

J.-M. BERNARD, J. HUGON : *De la logique câblée aux microprocesseurs* (4 tomes), Éd. Eyrolles, 1978-1980.

M. BLANCHARD : *Comprendre, maîtriser et appliquer le Grafcet*, Éd. Cepadues, 1979.

M. FRAY, C. HAZARD : *Les automatismes par la logique programmée*, Éd. Nathan, 1983.

G. MICHEL, C. LAURGEAU, B. ESPIAU : *Les automates programmables industriels*, Éd. Dunod, 1979.

T. MAURIN, R. ROBIN : *Les systèmes microprogrammés*, Éd. Dunod, 1978.

S. THELLIEZ, J.-M. TOULOTTE : *Grafcet et logique industrielle programmée*, Éd. Eyrolles, 1980.

S. THELLIEZ, J.-M. TOULOTTE : *Applications industrielles du Grafcet*, Éd. Eyrolles, 1983.

Par ailleurs, de nombreux exemples cités dans l'ouvrage ont été adaptés à partir de documents de constructeurs parmi lesquels on peut citer CROUZET, MERLIN GERIN, TÉLÉ-MÉCANIQUE, MOTOROLA, SIGNETICS, TEXAS INSTRUMENTS, LA RADIOTECHNIQUE COMPE-LEC, THOMSON EFCIS.

INDEX

MASSON, Éditeur
120, bd Saint-Germain
75280 Paris Cedex 06
Dépôt légal : mars 1985

CORLET, Imprimeur, S.A.
14110 Condé-sur-Noireau
N° Imprimeur : 5022
Dépôt légal : février 1985